无机及分析化学
习题课教程

（第二版）

主　编　朱琴玉　周为群

苏州大学出版社

图书在版编目(CIP)数据

无机及分析化学习题课教程/朱琴玉,周为群主编.—2版.—苏州：苏州大学出版社,2016.8(2018.8重印)
ISBN 978-7-5672-1822-2

Ⅰ.①无… Ⅱ.①朱… ②周… Ⅲ.①无机化学—高等学校—习题集②分析化学—高等学校—习题集 Ⅳ.①O61-44②O65-44

中国版本图书馆CIP数据核字(2016)第202859号

无机及分析化学习题课教程(第二版)
朱琴玉 周为群 主编
责任编辑 陈孝康 徐 来

苏州大学出版社出版发行
(地址：苏州市十梓街1号 邮编：215006)
宜兴市盛世文化印刷有限公司印装
(地址：宜兴市万石镇南漕河滨路58号 邮编：214217)

开本 787 mm×1 092 mm 1/16 印张 15 字数 365 千
2016年8月第2版 2018年8月第2次修订印刷
ISBN 978-7-5672-1822-2 定价：34.00元

苏州大学出版社营销部 电话：0512-65225020
苏州大学出版社网址 http://www.sudapress.com

《无机及分析化学习题课教程(第二版)》

编　委　会

前　言

无机及分析化学是一门重要的公共基础课，其授课对象是大一新生，课程的特点是内容多、课时少。为了方便读者学习，提高该课程的教学质量，我们编写了与之配套的《无机及分析化学习题课教程(第二版)》。

本书的章节顺序与苏州大学出版社出版的教材《无机及分析化学(第二版)》一致，每章的内容包括"目的要求""本章要点""例题解析""习题解答""自测试卷"和"自测试卷答案"等六个部分。"目的要求"明确了应该掌握和了解的内容；"本章要点"概括了每章的重要内容；"例题解析"可帮助学生进一步掌握难懂和容易混淆的概念；"习题解答"主要针对教材各章后的习题进行解析，供学生学习和复习时参考；"自测试卷"是根据每章的教学大纲和考试要求编写的；"自测试卷答案"可帮助学生了解自己对每章内容的掌握程度。

苏州大学材料与化学化工学部的郎建平教授、倪沛红教授对本书的编写给予了热情的关心和支持。本书的出版得到了苏州大学材化部公共化学与教育系、无机化学研究所和其他部门师生的支持与帮助，还得到了苏州大学出版社的大力支持，在此一并致谢。

编者力求奉献给读者一本与教材《无机及分析化学(第二版)》配套，同时又可独立使用的简明、实用的学习辅导书，但由于水平有限，书中难免有错误及不当之处，敬请各位同仁和读者批评指正。

编　者

2016 年 8 月

目　　录

第一章　溶液与胶体

一、目的要求

1. 掌握：溶液组成标度的表示法及其计算和渗透压力的概念；胶团的结构式。

2. 熟悉：稀溶液的蒸气压下降、沸点升高和凝固点降低等依数性；稀溶液定律和渗透压力的意义；溶胶的性质。

3. 了解：晶体渗透压力、胶体渗透压力及大分子溶液的性质。

二、本章要点

一、分散系

由一种或几种物质以细小的颗粒分散在另一种物质中所形成的系统称为**分散系统**，简称分散系。被分散的物质称为分散相(或称分散质)，容纳分散相的物质称为**分散介质**(或称分散剂)。根据物态，分散系有固态、液态与气态之分，本章只讨论分散介质为液态的液体分散系。液体分散系按其分散相粒子的大小不同可分为真溶液、胶体分散系和粗分散系三类(见教材表1-1)。真溶液、高分子溶液为均相分散系，只有一个相；溶胶和粗分散系的分散相和分散介质为不同的相，为非均相分散系。

二、溶液组成标度的表示方法

溶液的浓或稀，常用其组成标度来表示，可分为两大类：一类是用一定体积溶液中所含溶质的量表示；另一类是用溶质与溶液(或溶剂)的相对量(比值)表示。这里所指的量可以是质量(m)、物质的量(n)或体积(V)。

物质的量浓度用符号 c_B 表示，定义为溶质B的物质的量 n_B 除以溶液的体积 V。即

$$c_B=\frac{n_B}{V} \tag{1-1}$$

物质B的**质量浓度**用符号 ρ_B 表示，定义为溶质B的质量 m_B 除以溶液的体积 V。即

$$\rho_B=\frac{m_B}{V} \tag{1-2}$$

物质B的**质量摩尔浓度**用符号 b_B 表示，定义为溶质B的物质的量 n_B 除以溶剂A的质量 m_A(单位为kg)。即

$$b_B=\frac{n_B}{m_A} \tag{1-3}$$

物质B的**质量分数**用符号 w_B 表示，定义为物质B的质量 m_B 除以混合物的质量

$\sum m_i$。即

$$w_B = \frac{m_B}{\sum m_i} \tag{1-4}$$

对于溶液而言,溶质 B 和溶剂 A 的质量分数分别为

$$w_B = \frac{m_B}{m_A + m_B}, \quad w_A = \frac{m_A}{m_A + m_B}$$

摩尔分数又称为物质的量分数,用符号 x_B 表示,定义为物质 B 的物质的量 n_B 除以混合物的物质的量$\sum n_i$。即

$$x_B = \frac{n_B}{\sum n_i} \tag{1-5}$$

若溶液由溶质 B 和溶剂 A 组成,则溶质 B 和溶剂 A 的摩尔分数分别为

$$x_B = \frac{n_B}{n_A + n_B}, \quad x_A = \frac{n_A}{n_A + n_B}$$

式中 n_B 为溶质 B 的物质的量,n_A 为溶剂 A 的物质的量。显然,$x_A + x_B = 1$。

物质 B 的**体积分数**用符号 φ_B 表示,定义为物质 B 的体积 V_B 除以混合物的体积$\sum V_i$。即

$$\varphi_B = \frac{V_B}{\sum V_i} \tag{1-6}$$

三、稀溶液的依数性

不同的溶质分别溶于某种溶剂中,所得的溶液其性质往往各不相同。但是只要溶液的浓度较稀,就有一类性质是共同的,即这类性质只与溶液的浓度有关,而与溶质的本性无关。这类性质包括蒸气压、沸点、凝固点和渗透压等,我们称之为**稀溶液的依数性**(依赖于溶质粒子数的性质)。

溶液开始时蒸发速率较大,但随着水蒸气密度的增大,凝聚的速率也随之增大,最终必然达到蒸发速率与凝聚速率相等的平衡状态。在平衡时,水面上的蒸气浓度不再改变,这时水面上的蒸气压力称为该温度下的饱和蒸气压,简称**蒸气压**,用符号 p 表示,单位是帕(Pa)或千帕(kPa)。

在温度一定时,蒸气压的大小与液体的本性有关,同一液体的蒸气压随温度的升高而增大。固体和液体相似,在一定温度下也有一定的蒸气压。在一般情况下,固体的蒸气压都很小,它也随温度的升高而增大。在一定温度下,纯溶剂的蒸气压(p^0)为一定值。当难挥发的溶质(B)溶入溶剂(A)后,必然会降低单位体积内溶剂分子的数目,从而在单位时间内逸出液面的溶剂分子数比纯溶剂减少,当在一定温度下达到平衡时,溶液的蒸气压(p)必然低于纯溶剂的蒸气压(p^0),这称为**溶液的蒸气压下降**(Δp)。这里所指的溶液的蒸气压,实际上是指溶剂的蒸气压。因为难挥发的溶质的蒸气压很小,可忽略。

1887 年法国化学家拉乌尔(F. M. Raoult)根据大量实验结果,得出了在一定温度下,难挥发性非电解质稀溶液的蒸气压下降值(Δp)与溶液浓度关系的著名的拉乌尔定律。该定律可用下式表达:

$$\Delta p = K b_B \tag{1-7}$$

式中,Δp 为难挥发性非电解质稀溶液的蒸气压下降值,b_B 为溶液的质量摩尔浓度,K 为比例常数。

式(1-7)是常用的拉乌尔定律的数学表达式。它表明在一定温度下，难挥发性非电解质稀溶液的蒸气压下降值与溶液的质量摩尔浓度成正比，说明蒸气压下降只与一定量溶剂中所含溶质的微粒数有关，而与溶质的本性无关。

液体的正常沸点是指外压为标准大气压即 101.3 kPa 时的沸点。通常情况下，没有注明压力条件的沸点都是指正常沸点。实验证明，溶液的沸点高于纯溶剂的沸点，这一现象称为溶液的沸点升高。溶液沸点升高的原因是溶液的蒸气压低于纯溶剂的蒸气压。

根据拉乌尔定律，稀溶液的沸点升高与蒸气压下降成正比，即

$$\Delta T_b = K'\Delta p$$

而

$$\Delta p = Kb_B$$

所以

$$\Delta T_b = K'Kb_B = K_b b_B \tag{1-8}$$

式中 K_b 称为溶剂的质量摩尔沸点升高常数，它只与溶剂的本性有关。

从式(1-8)可以看出，在一定条件下，难挥发性非电解质稀溶液的沸点升高只与溶液的质量摩尔浓度成正比，而与溶质的本性无关。

对于稀溶液而言，溶液的凝固点降低 ΔT_f 与溶液的蒸气压下降 Δp 成正比：

$$\Delta T_f = K''\Delta p$$

而

$$\Delta p = Kb_B$$

所以

$$\Delta T_f = K''Kb_B = K_f b_B \tag{1-9}$$

式中 K_f 称为溶剂的质量摩尔凝固点降低常数，它只与溶剂的本性有关。

从式(1-9)可以看出，难挥发性非电解质稀溶液的凝固点降低与溶液的质量摩尔浓度成正比，而与溶质的本性无关。

产生**渗透现象**必须具备两个条件：一是要有半透膜存在；二是要膜两侧单位体积内溶剂分子数不相等，即存在浓度差。因此，渗透现象不仅在溶液和纯溶剂之间可以发生，在浓度不同的两种溶液之间也可以发生。渗透的方向总是溶剂分子从纯溶剂向溶液，或是从稀溶液向浓溶液进行渗透。

如果外加在溶液上的压力超过渗透压，则反而会使溶液中的水向纯水的方向渗透，使水的体积增加，这个过程叫作**反渗透**。反渗透广泛应用于海水淡化、工业废水和溶液的浓缩等方面。

范霍夫定律：难挥发性非电解质稀溶液的渗透压力与温度、浓度的关系为：

$$\Pi V = n_B RT \tag{1-10}$$

$$\Pi = c_B RT \tag{1-11}$$

式中 Π 为溶液的渗透压力(kPa)；n_B 为溶液中溶质的物质的量(mol)；V 是溶液的体积(L)；c_B 为溶液的物质的量浓度($mol \cdot L^{-1}$)；T 为绝对温度(K)；R 为气体常数($8.314\ J \cdot K^{-1} \cdot mol^{-1}$)。

它表明在一定温度下，稀溶液渗透压力的大小与溶液的浓度成正比，也就是说，与单位体积溶液中溶质微粒数的多少有关，而与溶质的本性无关。因此，渗透压力也是稀溶液的一种依数性。

对于稀水溶液来说，其物质的量浓度与质量摩尔浓度近似相等，即 $c_B \approx b_B$，因此，式(1-11)可改写为

$$\Pi \approx b_B RT \tag{1-12}$$

稀溶液的渗透压力是依数性的，它仅与溶液中溶质粒子的浓度有关，而与溶质的本性无关。我们把溶液中能产生渗透效应的溶质粒子(分子、离子等)统称为渗透活性物质。渗透活性物质的物质的量除以溶液的体积称为溶液的**渗透浓度**，用符号 c_{os} 表示，单位为 $mol \cdot L^{-1}$ 或 $mmol \cdot L^{-1}$。根据范霍夫定律，在一定温度下，对于任一稀溶液，其渗透压力与溶液的渗透浓度成正比。因此，医学上常用渗透浓度来比较溶液渗透压力的大小。

渗透压力相等的溶液称为**等渗溶液**。渗透压力不相等的溶液，相对而言，渗透压力高的称为**高渗溶液**，渗透压力低的则称为**低渗溶液**。在医学上，溶液的等渗、低渗和高渗是以血浆的渗透压力为标准来衡量的。

若将红细胞置于渗透浓度大于 320 $mmol \cdot L^{-1}$ 的高渗 NaCl 溶液(如 15 $g \cdot L^{-1}$)中，可见红细胞逐渐皱缩，这种现象称为胞浆分离。皱缩的红细胞互相聚结成团，若此现象发生于血管中，将产生"栓塞"。这是由于红细胞内液的渗透压力低于浓 NaCl 溶液，红细胞内液的水分子向浓 NaCl 溶液渗透，致使红细胞皱缩。

若将红细胞置于渗透浓度为 280～320 $mmol \cdot L^{-1}$ 的等渗 NaCl 溶液(9.0 $g \cdot L^{-1}$ 的生理盐水)中，可见红细胞既不会膨胀，也不会皱缩，维持原来的形态不变，这是由于生理盐水和红细胞内液的渗透压力相等，细胞内、外液处于渗透平衡状态。

因此，为防止血液中红细胞变形或破坏，临床上给病人大量补液时，常用生理盐水和 50 $g \cdot L^{-1}$ 的葡萄糖溶液等。但在治疗疾病时，也常根据病情用一些高渗溶液，如给低血糖病人注射 500 $g \cdot L^{-1}$ 的葡萄糖溶液等。使用高渗溶液时，用量不能太多，注射速度不能过快。少量高渗溶液进入血液后，随着血液循环被稀释，并逐渐被组织细胞利用而使浓度降低，故不会出现胞浆分离的现象。

血浆中含有低分子物质，如氯化钠、碳酸氢钠、葡萄糖、尿素等；也有高分子物质，如蛋白质、核酸等。低分子物质产生的渗透压力称为晶体渗透压力；高分子物质产生的渗透压力称为胶体渗透压力。虽然低分子物质的摩尔质量小，但其中的电解质是以离子形式存在的，因此，它们在单位体积血浆中的质点数很多，由此产生的晶体渗透压就很高。

晶体渗透压力对维持细胞内、外的水盐平衡起主要作用；胶体渗透压力虽然很小，却对维持毛细血管内外的水盐平衡起主要作用。

四、胶体溶液

胶体是分散系的一种，其分散相粒子的直径在 1～100 nm 范围内，即一种或几种物质以 1～100 nm 的粒径分散于另一种物质中所构成的分散系统称为胶体分散系。

与人体密切相关的许多物质如蛋白质、多糖、核酸的溶液均属于胶体分散系统，甚至整个人体也可以看成一个含水的胶体分散系统。胶体分散系按分散相和分散介质聚集态不同可分成多种类型，其中以固体分散在水中的溶胶为最重要。

溶胶(sol)的胶粒是由大量分子(或原子、离子)构成的聚集体。直径为 1～100 nm 的胶粒分散在分散介质中形成多相系统，是热力学不稳定体系。多相性、高度分散性和不稳定性是溶胶的基本特性，其光学性质、动力学性质和电学性质都是由这些基本特性引起的。

用一束聚焦的白光照射置于暗处的溶胶，在与光束垂直的方向观察，可见一束光锥通过溶胶，此即为丁铎尔效应。

丁铎尔效应的产生与分散相粒子的大小和入射光的波长有关。当光线射入分散体系时，可能发生三种情况：第一，当分散相粒子的直径大于入射光的波长时，光发生反射；第二，当分散相粒子的直径远远小于入射光的波长时，光发生透射；第三，当分散相粒子的直径略小于入射光的波长时，光发生散射。例如，可见光（波长 400～760 nm）照射溶胶（胶粒直径 1～100 nm）时，由于发生光的散射，使胶粒本身好像一个发光体，因此，我们在丁铎尔效应中观察到的不是胶体粒子本身，而只是看到了被散射的光，也称乳光。

真溶液中分散相粒子是分子或离子，它们的直径很小，对光的散射非常微弱，肉眼无法观察到乳光；粗分散系中的粒子直径大于光的波长，故只有反射光而呈浑浊状；对于高分子溶液而言，它属于均相体系，分散相与分散介质的折射率相差不大，所以散射光很弱。因此，可以利用丁铎尔效应区分溶胶与其他分散系。

胶粒在介质中不停地做无规则运动的现象称为布朗运动。它是由于在某一瞬间胶粒受到来自周围各个方向介质分子碰撞的合力未被完全抵消而引起的。实验证明，胶粒质量愈小，温度愈高，介质黏度愈小，布朗运动就愈剧烈。由于布朗运动使胶体粒子不易下沉，所以溶胶具有动力学稳定性。

当溶胶中的粒子存在浓度差时，由于布朗运动使胶体粒子自发地由浓度大的区域向浓度小的区域移动，这种现象称为胶粒的扩散。对于球形胶粒而言，扩散速度数值上与浓度梯度成正比，但方向相反；温度越高，扩散速率越大；分散介质黏度越大，胶粒半径越大，扩散速率越小。在生物体内，扩散是物质的输送或物质的分子、离子透过细胞膜的一种动力。

扩散使粒子浓度趋于均匀，但胶粒在重力作用下会发生下沉的现象——沉降。胶粒的直径、密度越大，沉降速率越大；分散介质密度、黏度越大，沉降速率越小。由于沉降作用，势必造成容器底部胶粒浓度大于容器上部的浓度，即产生浓度差，因而使胶粒由下向上扩散。当这两种相反的作用力达到平衡时就称为达到了沉降平衡。沉降平衡时，溶胶粒子的浓度分布随容器的高度变化而呈一定的梯度——底部浓、上部稀。

因为胶粒沉降速率与胶粒的体积、密度有关，所以可以通过测定胶粒达到沉降平衡所需的平均时间，确定胶粒的平均胶团质量或大分子化合物的平均相对分子质量。由于胶粒直径较小，在重力场作用下达到沉降平衡所需时间太长，必须采用超速离心来缩短其达到沉降平衡的时间。溶胶中胶粒沉降困难也是它相对稳定的原因之一。

在电场作用下胶粒发生定向移动的现象称为电泳。电泳现象说明溶胶中胶粒带电，所带电荷种类可由胶粒移动方向确定。胶粒带正电荷的溶胶称为正溶胶，胶粒带负电荷的溶胶称为负溶胶。

通过电泳实验表明，大多数金属氢氧化物溶胶为正溶胶；多数金属硫化物、硅酸、硫、重金属、黏土等溶胶为负溶胶。也有一些溶胶的胶粒在不同条件下，带不同种类的电荷，如 AgI 溶胶。

由于整个胶体系统呈电中性，所以若胶体粒子带某种电荷，则分散介质必定带相反电荷。在直流电作用下分散介质发生定向移动的现象称为电渗。

在临床生化检验中常利用电泳法分离血清蛋白作为诊断参考。

胶粒带电的原因主要有下面两种：

(1) 吸附。吸附是胶粒带电的主要原因。研究表明，胶粒中的胶核总是优先选择性地吸附分散介质中与其组成相似的离子。

(2) 胶核表面分子的解离。胶粒表面分子解离是胶粒带电的另一原因。

胶团是由胶粒和扩散层构成的，其中胶粒又是由胶核和吸附层组成的。

胶核是溶胶中分散相分子、原子或离子的聚集体，是胶粒或胶团的核心。胶核能选择吸附介质中的某种离子或表面分子解离而形成的带电离子(称为电势离子)。由于静电引力作用，电势离子又吸引了介质中部分与胶粒所带电性相反的离子(称为反离子)。电势离子与部分反离子紧密结合在一起构成了吸附层，另一部分反离子因扩散作用分布在吸附层外围，形成了与吸附层电性相反的扩散层，这种由吸附层和扩散层构成的电量相等、电性相反的两层结构称为扩散双电层。

扩散层以外的均匀溶液为胶团间液，它是电中性的。溶胶是指胶团和胶团间液构成的分散系。图 1-1 是制备 AgI 溶胶时，KI 过量所得的 AgI 负溶胶的胶团结构式和结构示意图，其中$(AgI)_m$为胶核，I^-为电势离子，K^+为反离子(其中一部分被电势离子牢固吸引，另一部分组成扩散层)。

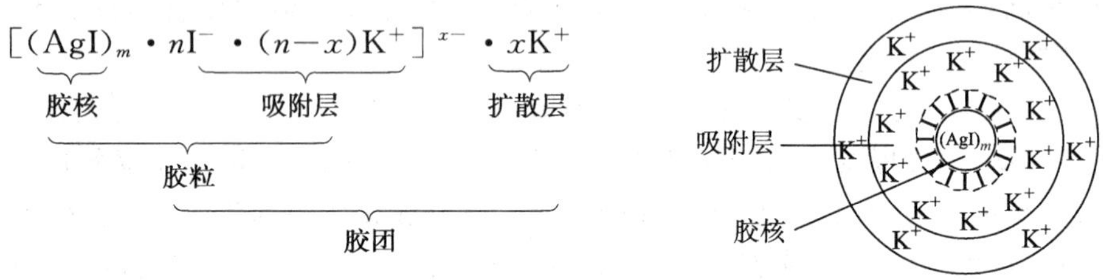

图 1-1　AgI 负溶胶胶团结构式和结构示意图

如果制备 AgI 溶胶时，$AgNO_3$ 过量，则生成 AgI 正溶胶。胶团的结构式如下：

$$[(AgI)_m \cdot nAg^+ \cdot (n-x)NO_3^-]^{x+} \cdot xNO_3^-$$

这里要说明的是，溶胶中胶核吸附的离子(电势离子和反离子)和扩散层中的反离子都是溶剂化的，所以扩散双电层也是溶剂化的。在直流电场作用下发生电动现象时，胶团就从吸附层与扩散层之间裂开，具有溶剂化吸附层的胶粒向与其电性相反的电极移动，而溶剂化的扩散层则向另一电极移动。

溶胶是热力学不稳定系统，具有自发聚结的趋势，应该很容易聚结而沉降。但事实上很多溶胶相当稳定，如法拉第制备的金溶胶几十年后才沉淀。溶胶相对稳定主要是由于布朗运动、溶剂化作用和胶粒的带电所致。

溶胶的稳定性是相对的，如果失去了稳定因素，胶粒就会相互聚结而沉降，这种现象称为聚沉。引起溶胶聚沉的因素很多，如加入电解质、溶胶的相互作用、加热、溶胶的温度和浓度以及异电溶胶之间的相互作用等，其中最主要的是加入电解质所引起的聚沉。

由许多原子组成的相对分子质量大于 10^4 的一类化合物称为大分子(也称高分子)化合物。大分子化合物的分子大小与胶粒大小相近，因此它的溶液表现出某些溶胶的性质，如扩散速度慢，分散质点不能通过半透膜等，研究大分子化合物的某些方法，也和研究溶胶的方法有相似之处。

大分子化合物与适当的溶剂接触时，吸收溶剂，本身体积胀大，最后溶解在溶剂中，形成均相体系，即为大分子化合物溶液，简称为大分子溶液(macromolecular solution)。虽然大分子溶液分散相粒子的大小与胶粒大小相似，某些性质与溶胶类似，如扩散速率慢、不能透过半透膜等，但其本质是真溶液，是均相的热力学体系，因此与溶胶的性质又有不同。大分子溶液也有电解质溶液和非电解质溶液之分。蛋白质、核酸的水溶液是大分子电解质溶液，而多糖的水溶液是大分子非电解质溶液。

大分子溶液比溶胶更稳定，这是它的一个重要特征。大分子电解质溶液稳定的原因是大分子离子带有相同的电荷和大分子离子高度溶剂化形成溶剂膜。大分子非电解质溶液主要由于长链上的基团高度溶剂化形成溶剂化膜，从而增大了稳定性。

大分子溶液虽然稳定性很高，但在其中加入某些有机溶剂，如甲醇、乙醇、丙酮，以及某些无机盐，如 Na_2SO_4、$(NH_4)_2SO_4$、$MgSO_4$ 等，仍能引起大分子溶液的沉淀。这些有机溶剂或无机盐类具有高度的亲水性，能"争夺"水分子而破坏大分子化合物的水化层，从而降低其稳定性，使其沉淀。

加入无机盐使大分子溶液沉淀的作用称为盐析。盐析大分子溶液所需无机盐的最低浓度称为盐析浓度，单位为 $mol \cdot L^{-1}$。盐析浓度越大，说明该无机盐的盐析能力越低。

大分子溶液的盐析与溶胶的聚沉有以下几点区别：

(1) 对电解质的敏感性不同。盐析所需电解质的浓度大而溶胶聚沉所需浓度小。

(2) 盐析作用的大小与大分子溶液的 pH 以及大分子化合物的带电情况有关。

(3) 可逆性不同。盐析具有可逆性，如盐析得到的蛋白质沉淀，可以重新溶解于水形成大分子溶液；而聚沉通常是不可逆的。

(4) 在溶胶聚沉中反离子起主导作用，而在大分子溶液盐析中正、负离子都起作用，负离子尤为突出。

(5) 电解质对溶胶的聚沉能力与反离子价数具有明显的关系，而对大分子溶液的盐析能力虽与价数有关，但规律性并不明显。

将一定浓度的大分子溶液加入到溶胶中可以增加溶胶的稳定性，这种作用称为保护作用。

大分子溶液具有保护作用的原因，一般认为是由于大分子与溶胶的胶粒之间的相互作用使大分子在胶粒表面上发生吸附，因而增加了溶胶的稳定性。研究表明，不同的大分子溶液适用于保护不同的溶胶，而且大分子溶液要达到一定的浓度才能起到保护作用，如果大分子溶液的浓度不够，非但起不到保护作用，反而加速聚沉，这种作用称为敏化。

大分子物质的保护作用在生理过程中有着重要意义。微溶性的碳酸钙和磷酸钙等无机盐均以溶胶形式存在于血液中，由于血液中蛋白质对它们起了保护作用，使其表观溶解度大大提高却仍能稳定存在而不聚沉。当血液中蛋白质减少时，这些微溶性盐类便沉淀出来，形成肾脏、胆囊等器官中的结石。

大分子溶液(明胶、琼脂等)或某些溶胶(H_2SiO_3 溶胶、$Fe(OH)_3$ 溶胶)在适当条件下形成外观均匀并具有一定形状的弹性半固体，这种半固体称为凝胶。凝胶是一种特殊的分散体系。它是由胶体粒子或线形大分子之间相互连接，形成立体网状结构，大量的溶剂分子被分隔在网状结构的空隙中而失去流动性所形成的。从外表看，它是处于固体和液体之间的一种中间状态，其性质介于固体和液体之间。其内部结构的强度往往很有限，容易被破坏。

形成凝胶的过程称为胶凝。胶凝过程就是网状结构形成和加固的过程。例如，硅酸溶胶在一定 pH 下可胶凝成硅酸凝胶；在热水中制备质量分数为 2%～3%的动物胶溶液，冷却后也成为凝胶。凝胶的存在是极其普遍的，如日常生活中遇到的豆腐、果酱、粉皮、肉冻以及人体的肝脏、肾脏、肌肉、皮肤等无一不是凝胶。血液与蛋清的凝固、豆浆形成豆腐的过程都是胶凝。

三、例题解析

1. 下列各种商品溶液都是常用试剂，试计算它们的物质的量浓度和摩尔分数：

(1) 浓盐酸含 HCl 37%(质量分数，下同)，密度 1.19 $g \cdot mL^{-1}$。

(2) 浓硫酸含 H_2SO_4 98%，密度 1.84 $g \cdot mL^{-1}$。

(3) 浓硝酸含 HNO_3 70%，密度 1.42 $g \cdot mL^{-1}$。

(4) 浓氨水含 NH_3 28%，密度 0.90 $g \cdot mL^{-1}$。

解 (1) $c=\dfrac{\dfrac{m}{M}}{\dfrac{1}{\rho}}=\dfrac{0.37}{36.5}\times1.19\times1\,000=12.1(mol \cdot L^{-1})$， $x=\dfrac{\dfrac{0.37}{36.5}}{\dfrac{0.37}{36.5}+\dfrac{0.63}{18}}=0.22$。

(2) $c=\dfrac{\dfrac{m}{M}}{\dfrac{1}{\rho}}=\dfrac{0.98}{98}\times1.84\times1\,000=18.4(mol \cdot L^{-1})$， $x=\dfrac{\dfrac{0.98}{98}}{\dfrac{0.98}{98}+\dfrac{0.02}{18}}=0.90$。

(3) $c=\dfrac{\dfrac{m}{M}}{\dfrac{1}{\rho}}=\dfrac{0.70}{63.01}\times1.42\times1\,000=15.8(mol \cdot L^{-1})$， $x=\dfrac{\dfrac{0.70}{63.01}}{\dfrac{0.70}{63.01}+\dfrac{0.30}{18}}=0.40$。

(4) $c=\dfrac{\dfrac{m}{M}}{\dfrac{1}{\rho}}=\dfrac{0.28}{17}\times0.90\times1\,000=14.8(mol \cdot L^{-1})$， $x=\dfrac{\dfrac{0.28}{17}}{\dfrac{0.28}{17}+\dfrac{0.72}{18}}=0.29$。

2. 现有 100.00 mL Na_2CrO_4 饱和溶液 119.40 g，将它蒸干后得固体 23.88 g，试计算：

(1) Na_2CrO_4 的溶解度。

(2) 溶质的质量分数。

(3) 溶质的物质的量浓度。

(4) Na_2CrO_4 的摩尔分数。

解 (1) $s=\dfrac{100\times23.88}{119.4-23.88}=25(g/100\ g\ H_2O)$。

(2) 溶质的质量分数为 $\dfrac{23.88}{119.4}=0.200\,0$。

(3) 溶质的物质的量浓度为 $\dfrac{23.88}{162}\times\dfrac{1\,000}{100}=1.47(mol \cdot L^{-1})$。

(4) Na_2CrO_4 的摩尔分数为 $\dfrac{\dfrac{23.88}{162}}{\dfrac{23.88}{162}+\dfrac{95.52}{18}}=2.7\%$。

3. 将 0.638 g 尿素[$CO(NH_2)_2$]溶于 250 g 水中，测得该溶液的凝固点降低值为 0.079 K。已知水的 $K_f=1.86\ K \cdot kg \cdot mol^{-1}$，试求尿素的相对分子质量。

解 $\Delta T_f=K_f\times b_B=K_f\times\dfrac{m_B}{M_B\times m_A}$

$$M_B=\frac{K_f\times m_B}{m_A\times\Delta T_f}=\frac{1.86\times0.638}{250\times10^{-3}\times0.079}=60$$

因此，尿素的相对分子质量为60。

4. 已知苯的沸点是353.2 K，将3.24 g某非挥发性物质溶于100 g苯中，测得该溶液的沸点升高了0.581 K，求该物质的摩尔质量。

解　设所求物质的摩尔质量为M_B，查得苯的摩尔沸点升高常数$K_b=2.53\ K\cdot kg\cdot mol^{-1}$。

根据$\Delta T_b=K_b b_B$，$0.581=2.53\times\frac{\frac{3.24}{M_B}}{\frac{100}{1\,000}}$，得

$$M_B=\frac{2.53\times3.24}{0.581\times0.1}=141\ (g\cdot mol^{-1})$$

5. 8.0 g某大分子化合物溶于1.8 L水中所配成的溶液在27℃时的渗透压为0.21 kPa，计算此大分子化合物的相对分子质量。

解　$\Pi V=n_B RT=\frac{m_B}{M_B}RT$

$$M_B=\frac{m_B RT}{\Pi V}=\frac{8.0\times8.314\times(273+27)}{0.21\times1.8}\approx5.3\times10^4$$

6. 计算65.0 g·L^{-1}葡萄糖溶液和16.0 g·L^{-1}生理盐水的渗透浓度(用mmol·L^{-1}表示)。

解　葡萄糖($C_6H_{12}O_6$)的摩尔质量为180 g·mol^{-1}，65.0 g·L^{-1}葡萄糖溶液的渗透浓度为

$$c_{os}=\frac{65.0\times1\,000}{180}=361\ (mmol\cdot L^{-1})$$

NaCl的摩尔质量为58.5 g·mol^{-1}，16.0 g·L^{-1}生理盐水的渗透浓度为

$$c_{os}=2\times\frac{16.0\times1\,000}{58.5}=547\ (mmol\cdot L^{-1})$$

7. 写出$FeCl_3$水解法制备氢氧化铁溶胶的胶团结构。

解　水解$FeCl_3$过程中产生Cl^-与FeO^+，FeO^+组成与$Fe(OH)_3$类似，故首先被它吸附，使$Fe(OH)_3$胶粒带正电荷，而溶胶中电性相反的Cl^-离子则留在介质中。

$$FeCl_3+H_2O\longrightarrow Fe(OH)Cl_2+HCl$$

$$Fe(OH)Cl_2+H_2O\longrightarrow Fe(OH)_2Cl+HCl$$

$$\Updownarrow$$

$$FeO^+\cdot H_2O$$

$$+$$

$$Cl^-$$

$$Fe(OH)_2Cl+H_2O\rightleftharpoons Fe(OH)_3+HCl$$

故胶团结构式可表示成：

$$\{[Fe(OH)_3]_m\cdot nFeO^+\cdot(n-x)Cl^-\}^{x+}\cdot xCl^-$$

8. 用20 mL的0.05 mol·L^{-1} KI溶液和20 mL的0.07 mol·L^{-1} $AgNO_3$溶液制备AgI溶胶。现分别加入含下述电解质的溶液：NaCl、Na_2SO_4、$K_3[Fe(CN)_6]$，其聚沉能力大

小次序如何？

解 $KI + AgNO_3 = AgI + KNO_3$

$AgNO_3$ 过量，所以胶粒带正电。

因此上述三种电解质聚沉能力大小为 $K_3[Fe(CN)_6] > Na_2SO_4 > NaCl$。

四、习题解答

1. 市售浓硫酸的密度为 1.84 kg · L^{-1}，质量分数为 96%，试求该溶液的 $c(H_2SO_4)$、$x(H_2SO_4)$ 和 $b(H_2SO_4)$。

解 $c(H_2SO_4) = \dfrac{1.84 \times 1\,000 \times 0.96}{98} = 18.02(\text{mol} \cdot \text{L}^{-1})$

$n_B = 18.02\ \text{mol}, n_A = \dfrac{1.84 \times 1\,000 \times 0.04}{18} = 4.09(\text{mol})$

$x(H_2SO_4) = \dfrac{18.02}{18.02 + 4.09} = 0.815$

$b(H_2SO_4) = \dfrac{18.02}{1.84 \times 0.04} = 247.28(\text{mol} \cdot \text{kg}^{-1})$

2. 什么是稀溶液的依数性？稀溶液的依数性包括哪些性质？

答 略。

3. 乙醚的正常沸点为 34.5℃，在 40℃时往 100g 乙醚中至少加入多少摩尔不挥发溶质才能防止乙醚沸腾？($K_b = 2.02$ K · kg · mol^{-1})

解 $\Delta T_b = 40 - 34.5 = 5.5(℃)$

$\Delta T_b = K_b \cdot b$

$5.5 = 2.02 \times \dfrac{n}{0.10}$

$n = 0.27(\text{mol})$

4. 苯的凝固点为 5.50℃，$K_f = 5.12$ K · kg · mol^{-1}。现测得 1.00 g 单质砷溶于 86.0 g 苯所得溶液的凝固点为 5.30℃，通过计算推算砷在苯中的分子式。

解 $\Delta T_f = K_{f(苯)} \times b_{As分子}$，　$M_{As} = 75\ \text{g} \cdot \text{mol}^{-1}$

$5.50 - 5.30 = 0.2 = 5.12 \times b_{As分子}$

$b_{As分子} = 0.039(\text{mol} \cdot \text{kg}^{-1})$

$b_{As原子} = \dfrac{n_{As}}{m_{苯}} = \dfrac{\frac{1.00}{75}}{86.0 \times 10^{-3}} = 0.16(\text{mol} \cdot \text{kg}^{-1})$

$\dfrac{b_{As原子}}{b_{As分子}} \approx 4$

因此，可以知道砷在苯溶液中的分子式为 As_4。

5. 取谷氨酸(Glu)0.749 g 溶于 50.0 g 水中，凝固点为 −0.188℃。试求谷氨酸的摩尔质量。

解 已知：$K_{f(H_2O)} = 1.86\ \text{kg} \cdot \text{mol}^{-1}$

$\Delta T_f = K_f \times b_{Glu}$

$0.188 = 1.86 \times b_{Glu}$，　$b_{Glu} = 0.101(mol \cdot kg^{-1})$

$$b_{Glu} = \frac{n_{Glu}}{m_{(H_2O)}} = \frac{\frac{m_{Glu}}{M_{Glu}}}{m_{(H_2O)}} = \frac{\frac{0.749}{M_{Glu}}}{50.0 \times 10^{-3}} = 0.101(mol \cdot kg^{-1})$$

$M_{Glu} = 148\ g \cdot mol^{-1}$

6. 10.4 g $NaHCO_3$ 溶解在 200 g 水中，凝固点为－2.30℃。通过计算说明，溶液中每个 $NaHCO_3$ 解离成几个离子。写出解离方程式。

解　已知：$K_{f(H_2O)} = 1.86\ kg \cdot mol^{-1}$

$\Delta T_f = K_f \times b_{离子}$

$2.30 = 1.86 \times b_{离子}$，　$b_{离子} = 1.24\ mol \cdot kg^{-1}$

$$b_{NaHCO_3} = \frac{\frac{m_{NaHCO_3}}{M_{NaHCO_3}}}{m_{(H_2O)}} = \frac{\frac{10.4}{84}}{200.0 \times 10^{-3}} = 0.62\ (mol \cdot kg^{-1})$$

$$\frac{b_{离子}}{b_{NaHCO_3}} = 2$$

所以每个 $NaHCO_3$ 解离成 2 个离子。可能的解离方程式是：$NaHCO_3 \xlongequal{} Na^+ + HCO_3^-$。

7. 医学临床上用的葡萄糖等渗液的冰点为－0.543 ℃，试求此葡萄糖溶液的质量分数和血浆的渗透压（血浆的温度为 37℃）。

解　$\Delta T_f = K_f \times b$

$$b = \frac{\Delta T_f}{K_f} = \frac{0.543}{1.86} = 0.292(mol \cdot kg^{-1})$$

$$w = \frac{0.292 \times 180}{0.292 \times 180 + 1\,000} = 0.049\,9$$

$\Pi = bRT = 0.292 \times 8.314 \times (273 + 37) = 752.6(kPa)$

8. 排出下列稀溶液在 310 K 时，渗透压由大到小的顺序，并说明原因。

(1) $c(C_6H_{12}O_6) = 0.10\ mol \cdot L^{-1}$

(2) $c(NaCl) = 0.10\ mol \cdot L^{-1}$

(3) $c(Na_2CO_3) = 0.10\ mol \cdot L^{-1}$

解　$c_{os}(C_6H_{12}O_6) = c = 0.10\ mol \cdot L^{-1}$，　$c_{os}(NaCl) = 2c = 0.20\ mol \cdot L^{-1}$

$c_{os}(Na_2CO_3) = 3c = 0.30\ mol \cdot L^{-1}$，　$c_{os}(1) < c_{os}(2) < c_{os}(3)$

又：$\Pi = c_{os}RT$，所以 $\Pi(1) < \Pi(2) < \Pi(3)$。

9. 将 1.01 g 胰岛素溶于适量水中配制成 100 mL 溶液，测得 298K 时该溶液的渗透压力为 4.34 kPa，试问该胰岛素的分子量为多少？

解　胰岛素是非电解质，$\Pi = c_{os}RT = cRT$。

又：$c = \frac{n}{V} = \frac{\frac{m}{M}}{V} = \frac{\frac{1.01}{M}}{100 \times 10^{-3}}$，代入数据，计算得到：

$M = 5\,766\ g \cdot mol^{-1}$。

10. 什么是分散系统？根据分散相粒子的大小，液体分散系统可分为哪几种类型？

答　略。

11. 写出下列两种情况下形成的胶体的胶团的结构式。若聚沉以下这两种胶体，试分别将 $MgSO_4$、$K_3[Fe(CN)_6]$和 $AlCl_3$ 三种电解质按聚沉能力大小的顺序排列。

A. 100 mL 0.005 mol·L^{-1} KI 溶液和 100 mL 0.01 mol·L^{-1} $AgNO_3$ 溶液混合制成的 AgI 溶胶；

B. 100 mL 0.005 mol·L^{-1} $AgNO_3$ 溶液和 100 mL 0.01 mol·L^{-1} KI 溶液混合制成的 AgI 溶胶。

解 A：

$$\begin{array}{lcl} KI & + & AgNO_3 = AgI + KNO_3 \\ 0.5\ \text{mmol} & & 1\ \text{mmol} \end{array}$$

由上式关系可知 $AgNO_3$ 过量，因此溶胶的胶团结构为：

$$[(AgI)_m \cdot nAg^+ \cdot (n-x)NO_3^-]^{x+} \cdot xNO_3^-$$

胶粒带正电，因此主要是电解质的阴离子起到聚沉的作用，即 SO_4^{2-}、$[Fe(CN_6)]^{3-}$、Cl^-起作用。因此，根据电荷数排列：聚沉能力的顺序为 $K_3[Fe(CN)_6] > MgSO_4 > AlCl_3$；聚沉值的顺序为 $K_3[Fe(CN)_6] < MgSO_4 < AlCl_3$。

B：

$$\begin{array}{lcl} KI & + & AgNO_3 = AgI + KNO_3 \\ 1\ \text{mmol} & & 0.5\ \text{mmol} \end{array}$$

由上式关系可知 KI 过量，因此溶胶的胶团结构为：

$$[(AgI)_m \cdot nI^- \cdot (n-x)K^+]^{x-} \cdot xK^+$$

胶粒带负电，因此主要是电解质的阳离子起到聚沉的作用，即：K^+、Mg^{2+}、Al^{3+}起作用。因此，根据电荷数排列：聚沉能力的顺序为 $K_3[Fe(CN)_6] < MgSO_4 < AlCl_3$；聚沉值的顺序为 $K_3[Fe(CN)_6] > MgSO_4 > AlCl_3$。

12. 溶胶有哪些性质？这些性质与胶体的结构有何关系？

答 略

13. Urea (N_2H_4CO) is a product of metabolism of proteins. An aqueous solution is 32.0% urea by mass and has a density of 1.087 g·L^{-1}. Calculate the molality of urea in the solution.

Solution Assuming the mass of the solution is 100 g, from the formula of molality,

$$b_{\text{urea}} = \frac{n_{\text{urea}}}{m_{H_2O}} = \frac{\frac{32.0}{60.06}}{(100-32.0)\times 10^{-3}} = 7.84\ (\text{mol}\cdot\text{kg}^{-1})。$$

14. Calculate the freezing and boiling points of a solution that contains 30.0 g of urea (N_2H_4CO) in 250 g of water. Urea is a nonvolatile nonelectrolyte.

Solution From molecular formula of urea, the molecular weight is 60.06 g·mol^{-1}.

(1) From Table 1-4, K_f for water is 1.86 K·kg·mol^{-1}.

From the relation $\Delta T_f = K_f b$:

$$\Delta T_f = K_f \frac{n}{m_{H_2O}} = K_f \frac{\frac{m}{M}}{m_{H_2O}} = 1.86 \times \frac{\frac{30.0}{60.06}}{250\times 10^{-3}} = 3.72(\text{K})$$

The temperature at which the solution freezes is 3.72 K below the freezing point of pure water, or $T_f = -3.72$ ℃.

(2) From Table 1-3, K_b for water is 0.512 K·kg·mol^{-1}.

From the relation $\Delta T_b = K_b b$:

$$\Delta T_b = K_b \frac{n}{m_{H_2O}} = K_b \frac{\frac{m}{M}}{m_{H_2O}} = 0.512 \times \frac{\frac{30.0}{60.06}}{250 \times 10^{-3}} = 1.024(\text{K})$$

The boiling point of the solution is 1.024K higher than the the boiling point of pure water, or $T_b = 101.02$ ℃.

15. Four beakers contain 0.01 mol·L^{-1} aqueous solutions of C_2H_5OH, NaCl, $CaCl_2$ and CH_3COOH, respectively. Which of these solutions has the lowest freezing points? Explain.

Solution Each solution has the same molarity(0.01mol·L^{-1}), but the solute(溶质) of each solution is different. NaCl and $CaCl_2$ belong to strong electrolyte(电解质) and CH_3COOH belongs to weak electrolyte, whereas C_2H_5OH belongs to nonelectrolyte.

The ionic equation of $CaCl_2$ and NaCl list here:

$NaCl = Na^+ + Cl^-$　　　　$CaCl_2 = Ca^{2+} + 2Cl^-$

Because the more ions released from the electrolyte, the more colligative properties formed, $CaCl_2$ has the most decrease in freezing point, i.e. the $CaCl_2$ aqueous solution has the lowest freezing point.

五、自测试卷

一、选择题(每题 2 分，共 40 分)

1. 含 50 g 硫酸的 500 mL 硫酸溶液的物质的量浓度是　　(　　)

A. 0.49 mol·L^{-1}　B. 0.1 mol·L^{-1}　C. 0.98 mol·L^{-1}　D. 1.02 mol·L^{-1}

2. 将 0.450 g 某非电解质物质溶于 30.0 g 水中，使冰点降低了 0.150 ℃，这种化合物的摩尔质量是(水的 K_f＝1.86 K·kg·mol^{-1})　　(　　)

A. 100 g·mol^{-1}　B. 83.2 g·mol^{-1}　C. 186 g·mol^{-1}　D. 204 g·mol^{-1}

3. 假如 5.2 g 非电解质溶质溶解于 125 g 水中，该溶质的沸点为 100.78℃。该溶质的摩尔质量近似等于(水的 K_b＝0.512 K·kg·mol^{-1})　　(　　)

A. 14 g·mol^{-1}　B. 27 g·mol^{-1}　C. 42 g·mol^{-1}　D. 56 g·mol^{-1}

4. 在 500 g 水中含有 22.5 g 葡萄糖，这一溶液中葡萄糖(相对分子质量为 180)的质量摩尔浓度是　　(　　)

A. 13 mol·kg^{-1}　B. 0.25 mol·kg^{-1}　C. 0.38 mol·kg^{-1}　D. 0.50 mol·kg^{-1}

5. 下列各组溶液以相等体积混合，其渗透压最接近血浆渗透压的是　　(　　)

A. 0.15 mol·L^{-1}NaCl＋0.3 mol·L^{-1}葡萄糖

B. 0.15 mol·L^{-1}NaCl＋0.3 mol·L^{-1}KCl

C. 0.3 mol·L^{-1}NaCl＋0.3 mol·L^{-1}葡萄糖

D. 0.3 mol·L^{-1}NaCl＋0.3 mol·L^{-1}KCl

6. 用半透膜将溶液Ⅰ(0.5 mol·L^{-1} NaCl溶液)和溶液Ⅱ(0.2 mol·L^{-1}葡萄糖溶液和0.1 mol·L^{-1} Na_2CO_3溶液的混合溶液)隔开,下列说法正确的是 ( )

A. Ⅰ为高渗,Ⅱ为低渗,水从Ⅱ渗入Ⅰ

B. Ⅰ为低渗,Ⅱ为高渗,水从Ⅱ渗入Ⅰ

C. Ⅰ为高渗,Ⅱ为低渗,水从Ⅰ渗入Ⅱ

D. Ⅰ为低渗,Ⅱ为高渗,水从Ⅰ渗入Ⅱ

7. 在四份等量水中,分别加入相同质量的葡萄糖($M_r=180$),NaCl($M_r=58.5$),$CaCl_2$($M_r=111$),Na_2CO_3($M_r=106$),其中凝固点最低的是 ( )

A. 葡萄糖　　B. NaCl　　C. $CaCl_2$　　D. Na_2CO_3

8. 能使红细胞发生胞浆分离的溶液是 ( )

A. 9 g·L^{-1} NaCl溶液

B. 含9 g·L^{-1} NaCl和50 g·L^{-1}葡萄糖的混合溶液

C. 50 g·L^{-1}葡萄糖溶液

D. 1/5 mol·L^{-1} $NaHCO_3$溶液

9. 溶质的存在能使溶液下列物理性质中发生变化的是 ( )

A. 凝固点升高　　B. 沸点降低

C. 蒸气压下降　　D. 渗透压下降

10. 下列说法中正确的是 ( )

A. 50 g·L^{-1}葡萄糖溶液($M_r=180$)和50 g·L^{-1}蔗糖溶液($M_r=342$)的渗透压相等

B. 0.1 mol·L^{-1}葡萄糖溶液和0.1 mol·L^{-1} NaCl溶液的凝固点相同

C. 300 mmol·L^{-1}葡萄糖溶液和300 mmol·L^{-1}蔗糖溶液为等渗溶液

D. 任何溶液,只要它们的质量摩尔浓度相等,它们的依数性相同

11. 用理想半透膜将0.02 mol·L^{-1}蔗糖溶液和0.02 mol·L^{-1} NaCl溶液隔开时,将会发生的是 ( )

A. Na^+从NaCl溶液向蔗糖溶液渗透

B. 水分子从NaCl溶液向蔗糖溶液渗透

C. 水分子从蔗糖溶液向NaCl溶液渗透

D. 蔗糖分子从蔗糖溶液向NaCl溶液渗透

12. 使红细胞发生溶血现象的溶液是 ( )

A. 50 g·L^{-1}葡萄糖($M_r=180$)溶液

B. 生理盐水

C. 0.1 mol·L^{-1} $NaHCO_3$溶液

D. 含9 g·L^{-1} NaCl和50 g·L^{-1}葡萄糖的混合溶液

13. 欲使两种溶液间不发生渗透,应使两溶液(A、B、C、D中的基本单元均以溶质的分子式表示) ( )

A. 渗透浓度相同　　B. 质量浓度相同

C. 物质的量浓度相同　　D. 质量摩尔浓度相同

14. 下列因素中与非电解质稀溶液的渗透压无关的是 ( )

A. 溶质的本性　　B. 单位体积溶质的粒子数

C. 溶液中其他物质的含量　　　　D. 溶液的质量摩尔浓度

15. 与非电解质稀溶液的蒸气压降低、沸点升高、凝固点降低有关的因素为　（　）

A. 溶液的体积　　　　B. 溶液的温度

C. 溶质的本性　　　　D. 单位体积的溶液中溶质颗粒总数

16. 一组浓度相等的盐溶液被分别加到等同的带负电荷的胶体溶液中，为凝结此胶体溶液所需要的盐溶液体积最小的是　（　）

A. $AlCl_3$ 溶液　　B. $BaCl_2$ 溶液　　C. KCl 溶液　　D. $MgSO_4$ 溶液

17. 对 $Fe(OH)_3$ 正溶胶聚沉值最小的溶液是　（　）

A. $MgCl_2$ 溶液　　B. Na_3PO_4 溶液　　C. Na_2SO_4 溶液　　D. $AlCl_3$ 溶液

18. 区别溶胶和大分子溶液，最简单的方法是　（　）

A. 利用电泳法观察胶粒移动方向　　　　B. 观察能否透过半透膜

C. 观察丁铎尔效应的强弱　　　　D. 观察颗粒大小

19. 向大分子溶液中加入电解质，能使大分子化合物沉淀，这一过程为　（　）

A. 盐析　　B. 胶凝　　C. 离浆　　D. 脱水

20. 利用 KCl 与过量的 $AgNO_3$ 作用制备 AgCl 溶胶时，欲使此溶胶聚沉，聚沉值最小的是　（　）

A. Na_2SO_4　　B. Na_3PO_4　　C. $CaCl_2$　　D. $AlCl_3$

二、填空题(每个空格 1 分，共 10 分)

1. 在水中加入少量的食盐，其蒸气压会__________，凝固点会__________，沸点会__________。

2. 分散系可分为__________、__________和__________。

3. 将红细胞置于高渗溶液中，会导致________；若置于低渗溶液中，会导致________。

4. 将相同质量的 A、B 两物质(均为不挥发的非电解质)分别溶于水配成 1 L 溶液，在同一温度下，测得 A 溶液的渗透压力大于 B 溶液，则 A 物质的相对分子质量________B 物质的相对分子质量。

5. 若将临床上使用的两种或两种以上的等渗溶液以任意体积混合，所得混合溶液是________溶液。

三、简答题(每题 2.5 分，共 10 分)

1. 稀溶液的依数性包括哪些？

2. 产生渗透现象的必备条件是什么？

3. 水的渗透方向是什么？

4. 为什么在淡水中游泳眼睛会红肿并感到疼痛？

四、计算题(每题 10 分，共 40 分)

1. 400 g 水中加入 95% H_2SO_4 100 g，测得该溶液的密度为 1.13 kg · L^{-1}，计算此溶液的质量摩尔浓度、物质的量浓度。

2. 今有两种溶液，一种为 1.50 g 尿素溶在 200 g 水中，另一种为 42.8 g 未知物(非电解质)溶于 1 kg 水中，这两种溶液在同一温度结冰，求这个未知物的相对分子质量。(尿素的分子式为 $(NH_2)_2CO$)

3. 溶解 3.24 g 硫于 40 g 苯中，苯的凝固点降低 1.60 K，求此溶液中的硫分子是由几个硫原子组成的。(苯的 $K_f=5.12\ K\cdot kg\cdot mol^{-1}$,硫的相对原子质量为 32)

4. 10.0 g 某高分子非电解质化合物溶于 1 L 水中所配制成的溶液在 27 ℃时的渗透压力为 0.432 kPa,计算此高分子化合物的相对分子质量。

六、自测试卷答案

一、选择题

1	2	3	4	5	6	7	8	9	10
D	C	B	B	A	A	B	D	C	C
11	12	13	14	15	16	17	18	19	20
C	C	A	A	D	A	B	C	A	B

二、填空题

1. 下降　降低　升高
2. 真溶液　胶体分散系　粗分散系
3. 胞浆分离　溶血
4. 小于
5. 等渗

三、简答题

1. 溶液的蒸气压下降,沸点升高,凝固点下降,溶液的渗透压。
2. 半透膜的存在,膜两边溶液有渗透浓度差。
3. 从稀溶液向浓溶液渗透或从纯溶剂向溶液渗透。
4. 水向眼睛中渗透。

四、计算题

1. $b=2.4\ mol\cdot kg^{-1}$, $c=2.2\ mol\cdot L^{-1}$
2. $M_r=342$
3. S_8
4. $M_r=57\ 736$

第二章 化学热力学与化学平衡

一、目的要求

1. 了解热力学能、焓、熵和吉布斯自由能等状态函数的概念。

2. 理解热力学第一定律、第二定律和第三定律的基本内容。

3. 掌握化学反应的标准摩尔焓变的各种计算方法。

4. 掌握化学反应的标准摩尔熵变和标准摩尔吉布斯自由能变的计算方法。

5. 会用 ΔG 来判断化学反应的方向，并了解温度对 ΔG 的影响。

6. 了解经验平衡常数和标准平衡常数以及标准平衡常数与标准吉布斯自由能变的关系。

7. 掌握不同反应类型的标准平衡常数表达式，并能从该表达式来理解化学平衡的移动。

8. 掌握有关化学平衡的计算，包括运用多重平衡规则进行的计算。

二、本章要点

一、基本概念

体系与环境；状态与状态函数；过程和途径；热和功；热力学能；热力学第一定律；等容反应热、等压反应热；反应进度；标准状态；体系的焓；标准摩尔焓；标准摩尔生成焓；标准摩尔燃烧焓；盖斯定律；摩尔熵；标准摩尔熵(变)；吉布斯自由能；摩尔吉布斯自由能(变)；标准摩尔吉布斯自由能(变)；标准摩尔生成吉布斯自由能；可逆反应；化学平衡；平衡常数。

二、基本知识

1. 热力学第一定律

能量不能自生自灭，能量在转化过程中总量保持不变。能量守恒原理对宏观世界或微观世界都是适用的，其应用于热力学体系就称为热力学第一定律。

能量的形式繁多，如机械能、电能、动能、势能等。宏观静止的物质也具有一定的能量，称为热力学能，也称内能，用符号 U 表示，它是系统内部各种形式能量的总和。

体系热力学能的改变值 ΔU 等于体系与环境之间的能量传递，这就是热力学第一定律的数学表达式：

$$\Delta U = Q + W$$

一个封闭系统其热力学能的增加应等于系统从环境所吸收的热量与环境对系统所做功之和。

系统的热力学能取决于系统的状态，它是系统的自身性质，因此它是状态函数。热和功是系统的状态发生变化时与环境之间交换的能量，与过程密切相关，故热和功不是状态函数。由热力学第一定律可以看出，系统经历了不同途径但发生同一过程时，不同途径中的热和功不一定相同，但热和功的代数和只与过程有关，与途径无关。

使用热力学第一定律时，应注意热和功的符号规定；另外，热力学第一定律的数学表达式只适用于封闭系统。

2. 盖斯定律

盖斯定律实际上是热力学第一定律在定容、定压和只做体积功条件下的必然结果。当一个化学反应在定容和只做体积功条件下进行时，定容热等于系统热力学能的改变（即 $\Delta U = Q_V$）；当化学反应在定压和只做体积功的条件下进行时，定压热等于系统的焓变（即 $Q_p = \Delta H$），即定压热 Q_p 和定容热 Q_V 均只决定于系统的初始状态和终了状态。故盖斯定律与定压、定容和只做体积功条件下的热力学第一定律是一致的。

利用盖斯定律可以使一些不易测准或目前尚无法测定的反应热通过间接的计算方法得到，使热化学方程式可以像普通代数方程式一样进行计算，有很大的实用性。

在利用盖斯定律进行计算时应注意以下几点：

(1) 正、逆反应在同一条件下进行时，$\Delta_r H_m$ 绝对值相等，符号相反。

(2) 反应的 $\Delta_r H_m^\ominus$ 数值与反应计量方程式的写法有关。

(3) 反应的 $\Delta_r H_m^\ominus$ 数值与反应计量方程式中物质的聚集状态有关。

(4) 在应用盖斯定律进行计算时，所选取的有关反应，数量越少越好，以避免误差积累。

3. 热力学标准状态

U、H 等都是状态函数，只有当产物和反应物的状态确定之后，ΔU、ΔH 等才有定值。为了表达状态函数，必须对各种物质规定一个共同的基准状态，称为物质的标准状态，简称标准态。物质的标准态规定如下：

(1) 气体物质的标准态，是在指定温度为 T，该气体处于标准压力 100 kPa 下的状态。在混合气体中，某一组分气体的标准态是指混合气体中该组分气体的分压值为 100 kPa。标准态压力的符号为 $p^\ominus$。

(2) 溶液中溶质的标准态，是在指定温度 T 和标准压力 $p^\ominus$ 时，质量摩尔浓度 b 为 $1\ mol \cdot kg^{-1}$ 时溶质的状态。当质量摩尔浓度为 $1\ mol \cdot kg^{-1}$ 时，记作 $b^\ominus = 1\ mol \cdot kg^{-1}$，$b^\ominus$ 称作标准质量摩尔浓度。

在很稀的水溶液中，质量摩尔浓度 b 与物质的量浓度 c 在数值上近似相等，可将溶质的标准质量摩尔浓度 $b^\ominus$ 改用标准浓度 $c^\ominus$ 代替，$c^\ominus = 1\ mol \cdot L^{-1}$。

(3) 液体和固体的标准态是指处于标准压力下纯固体或纯液体的物理状态。固体物质在该压力和指定温度下如果具有几种不同的晶形，给出热力学数值时必须注明晶形。

在热力学标准态的规定中，只指定压力为标准压 $p^\ominus$，并没有指定温度，即温度可以任意选取，通常选取 298 K。

4. 反应的标准摩尔焓

化学反应通常在敞口容器中进行，一般认为，系统不再发生变化而且温度回到反应开始前的温度时，反应才算完成。这样，在定压下且只做体积功时，系统吸收或放出的热等于化学反应的焓变，符号为 ΔH 或 $\Delta_r H$，$\Delta_r H$ 的单位习惯用 kJ 表示。

反应的摩尔焓变为反应进度 $\xi_1 \rightarrow \xi_2$ 时反应的焓变 $\Delta_r H$ 除以反应进度 $\Delta\xi$：

$$\Delta_r H_m = \Delta_r H / \Delta\xi$$

符号 $\Delta_r H_m$ 下标中小写的 m 代表反应进度 $\xi = 1$ mol。

为了使各种反应的摩尔焓变 $\Delta_r H_m$ 值具有可比性，固定某些条件是必不可少的，从而产生了反应的标准摩尔焓(变)的概念，表示符号为 $\Delta_r H_m^\ominus(T)$。

在给出 $\Delta_r H_m^\ominus$ 数值时，必须同时给出化学反应计量方程式，以明确反应系统的初始和终了状态各是什么物质，还要注明这些物质处于何种状态。

化学反应的标准摩尔焓可以通过标准摩尔生成焓来计算。物质 B 的标准摩尔生成焓($\Delta_f H_m^\ominus$)是指在温度 T 时，由参考状态的物质生成物质 B 时的标准摩尔焓。所谓的参考状态是指每种单质在所讨论的条件时最稳定的状态。同时，所对应的化学反应方程式中，物质 B 的化学计量数 ν_B 为 $+1$。

利用物质的标准摩尔生成焓可计算化学反应的标准摩尔焓：

$$\Delta_r H_m^\ominus = \sum_B \nu_B \Delta_f H_m^\ominus(B)$$

5. 标准摩尔熵

熵是系统无序性的量度，也是系统所具有的一种特性。高度无序的系统有较高的熵值，井然有序的系统熵值较低。

热力学第三定律：在 0 K 时，纯物质完美晶体的熵值等于零。即在 0 K 时，纯物质完美晶体中的所有分子或原子都呈有序排列，它们的振动、转动、核和电子的运动均处于基态，其混乱度等于零，即 $S_0 = 0$。

当一物质的理想晶体从热力学温度 0 K 上升到 T，T 时的熵与系统内物质的量 n 之比，为该物质在 T 时的摩尔熵，即

$$S_m = \frac{S}{n}$$

标准状态下物质 B 的摩尔熵 $S_m^\ominus$ 称为该物质的标准摩尔熵，其 SI 单位为 $J \cdot mol^{-1} \cdot K^{-1}$。

熵是状态函数，具有系统的广度性质，故 298 K 标准状态下化学反应的标准摩尔熵为

$$\Delta_r S_m^\ominus = \sum_B \nu_B S_m^\ominus(B)$$

温度升高，分子的动能增加，运动自由程度增大，因而其热运动的无序性增加，所以熵值增大。但在大多数情况下温度升高时，生成物和反应物的标准摩尔熵升高值相差不多，因此改变温度，化学反应的标准摩尔熵变化不明显。在近似计算时，可以不考虑温度的影响。对于气体参加的反应，由于压力增加使得气体分子限制在较小的体积内，运动自由程度减小，故压力增大则气态物质的熵减小。由于固体和液体的压缩性很小，所以压力对固体和液体的熵影响很小。

6. 标准摩尔吉布斯自由能

系统发生自发变化有两种驱动力：一是趋向于最低能量状态；二是趋向于最大混乱度，这两种因素事实上支配着所有宏观系统的变化方向。判断系统的变化方向，需要借助于将焓和熵关联起来的一个状态函数——吉布斯函数，也称为吉布斯自由能，用符号 G 表示。

吉布斯自由能的定义为

$$G = H - TS$$

对于等温下的化学反应过程而言，系统吉布斯自由能的变化值为

$$\Delta_r G_m^{\ominus}(T)=\Delta_r H_m^{\ominus}(T)-T\Delta_r S_m^{\ominus}(T)$$

$\Delta_r G_m$ 代表了化学反应的总驱动力，自发过程的 $\Delta_r G_m$ 总是负值，非自发过程的 $\Delta_r G_m$ 总是正值。所以，$\Delta_r G_m$ 是明确判断过程自发性的物理量。

当化学反应的温度、压力改变时，$\Delta_r H_m$ 和 $\Delta_r S_m$ 均随之改变，但其中 $\Delta_r H_m$ 和 $\Delta_r S_m$ 随温度变化不明显，可用 $\Delta_r H_m^{\ominus}(298\ \text{K})$ 代替 $\Delta_r H_m^{\ominus}(T)$，$\Delta_r S_m^{\ominus}(298\ \text{K})$ 代替 $\Delta_r S_m^{\ominus}(T)$，近似计算 $\Delta_r G_m^{\ominus}(T)$。

若参加化学反应的各物质均处于各自的热力学标准态，则上式又可写成如下形式：

$$\Delta_r G_m^{\ominus}(T)\approx\Delta_r H_m^{\ominus}(298\ \text{K})-T\Delta_r S_m^{\ominus}(298\ \text{K})$$

式中的 $\Delta_r G_m^{\ominus}$ 称为化学反应的标准摩尔吉布斯自由能(变)，单位习惯用 $\text{kJ}\cdot\text{mol}^{-1}$。利用该近似式，对于标准态下、温度 T 时的反应方向可做出估计。

化学反应的标准摩尔吉布斯自由能可以使用物质的标准摩尔生成吉布斯自由能($\Delta_f G_m^{\ominus}$)来计算。标准摩尔生成吉布斯自由能是在等温下，单质及生成物均处于热力学标准态，由参考状态的单质生成 1 mol 某物质的标准摩尔吉布斯自由能。按此定义，参考状态的单质其标准摩尔生成吉布斯自由能为 0。

对某化学反应来说：

$$\Delta_r G_m^{\ominus}=\sum_B \nu_B \Delta_f G_m^{\ominus}(B)$$

一个化学反应在等温、定压且不做非体积功条件下进行时，$\Delta_r G_m$ 值可判断化学反应的方向：

$\Delta_r G_m<0$，　反应正向自发进行。

$\Delta_r G_m=0$，　反应系统处于平衡状态。

$\Delta_r G_m>0$，　反应逆向自发进行。

需要注意，$\Delta_r G_m$ 是用于判断等温、定压下反应能否自发进行的判据。而当参加反应的各物质在指定温度和标准压力下，$\Delta_r G_m^{\ominus}$ 才能作为化学反应的可逆性判据。

7. 吉布斯-亥姆霍兹方程(Gibbs-Helmholtz 方程)

$$\Delta_r G_m=\Delta_r H_m-T\Delta_r S_m$$

上式表明，$\Delta_r G_m$ 作为化学反应自发性的标准，实际上包含焓变($\Delta_r H_m$)和熵变($\Delta_r S_m$)两个因素。同时上式也表明，对于一些反应，温度升高或降低，也能使反应的方向发生逆转。

(1) 焓变、熵变与反应的自发性。

① 当焓变很小或趋于零，熵变是较大的正值或负值时，熵变是决定反应自发性的因素。$\Delta_r S_m>0$，则 $\Delta_r G_m<0$，反应自发；$\Delta_r S_m<0$，则 $\Delta_r G_m>0$，反应非自发。

② 当熵变很小或趋于零，而焓变是一个较大的负值或正值时，焓变是反应自发进行的主要推动力。$\Delta_r H_m<0$，则 $\Delta_r G_m<0$，反应自发；$\Delta_r H_m>0$，则 $\Delta_r G_m>0$，反应非自发。

③ 焓变为负值，熵变为正值，无论系统的温度如何改变，吉布斯自由能总是负值，反应均自发。

④ 焓变为正值，熵变为负值，任何温度下，系统的吉布斯自由能均为正值，反应均非自发。

(2) 反应的摩尔吉布斯自由能不像反应的摩尔焓和摩尔熵受温度的影响可以忽略，其

受温度的影响很显著，对有些反应，温度的改变，可能引起反应自发方向的改变。

① $\Delta_r H_m<0$，$\Delta_r S_m<0$，低温时正向反应自发。

② $\Delta_r H_m>0$，$\Delta_r S_m>0$，低温时若 $\Delta_r H_m>T\Delta_r S_m$，正向反应非自发。

在此需要注意，等温、定压下反应是否自发的判据是反应的吉布斯自由能 $\Delta_r G_m<0$，而不是反应的标准吉布斯自由能 $\Delta_r G_m^\ominus<0$，即 $\Delta_r G_m^\ominus$ 不像 $\Delta_r G_m$ 可用来判断反应在指定条件下是否为自发。但 $\Delta_r G_m^\ominus$ 是十分重要的数据，可用来定性估计反应的可能性。一般认为，$\Delta_r G_m^\ominus<0$，反应有希望；$\Delta_r G_m^\ominus>42\ \text{kJ}\cdot\text{mol}^{-1}$，反应非常不利，该反应只在特殊条件下方可成为有利；$\Delta_r G_m^\ominus=0\sim42\ \text{kJ}\cdot\text{mol}^{-1}$，反应的可能性有怀疑，应作进一步研究。

8. 化学平衡

在等温、定压且非体积功为零时，可用化学反应的吉布斯自由能变 $\Delta_r G_m$ 来判断化学反应进行的方向。随着反应的进行，体系吉布斯自由能在不断变化，直至最终体系的吉布斯自由能 G 值不再改变，此时反应的 $\Delta_r G_m=0$。这时化学反应达到了热力学平衡态，简称化学平衡。

(1) 化学平衡的特点：

① 化学平衡是一个动态平衡。

② 化学平衡是相对的，同时也是有条件的。

③ 在一定温度下化学平衡一旦建立，以化学反应方程式中化学计量系数为幂指数的反应方程式中各物质的浓度(或分压)的乘积为一常数。在同一温度下，同一反应的平衡常数相同。

(2) 标准平衡常数。在一定温度下，反应处于平衡状态时，生成物的活度以方程式中化学计量数为乘幂的乘积，除以反应物的活度以方程式中化学计量数的绝对值为乘幂的乘积等于一常数，并称之为标准平衡常数。

$$\frac{a_G^e\cdot a_H^f}{a_A^b\cdot a_D^d}=K^\ominus$$

$$\Delta_r G_m^\ominus=-RT\ln K^\ominus$$

在标准平衡常数表达式中，对气态的组分用相对分压表示，溶液中的组分用相对浓度表示。

标准平衡常数的大小是化学反应进行完全程度的标志，其值越大，表示平衡时产物的浓度(或分压)越大，即正反应进行得越完全。标准平衡常数的数值与浓度(或分压)无关，它只是温度的函数。

书写标准平衡常数的表达式时应注意：

① 在标准平衡常数表达式中，体系中各组分的相对压力或相对浓度的乘幂应与化学反应方程式中相应的化学计量系数一致。

② 纯固体或纯液体的组分不出现在标准平衡常数的表达式中。

③ 正反应的平衡常数与逆反应的平衡常数互为倒数。

④ 若某反应是几个反应的加和，则总反应的标准平衡常数为各分反应标准平衡常数的乘积。

(3) 化学反应进行的程度。化学反应达到平衡时，体系中物质 B 的浓度不再随时间而改变，此时反应物已最大限度地转变为生成物。平衡常数具体反映出平衡时各物质相对浓度、相对分压之间的关系，通过平衡常数可以计算化学反应进行的最大程度，即化学平衡组成。在化工生产中常用转化率(α)来衡量化学反应进行的程度。某反应物的转化率是指该反应物已转化为生成物的百分数。即

$$\alpha=\frac{\text{某反应物已转化的量}}{\text{某反应物的总量}}\times 100\%$$

(4) 化学平衡的移动。因外界条件的改变而使化学反应从一种平衡状态向另一种平衡状态转变的过程称为化学平衡的移动。

勒夏特列(Le Chatelier)平衡移动原理：假如改变平衡体系的条件之一，如温度、压力或浓度，平衡就向减弱这个改变的方向移动。如增加反应物的浓度或反应气体的分压，平衡向生成物方向移动，以减弱反应物浓度或反应气体分压增加的影响；如果增加平衡体系的总压(不包括充入不参与反应的气体)，平衡向气体分子数减少的方向移动，以减小总压的影响；如果升高温度，平衡向吸热反应方向移动，减弱温度升高对体系的影响。

温度对化学平衡的影响是因改变标准平衡常数从而引起平衡的移动。

$$\ln\frac{K_2^{\ominus}}{K_1^{\ominus}}=\frac{\Delta_r H_m^{\ominus}}{R}\left(\frac{1}{T_1}-\frac{1}{T_2}\right)$$

9. Gibbs 自由能变化与化学平衡

对反应：$a\mathrm{A}+d\mathrm{D}\longrightarrow g\mathrm{G}+h\mathrm{H}$

根据范霍夫化学反应等温式：

$$\Delta_r G=\Delta_r G^{\ominus}+RT\ln\frac{a_G^g\cdot a_H^h}{a_A^a\cdot a_D^d}$$

当反应达平衡时，$\Delta_r G=0$，$\frac{a_G^g\cdot a_H^h}{a_A^a\cdot a_D^d}=K^{\ominus}$，则有

$$\Delta_r G^{\ominus}=-RT\ln K^{\ominus}$$

$$\Delta_r G=-RT\ln K^{\ominus}+RT\ln Q$$

其中的 Q 称为反应商，它的形式、写法与标准平衡常数完全相同，只是各活度项不再是平衡状态而是起始状态，因此其值与不同阶段时反应中各物质的浓度或分压有关。

因此，等温方程式中的 $\Delta_r G$ 仅决定于 Q 与 $K^{\ominus}$ 的相对比值：

当 $Q<K^{\ominus}$ 时，$\Delta_r G<0$，正向反应自发进行；

当 $Q>K^{\ominus}$ 时，$\Delta_r G>0$，逆向反应自发进行；

当 $Q=K^{\ominus}$ 时，$\Delta_r G=0$，反应达平衡。

三、例题解析

1. 450 g 水蒸气在压力 1.013×10^5 Pa 和温度 100℃时凝结成水。已知在 100℃时水的蒸发热为 2.26 kJ·g^{-1}。求此过程的 W、Q 和 ΔH、ΔU。

解 发生的反应为 $H_2O(g)\longrightarrow H_2O(l)$。

$\Delta n=n_0-n=0-(450\ \mathrm{g}/18\ \mathrm{g\cdot mol^{-1}})=-25\ \mathrm{mol}$

$W=p\Delta V=\Delta nRT=-25\ \mathrm{mol}\times 8.314\times10^{-3}\ \mathrm{kJ\cdot mol^{-1}\cdot K^{-1}}\times 373\ \mathrm{K}=-77.53\ \mathrm{kJ}$

$Q=-2.26\ \mathrm{kJ\cdot g^{-1}}\times 450\ \mathrm{g}=-1\ 017\ \mathrm{kJ}$

$\Delta U = Q + W = -1\ 017\ \text{kJ} + 77.53\ \text{kJ} = -939.5\ \text{kJ}$

$\Delta H = Q_p = Q = -1\ 017\ \text{kJ}$

2. "巨能钙"是一种优秀的补钙剂，它的组成为 $Ca(C_4H_7O_5)_2$。经精密氧弹测定其恒容燃烧热为 $-3\ 133.13\ \text{kJ}\cdot\text{mol}^{-1}$。试求其标准摩尔燃烧焓和标准摩尔生成焓。

解　标准摩尔燃烧焓是指 298.15 K 和 0.1 MPa 下，下列理想燃烧反应的焓变：

$Ca(C_4H_7O_5)_2(s) + 7O_2(g) \xlongequal{\quad} CaO(s) + 8CO_2(g) + 7H_2O(l)$

$$\begin{aligned}\Delta_c H_m^{\ominus} &= \Delta U + \Delta nRT = (-3\ 133.13) + [(8-7)\times 8.314\times 298.15\times 10^{-3}]\\ &= 3\ 130.65\ \text{kJ}\cdot\text{mol}^{-1}\end{aligned}$$

$$\begin{aligned}\Delta_f H_m^{\ominus} &= \Delta_f H_m^{\ominus}(CaO,s) + 8\Delta_f H_m^{\ominus}(CO_2,g) + 7\Delta_f H_m^{\ominus}(H_2O,l) - \Delta_c H_m^{\ominus}\\ &= [(-635.1) + 8\times(-393.5) + 7\times(-285.8)] - (-3\ 130.65)\\ &= -2\ 653.1(\text{kJ}\cdot\text{mol}^{-1})\end{aligned}$$

3. 根据下述热化学方程式计算 HgO(s)的生成热：

$2HgO(s) \longrightarrow 2Hg(l) + O_2(g)$，$\Delta_r H_m^{\ominus} = 181.7\ \text{kJ}\cdot\text{mol}^{-1}$

解　先将反应式反向书写并将所有物质的系数除以 2，以便使讨论的系统符合对生成热所下的定义，即由单质直接反应生成 1 mol HgO(s)：

$$Hg(l) + \frac{1}{2}O_2(g) \longrightarrow HgO(s)$$

再将分解热的 $\Delta_r H_m^{\ominus}$ 的正号改为负号并除以 2，即得 HgO(s)的生成热：

$Hg(l) + \frac{1}{2}O_2(g) \longrightarrow HgO(s)$，$\Delta_f H_m^{\ominus} = -90.85\ \text{kJ}\cdot\text{mol}^{-1}$

4. 反应 $CCl_4(l) + H_2(g) \xlongequal{\quad} HCl(g) + CHCl_3(l)$ 的 $\Delta_r G_m^{\ominus}(298\ \text{K}) = -103.8\ \text{kJ}\cdot\text{mol}^{-1}$。若实验值 $p(H_2) = 1.0\times 10^6$ Pa 和 $p(HCl) = 1.0\times 10^4$ Pa，反应的自发性是增大还是减小？

解　$Q = \dfrac{p(HCl)/p^{\ominus}}{p(H_2)/p^{\ominus}} = \dfrac{1.0\times 10^4\ \text{Pa}/1.0\times 10^5\ \text{Pa}}{1.0\times 10^6\ \text{Pa}/1.0\times 10^5\ \text{Pa}} = 0.01$

$$\begin{aligned}\Delta_r G_m(298\ \text{K}) &= -103.8\ \text{kJ}\cdot\text{mol}^{-1} + (0.008\ 31\ \text{kJ}\cdot\text{mol}^{-1}\cdot\text{K}^{-1})\times(298\ \text{K})\times\ln 0.01\\ &= -103.8\ \text{kJ}\cdot\text{mol}^{-1} - 11.4\ \text{kJ}\cdot\text{mol}^{-1}\\ &= -115.2\ \text{kJ}\cdot\text{mol}^{-1}\end{aligned}$$

与 $\Delta_f G_m^{\ominus}(298\ \text{K})$值相比，$\Delta_r G_m(298\ \text{K})$值更负，因此比标准状态条件下具有更大的自发性。

5. $CO(g) + Cl_2(g) \xlongequal{\quad} COCl_2(g)$ 在恒温恒容条件下进行，已知 373 K 时 $K^{\ominus} = 1.5\times 10^8$。反应开始时，$c_0(CO) = 0.035\ 0\ \text{mol}\cdot\text{L}^{-1}$，$c_0(Cl_2) = 0.027\ 0\ \text{mol}\cdot\text{L}^{-1}$，$c_0(COCl_2) = 0$。计算373 K 反应达到平衡时各物质的分压和 CO 的平衡转化率。

解	$CO(g)$	+	$Cl_2(g)$	$\xlongequal{\quad}$	$COCl_2(g)$
开始 $c_B/(\text{mol}\cdot\text{L}^{-1})$	0.035 0		0.027 0		0
开始 p_B/kPa	108.5		83.7		0
变化 p_B/kPa	$-(83.7-x)$		$-(83.7-x)$		$(83.7-x)$
平衡 p_B/kPa	$24.8+x$		x		$(83.7-x)$

$$K^{\ominus} = \frac{p(COCl_2)/p^{\ominus}}{[p(CO)/p^{\ominus}][p(Cl_2)/p^{\ominus}]} = \frac{(83.7-x)/100}{\left(\dfrac{24.8+x}{100}\right)\left(\dfrac{x}{100}\right)} = 1.5\times 10^8$$

因为 $K^{\ominus}$ 很大，x 很小，假设 $83.7-x\approx83.7$，$24.8+x\approx24.8$，则：

$$\frac{83.7\times100}{24.8x}=1.5\times10^{8},\ x=2.3\times10^{-6}$$

平衡时：$p(CO)=24.8\ kPa$　　$p(Cl_2)=2.3\times10^{-6}\ kPa$

$p(COCl_2)=83.7\ kPa$

$$\alpha(CO)=\frac{p_0(CO)-p(CO)}{p_0(CO)}=\frac{108.5-24.8}{108.5}\times100\%=77.1\%$$

6. 某容器中充有 $N_2O_4(g)$ 和 $NO_2(g)$ 的混合物，$n(N_2O_4):n(NO_2)=10:1$。在 308 K、0.100 MPa 条件下，发生反应：

$$N_2O_4(g)=\!=\!=2NO_2(g);\quad K^{\ominus}(308K)=0.315$$

(1) 计算平衡时各物质的分压。

(2) 使该反应系统体积减小到原来的 1/2，反应在 308 K、0.2 MPa 条件下进行，平衡向何方向移动？在新的平衡条件下，系统内各组分的分压改变了多少？

解　(1) 反应在恒温恒压条件下进行，以 1 mol N_2O_4 为计算基准。

$n_{总}=1.10+x$

	$N_2O_4(g)$	$=\!=\!=$	$2NO_2(g)$
开始时 n_B/mol	1.00		0.100
平衡时 n_B/mol	$1.00-x$		$0.10+2x$
平衡时 p_B/kPa	$\frac{1.00-x}{1.10+x}\times100$		$\frac{0.10+2x}{1.10+x}\times100$

$$K^{\ominus}=\frac{\left[\frac{p(NO_2)}{p^{\ominus}}\right]^2}{\left[\frac{p(N_2O_4)}{p^{\ominus}}\right]}=\frac{\left(\frac{0.10+2x}{1.10+x}\right)^2}{\frac{1.00-x}{1.10+x}}=0.315$$

$x=0.234$

$$p(N_2O_4)=\frac{1.00-x}{1.10+x}\times100=57.4(kPa)$$

$$p(NO_2)=\frac{0.10+2x}{1.10+x}\times100=42.6(kPa)$$

(2)	$N_2O_4(g)$	$=\!=\!=$	$2NO_2(g)$
开始时 n_B/mol	1.00		0.100
平衡时 n_B/mol	$1.00-y$		$0.10+2y$
平衡时 p_B/kPa	$\frac{1.00-y}{1.10+y}\times200.0$		$\frac{0.10+2y}{1.10+y}\times200.0$

$$0.315=\frac{\left(\frac{0.10+2y}{1.10+y}\times2\right)^2}{\frac{1.00-y}{1.10+y}\times2}$$

$8.32y^2+0.832y-0.327=0$

$y=0.154$

$$p(N_2O_4)=\frac{1.00-0.154}{1.10+0.154}\times200.0\ kPa=135\ kPa$$

$p(NO_2)=(200.0-135)kPa=65\ kPa$

$\Delta p(N_2O_4)=(135-57.4)kPa=77.6\ kPa$

$\Delta p(NO_2)=(65-42.6)kPa=22.4\ kPa$

7. 分析下列反应在标准态下自发进行的温度条件。

(1) $2N_2(g)+O_2(g)\longrightarrow 2N_2O$　　$\Delta_r H_m^{\ominus}=163\ kJ\cdot mol^{-1}$

(2) $Ag(s)+1/2\ Cl_2(g)\longrightarrow AgCl(s)$　　$\Delta_r H_m^{\ominus}=-127\ kJ\cdot mol^{-1}$

(3) $HgO(s)\longrightarrow Hg(l)+1/2\ O_2(s)$　　$\Delta_r H_m^{\ominus}=91\ kJ\cdot mol^{-1}$

(4) $H_2O_2(l)\longrightarrow H_2O(l)+1/2O_2(g)$　　$\Delta_r H_m^{\ominus}=-98\ kJ\cdot mol^{-1}$

解　在标准态下反应自发进行的前提是反应的 $\Delta_r G_m^{\ominus}<0$，由吉布斯-亥姆霍兹公式 $\Delta_r G_m^{\ominus}=\Delta_r H_m^{\ominus}-T\Delta_r S_m^{\ominus}$，$\Delta_r G_m^{\ominus}$ 值与温度有关，反应温度的变化可能使 $\Delta_r G_m^{\ominus}$ 符号发生变化。

(1) $\Delta_r H_m^{\ominus}>0$，$\Delta_r S_m^{\ominus}<0(\Delta n<0)$，在任何温度下，$\Delta_r G_m^{\ominus}>0$，反应都不能自发进行。

(2) $\Delta_r H_m^{\ominus}<0$，$\Delta_r S_m^{\ominus}<0$，在较低温度下，$\Delta_r G_m^{\ominus}<0$，即反应要自发进行则温度不能过高。

(3) $\Delta_r H_m^{\ominus}>0$，$\Delta_r S_m^{\ominus}>0(\Delta n>0)$，若使反应自发进行($\Delta_r G_m^{\ominus}<0$)必须提高温度，即反应在较高温度时自发进行。

(4) $\Delta_r H_m^{\ominus}>0$，$\Delta_r S_m^{\ominus}>0$，在任何温度时，$\Delta_r G_m^{\ominus}<0$，即在任何温度下反应均能自发进行。

四、习题解答

1. 一隔板将一刚性绝热容器分为左右两侧，左室气体压力大于右室气体的压力。现将隔板抽去，左、右气体的压力达到平衡。若以全部气体为体系，则 ΔU、Q、W 为正还是为负？或为零？

解　$\Delta U=Q=W$，因为此体系是绝热刚性容器，对于绝热过程 $Q=0$，刚性容器是指在变化过程中容器的体积不变，因此体积功为零，即 $W=0$。根据热力学第一定律 $\Delta U=Q+W$，故 $\Delta U=0$。

2. 计算下列体系的热力学能变化：

(1) 体系吸收了 100 J 的热量，并且体系对环境做了 540 J 的功。

(2) 体系放出 100 J 热量，并且环境对体系做了 635 J 的功。

解　根据热力学第一定律，$\Delta U=Q+W$。

(1) $\Delta U=Q+W=100+(-540)=-440(J)$

(2) $\Delta U=Q+W=(-100)+635=535(J)$

3. 298 K 时，水的蒸发热为 $43.93\ kJ\cdot mol^{-1}$。计算蒸发 1 mol 水时的 Q_p、W 和 ΔU。

解　水的蒸发热是指 1 mol 的水蒸发为 1 mol 的水蒸气时吸收的热量。在这一过程中，水由液态变成气态，体积增大了，所以体积功不为零。水蒸气可近似当作理想气体处理。

$\Delta_r H_m^{\ominus}=Q_p=43.93\ kJ\cdot mol^{-1}$，$W=-pV=-nRT=-1\times 8.314\times 298\times 10^{-3}$

$=-2.48(kJ\cdot mol^{-1})$

$\Delta_r U_m^{\ominus}=Q+W=43.93-2.48=41.45(kJ\cdot mol^{-1})$

4. 298 K 时，6.5 g 液体苯在弹式量热计中完全燃烧，放热 272.3 kJ。求该反应的 $\Delta_r U_m^\ominus$ 和 $\Delta_r H_m^\ominus$。

解 $C_6H_6(l)+7.5O_2(g)=\!=\!=6CO_2(g)+3H_2O(l)$

$\Delta_r U_m^\ominus=(-272.3)\div(6.5/78)=-3\ 267.6(kJ\cdot mol^{-1})$

$\Delta_r H_m^\ominus=\Delta_r U_m^\ominus+\sum\nu_B(g)RT$

$=-3\ 267.6+(6-7.5)\times 8.314\times 298\times 10^{-3}$

$=-3\ 271.3(kJ\cdot mol^{-1})$

5. 已知 298 K、标准状态下：

(1) $Cu_2O(s)+\frac{1}{2}O_2(g)=\!=\!=2CuO(s)$；　　$\Delta_r H_m^\ominus(1)=-146.02\ kJ\cdot mol^{-1}$

(2) $CuO(s)+Cu(s)=\!=\!=Cu_2O(s)$；　　$\Delta_r H_m^\ominus(2)=-11.30\ kJ\cdot mol^{-1}$

求(3) $CuO(s)=\!=\!=Cu(s)+\frac{1}{2}O_2(g)$的 $\Delta_r H_m^\ominus(3)$。

解 因为反应(3)＝－[(1)＋(2)]，所以

$\Delta_r H_m^\ominus(3)=-[-146.02+(-11.30)]=157.32(kJ\cdot mol^{-1})$

6. 已知 298 K、标准状态下：

(1) $Fe_2O_3(s)+3CO(g)=\!=\!=2Fe(s)+3CO_2(g)$；$\Delta_r H_m^\ominus(1)=-24.77\ kJ\cdot mol^{-1}$

(2) $3Fe_2O_3(s)+CO(g)=\!=\!=2Fe_3O_4(s)+CO_2(g)$；$\Delta_r H_m^\ominus(2)=-52.19\ kJ\cdot mol^{-1}$

(3) $Fe_3O_4(s)+CO(g)=\!=\!=3FeO(s)+CO_2(g)$；$\Delta_r H_m^\ominus(3)=39.01\ kJ\cdot mol^{-1}$

求(4) $Fe(s)+CO_2(g)=\!=\!=FeO(s)+CO(g)$的 $\Delta_r H_m^\ominus(4)$。

解 因为反应(4)＝[(3)×2＋(2)－(1)×3]÷6，故：

$\Delta_r H_m^\ominus(4)=[39.01\times 2+(-52.19)-(-24.77)\times 3]\div 6=16.69(kJ\cdot mol^{-1})$

7. 由 $\Delta_f H_m^\ominus$ 的数据计算下列反应在 298 K、标准状态下的反应热 $\Delta_r H_m^\ominus$。

(1) $4NH_3(g)+5O_2(g)=\!=\!=4NO(g)+6H_2O(l)$

(2) $8Al(s)+3Fe_3O_4(s)=\!=\!=4Al_2O_3(s)+9Fe(s)$

(3) $CO(g)+H_2O(g)=\!=\!=CO_2(g)+H_2(g)$

解 (1) $\Delta_r H_m^\ominus=[(4\times 90.4)+6\times(-285.8)]-4\times(-46.11)=-1\ 168.8(kJ\cdot mol^{-1})$

(2) $\Delta_r H_m^\ominus=4\times(-1\ 676)-3\times(-1\ 117.1)=-3\ 352.7(kJ\cdot mol^{-1})$

(3) $\Delta_r H_m^\ominus=(-393.5)-[(-110.5)+(-241.8)]=-41.2(kJ\cdot mol^{-1})$

8. 由 β-葡萄糖的燃烧热和水及二氧化碳的生成热数据，求 298 K、标准状态下葡萄糖的 $\Delta_f H_m^\ominus$。

解 由 $C_6H_{12}O_6(s)+6O_2(g)=\!=\!=6CO_2(g)+6H_2O(l)$，查表可知：

$\Delta_f H_m^\ominus=-(-2\ 802)+[6\times(-393.5)+6\times(-285.8)]=-1\ 273.8(kJ\cdot mol^{-1})$

9. 由 $\Delta_f G_m^\ominus$ 和 $S_m^\ominus$ 的数据，计算下列反应在 298 K 时的 $\Delta_r G_m^\ominus$、$\Delta_r S_m^\ominus$ 和 $\Delta_r H_m^\ominus$。

(1) $Ca(OH)_2(s)+CO_2(g)=\!=\!=CaCO_3(s)+H_2O(l)$

(2) $N_2(g)+3H_2(g)=\!=\!=2NH_3(g)$

(3) $2H_2S(g)+3O_2(g)=\!=\!=2SO_2(g)+2H_2O(l)$

解 (1) $\Delta_r G_m^\ominus=(-1\ 128.8-237.2)-(-896.8-394.4)=-74.8(kJ\cdot mol^{-1})$

$\Delta_r S_m^\ominus=(92.9+69.91)-(83.39+213.6)=-134.18(J\cdot mol^{-1}\cdot K^{-1})$

$\Delta_r H_m^{\ominus} = \Delta_r G_m^{\ominus} + T\Delta_r S_m^{\ominus} = -74.8 + 298 \times (-134.18) \times 10^{-3} = -114.79(\mathrm{kJ \cdot mol^{-1}})$

(2) $\Delta_r G_m^{\ominus} = 2 \times (-16.5) - 0 = -33.0(\mathrm{kJ \cdot mol^{-1}})$

$\Delta_r S_m^{\ominus} = 2 \times 192.3 - (192 + 3 \times 130) = -197.4(\mathrm{J \cdot mol^{-1} \cdot K^{-1}})$

$\Delta_r H_m^{\ominus} = \Delta_r G_m^{\ominus} + T\Delta_r S_m^{\ominus} = -33.0 + 298 \times (-197.4) \times 10^{-3} = -91.83(\mathrm{kJ \cdot mol^{-1}})$

(3) $\Delta_r G_m^{\ominus} = [2 \times (-300.2) + 2 \times (-237.2)] - 2 \times (-33.6) = -1\,007.6(\mathrm{kJ \cdot mol^{-1}})$

$\Delta_r S_m^{\ominus} = 2 \times 248 + 2 \times 69.91 - (2 \times 206 + 3 \times 205.03) = -391.3(\mathrm{J \cdot mol^{-1} \cdot K^{-1}})$

$\Delta_r H_m^{\ominus} = \Delta_r G_m^{\ominus} + T\Delta_r S_m^{\ominus} = -1\,007.6 + 298 \times (-391.3) \times 10^{-3} = -1\,123.9(\mathrm{kJ \cdot mol^{-1}})$

10. 已知 298 K 时，下列反应：

	$BaCO_3(s)$	$\longrightarrow$	$BaO(s)$	+	$CO_2(s)$
$\Delta_f H_m^{\ominus}/\mathrm{kJ \cdot mol^{-1}}$	−1 216		−553.5		−393.5
$S_m^{\ominus}/\mathrm{J \cdot mol^{-1}}$	112.1		72.4		213.6

求 298 K 时，该反应的 $\Delta_r H_m^{\ominus}$、$\Delta_r S_m^{\ominus}$ 和 $\Delta_r G_m^{\ominus}$，以及该反应在标准态下可自发进行的最低温度。

解　$\Delta_r H_m^{\ominus} = (-553.5) + (-393.5) - (-1\,216) = 284.6(\mathrm{kJ \cdot mol^{-1}})$

$\Delta_r S_m^{\ominus} = (72.4 + 213.6) - 112.1 = 171.9\ (\mathrm{J \cdot mol^{-1} \cdot K^{-1}})$

$\Delta_r G_m^{\ominus} = \Delta_r H_m^{\ominus} - T\Delta_r S_m^{\ominus} = 284.6 - 298 \times 171.9 \times 10^{-3} = 233.4(\mathrm{kJ \cdot mol^{-1}})$

要使该反应自发进行，$\Delta G_T^{\ominus} = \Delta H_{298}^{\ominus} - T\Delta S_{298}^{\ominus} < 0$，故自发反应温度

$T > (\Delta H_{298}^{\ominus}/\Delta S_{298}^{\ominus}) = 284.6/0.171\,9 = 1\,655.6\ (\mathrm{K})$

11. 估计下列各变化过程是熵增还是熵减。

(1) NH_4NO_3 爆炸：$2NH_4NO_3(s) \longrightarrow 2N_2(g) + 4H_2O(g) + O_2(g)$。

(2) 臭氧生成：$3O_2(g) \longrightarrow 2O_3(g)$。

解　(1) NH_4NO_3 爆炸后，气体体积急剧增大，是熵值增大的过程。

(2) 生成臭氧后，气体体积减小，是熵减过程。

12. CO 是汽车尾气的主要污染源，有人设想以加热分解的方法来消除之：

$$CO(g) \xlongequal{\triangle} C(s) + \frac{1}{2}O_2(g)$$

试从热力学角度判断该想法能否实现。

解　受热分解反应一般为吸热反应，所以反应

$$CO(g) \xlongequal{\triangle} C(s) + \frac{1}{2}O_2(g)$$

其 ΔH 为正值。另从反应式可知，反应前后的气体摩尔数减少，所以 ΔS 为负值。根据公式

$$\Delta G = \Delta H - T\Delta S$$

当 ΔH 为正值、ΔS 为负值时，在任何温度下 ΔG 总是正值，所以此反应在任何温度下都不能发生。以加热分解方法来消除汽车尾气中的 CO 在热力学上不能实现，所以就不必徒劳去寻找催化剂了。

13. 推断下列过程体系熵变 ΔS 的符号。

(1) 水变成水蒸气。

(2) 苯与甲苯相溶。

(3) 盐从过饱和水溶液中结晶出来。

(4) 渗透。

(5) 固体表面吸附气体。

解 (1) ΔS 为正,由于气体混乱度比液体大,所以水变成水蒸气熵值增加。

(2) ΔS 为正,两种物质相溶,混乱度增加。

(3) ΔS 为负,盐从过饱和溶液中结晶出来后,从无序到有序,混乱度减小,熵值减小。

(4) ΔS 为正,渗透作用是溶剂通过半透膜由稀溶液向浓溶液扩散,混乱度增加,熵值增加。

(5) ΔS 为负,固体表面吸附气体,使气体混乱度降低,从无序到有序,熵值减小。

14. 判断下面的反应:

$C_2H_5OH(g) \xlongequal{} C_2H_4(g) + H_2O(g)$

(1) 在标准态 25℃下能否自发进行。

(2) 在标准态 360℃下能否自发进行。

(3) 求该反应在标准态下能自发进行的最低温度。

解 查表得:

	$C_2H_5OH(g)$	$\xlongequal{}$ $C_2H_4(g)$	+ $H_2O(g)$
$\Delta_f G_m^\ominus/kJ \cdot mol^{-1}$	-168.6	68.12	-228.6
$\Delta_f H_m^\ominus/kJ \cdot mol^{-1}$	-235.3	52.28	-241.9
$S_m^\ominus/J \cdot K^{-1} \cdot mol^{-1}$	282	219.5	188.7

$$(1)\ \Delta_r G_m^\ominus(298K) = \Delta_f G_m^\ominus[C_2H_4(g)] + \Delta_f G_m^\ominus[H_2O(g)] - \Delta_f G_m^\ominus[C_2H_5OH(g)]$$
$$= (-228.6) + 68.12 - (-168.6)$$
$$= 8.12(kJ \cdot mol^{-1})$$

因为 $\Delta_r G_m^\ominus(298K) > 0$,反应在 25℃下反应不能自发进行。

$$(2)\ \Delta_r H_m^\ominus(298K) = \Delta_f H_m^\ominus[C_2H_4(g)] + \Delta_f H_m^\ominus[H_2O(g)] - \Delta_f H_m^\ominus[C_2H_5OH(g)]$$
$$= 52.28 + (-241.9) - (-235.3)$$
$$= 45.68(kJ \cdot mol^{-1})$$

$$\Delta_r S_m^\ominus(298K) = S_m^\ominus[C_2H_4(g)] + S_m^\ominus[H_2O(g)] - S_m^\ominus[C_2H_5OH(g)]$$
$$= 219.5 + 188.7 - 282$$
$$= 126.2(J \cdot K^{-1} \cdot mol^{-1})$$

根据公式 $\Delta G^\ominus = \Delta H^\ominus - T\Delta S^\ominus$,由于 $\Delta H^\ominus$ 和 $\Delta S^\ominus$ 随温度变化很小,可以看成基本不变。

$$\Delta_r G_m^\ominus(633K) = 45.68 - 633 \times \frac{126.2}{1\,000} = -34.2(kJ \cdot mol^{-1}) < 0$$

因此反应在 360℃下能自发进行。

(3) 求反应能自发进行的最低温度:

根据公式 $\Delta G^\ominus = \Delta H^\ominus - T\Delta S^\ominus$,$\Delta G^\ominus < 0$ 时反应自发进行,故 $\Delta H^\ominus - T\Delta S^\ominus \leqslant 0$,$T \geqslant$

$$\frac{\Delta H^\ominus}{\Delta S^\ominus} = \frac{45.68 \times 1\,000}{126.2} = 362\ K$$

故该反应能自发进行的最低温度是 89℃。

15. 对下列四个反应:

(1) $2N_2(g)+O_2(g)=2N_2O(g)$　　$\Delta H=163\ kJ\cdot mol^{-1}$

(2) $NO(g)+NO_2(g)=N_2O_3(g)$　　$\Delta H=-42\ kJ\cdot mol^{-1}$

(3) $2HgO(s)=2Hg(s)+O_2(g)$　　$\Delta H=+180.4\ kJ\cdot mol^{-1}$

(4) $2C(s)+O_2(g)=2CO(g)$　　$\Delta H=-221\ kJ\cdot mol^{-1}$

问：在标准态下哪些反应在所有温度下都能自发进行？哪些只在高温或只在低温下自发进行？哪些反应在所有温度下都不能自发进行？

解　(1) 由于反应后气体的摩尔数减少，所以 ΔS 为负值，而 ΔH 为正值，在任何温度下，此反应都不能自发进行。

(2) 由于反应后气体的摩尔数减少，所以 ΔS 为负值，而 ΔH 也为负值，所以在不太高的温度下，$\Delta H<T\Delta S$，反应能自发进行。

(3) 由于反应后气体的摩尔数增加，所以 ΔS 为正值，ΔH 也为正值，只有在高温下，当 $T\Delta S>\Delta H$ 时，ΔG 才是负值，反应才能自发进行。

(4) 由于反应后气体的摩尔数增加，所以 ΔS 为正值，而 ΔH 为负值，所以在任何温度下反应都能自发进行。

16. 石墨是碳的标准态，石墨的 $S_m^\ominus$ 为 $5.694\ J\cdot K^{-1}\cdot mol^{-1}$。金刚石的 $\Delta_f H_m^\ominus$ 为 $1.895\ kJ\cdot mol^{-1}$，其 $\Delta_f G_m^\ominus$ 为 $2.866\ kJ\cdot mol^{-1}$。求金刚石的绝对熵 $S_m^\ominus$。这两种碳的同素异形体哪个更有序？

解　C(石墨)$\rightleftharpoons$C(金刚石)

$$\Delta_r G_m^\ominus=\Delta_f G_m^\ominus(\text{金刚石})-\Delta_f G_m^\ominus(\text{石墨})$$
$$=2.866-0$$
$$=2.866(kJ\cdot mol^{-1})$$

$$\Delta_r H_m^\ominus=\Delta_f H_m^\ominus(\text{金刚石})-\Delta_f H_m^\ominus(\text{石墨})$$
$$=1.895-0$$
$$=1.895(kJ\cdot mol^{-1})$$

根据公式 $\Delta_r G_m^\ominus=\Delta_r H_m^\ominus-T\Delta_r S_m^\ominus$

$$\Delta_r S_m^\ominus=\frac{\Delta_r H_m^\ominus-\Delta_r G_m^\ominus}{T}=\frac{(1.895-2.866)\times1\,000}{298}$$
$$=-3.258(J\cdot K^{-1}\cdot mol^{-1})$$

$$\Delta_r S_m^\ominus=S_m^\ominus(\text{金刚石})-S_m^\ominus(\text{石墨})$$

$$S_m^\ominus(\text{金刚石})=\Delta_r S_m^\ominus+S_m^\ominus(\text{石墨})$$
$$=-3.258+5.694$$
$$=2.436(J\cdot K^{-1}\cdot mol^{-1})$$

从计算结果看，金刚石的绝对熵小于石墨，所以金刚石比石墨更有序。

17. 不查表，预测下列反应的熵值是增大还是减小。

(1) $2CO(g)+O_2(g)=2CO_2(g)$

(2) $2O_3(g)=3O_2(g)$

(3) $2NH_3(g)=N_2(g)+3H_2(g)$

(4) $2Na(s)+Cl_2(g)=2NaCl(s)$

(5) $H_2(g)+I_2(g)=2HI(g)$

(6) $N_2(g)+O_2(g)=2NO(g)$

解 由于气体的熵值总比固体、液体大，一个导致气体摩尔数增加的反应总伴随着熵值增加。如果气体的摩尔数减少，ΔS 将是负值。

(1) 反应后气体的摩尔数减少，所以 ΔS 为负值。

(2) 反应后气体的摩尔数增加，所以 ΔS 为正值。

(3) 反应后气体的摩尔数增加，所以 ΔS 为正值。

(4) 反应后气体的摩尔数减少，所以 ΔS 为负值。

(5) 反应前后虽然气体的摩尔数不变，但是不对称分子的熵总是比对称分子熵值大，所以 ΔS 为正值。

(6) 解答同(5)。

18\. 由锡石(SnO_2)炼制金属锡(Sn、白锡)可以有以下三种方法：

(1) $SnO_2(s)\longrightarrow Sn(s)+O_2(g)$

(2) $SnO_2(s)+C(s)\longrightarrow Sn(s)+CO_2(g)$

(3) $SnO_2(s)+2H_2(g)\longrightarrow Sn(s)+2H_2O(g)$

试根据热力学原理推荐合适的方法。

解 (1) $\Delta_r H_m^\ominus=-\Delta_f H_m^\ominus(SnO_2,s)=580.7\ kJ\cdot mol^{-1}$

$$\begin{aligned}\Delta_r S_m^\ominus &= S_m^\ominus(Sn,s)+S_m^\ominus(O_2,g)-S_m^\ominus(SnO_2,s)\\ &=51.55+205.03-52.3\\ &=204.28(J\cdot K^{-1}\cdot mol^{-1})\end{aligned}$$

$$T_{转}=\frac{\Delta_r H_m^\ominus}{\Delta_r S_m^\ominus}=\frac{580.7\times10^3}{204.28}=2\ 843(K)$$

(2) $$\begin{aligned}\Delta_r H_m^\ominus &=\Delta_f H_m^\ominus(Sn,s)+\Delta_f H_m^\ominus(CO_2,g)-\Delta_f H_m^\ominus(SnO_2,s)-\Delta_f H_m^\ominus(C,s)\\ &=-393.5-(-580.7)=187.2(kJ\cdot mol^{-1})\end{aligned}$$

$$\begin{aligned}\Delta_r S_m^\ominus &=S_m^\ominus(Sn,s)+S_m^\ominus(CO_2,g)-S_m^\ominus(SnO_2,s)-S_m^\ominus(C,s)\\ &=51.55+213.6-52.3-5.73=207.12(J\cdot K^{-1}\cdot mol^{-1})\end{aligned}$$

$$T_{转}=\frac{187.2\times10^3}{207.12}=903.8(K)$$

(3) $$\begin{aligned}\Delta_r H_m^\ominus &=\Delta_f H_m^\ominus(Sn,s)+2\Delta_f H_m^\ominus(H_2O,g)-\Delta_f H_m^\ominus(SnO_2,s)-2\Delta_f H_m^\ominus(H_2,g)\\ &=2\times(-241.8)-(-580.7)=97.1(kJ\cdot mol^{-1})\end{aligned}$$

$$\begin{aligned}\Delta_r S_m^\ominus &=S_m^\ominus(Sn,s)+2S_m^\ominus(H_2O,g)-S_m^\ominus(SnO_2,s)-2S_m^\ominus(H_2,g)\\ &=51.55+2\times188.7-52.3-2\times130=116.65(J\cdot K^{-1}\cdot mol^{-1})\end{aligned}$$

$$T_{转}=\frac{97.1\times10^3}{116.65}=832(K)$$

从计算结果比较三个反应的 $T_{转}$ 可知，反应(1)的转化温度过高；而反应(2)、(3)转化温度适中，都是制备金属锡较好的方法，可根据需要选用。

19\. 已知 $\Delta_f G_m^\ominus(MgO,s)=-569\ kJ\cdot mol^{-1}$，$\Delta_f G_m^\ominus(SiO_2,s)=-805\ kJ\cdot mol^{-1}$，试比较 MgO(s)和 $SiO_2(s)$的稳定性的大小。

解 要比较 MgO(s)和 $SiO_2(s)$的稳定性的大小，只需计算如下反应能否进行：

$$2MgO(s)+Si(s)=2Mg(s)+SiO_2(s)$$

$\Delta_r G_m^\ominus = \Delta_f G_m^\ominus(SiO_2, s) - 2\Delta_f G_m^\ominus(MgO, s) = -805 - 2\times(-569) = 333\ kJ\cdot mol^{-1}$

由计算结果知上述反应不能自发进行，即 MgO 比 SiO_2 更稳定。

20. 写出下列反应的标准平衡常数表达式：

(1) $N_2(g) + 3H_2(g) = 2NH_3(g)$

(2) $CH_4(g) + 2O_2(g) = CO_2(g) + 2H_2O(l)$

(3) $CaCO_3(s) = CaO(s) + CO_2(g)$

解　(1) $K_p^\ominus = \dfrac{(p_{NH_3}/p^\ominus)^2}{(p_{N_2}/p^\ominus)\cdot(p_{H_2}/p^\ominus)^3}$

(2) $K_p^\ominus = \dfrac{p_{CO_2}/p^\ominus}{(p_{CH_4}/p^\ominus)\cdot(p_{O_2}/p^\ominus)^2}$

(3) $K_p^\ominus = p_{CO_2}/p^\ominus$

21. 已知在某温度时：

(1) $2CO_2(g) = 2CO(g) + O_2(g)$，$K_1^\ominus = A$

(2) $SnO_2(s) + 2CO(g) = Sn(s) + 2CO_2(g)$，$K_2^\ominus = B$

则在同一温度下的反应(3) $SnO_2(s) = Sn(s) + O_2(g)$ 的 $K_3^\ominus$ 应为多少？

解　因为(1)+(2)=(3)，所以 $K_3^\ominus = K_1^\ominus \cdot K_2^\ominus = AB$。

22. 在 585 K 和总压力为 100 kPa 时，有 56.4% NOCl 按下式分解：

$$2NOCl(g) = 2NO(g) + Cl_2(g)$$

若未分解时 NOCl 的量为 1 mol，计算：

(1) 平衡时各组分的物质的量；

(2) 各组分的平衡分压；

(3) 该温度时的 $K^\ominus$。

解　(1) $2NOCl(g) \rightleftharpoons 2NO(g) + Cl_2(g)$

平衡时　1−0.564　　0.564　　0.282　　(mol)

=0.436

(2) $p_{NOCl} = p_{总} \times \dfrac{n_{NOCl}}{n_{总}} = 100 \times \dfrac{0.436}{1.282} = 34(kPa)$

$p_{NO} = p_{总} \times \dfrac{n_{NO}}{n_{总}} = 100 \times \dfrac{0.564}{1.282} = 44(kPa)$

$p_{Cl_2} = p_{总} \times \dfrac{n_{Cl_2}}{n_{总}} = 100 \times \dfrac{0.282}{1.282} = 22(kPa)$

(3) $K^\ominus = \dfrac{(p_{NO}/p^\ominus)^2(p_{Cl_2}/p^\ominus)}{(p_{NOCl}/p^\ominus)^2} = \dfrac{0.44^2 \times 0.22}{0.34^2} = 0.368$

23. 反应 $H_2(g) + I_2(g) = 2HI(g)$ 在 713 K 时的 $K^\ominus = 49$，在 698 K 时的 $K^\ominus = 54.3$。

(1) 上述反应的 $\Delta_r H_m^\ominus$ 为多少？上述反应是吸热反应，还是放热反应(698 K～713 K 温度范围内)？

(2) 计算 713 K 时的 $\Delta_r G_m^\ominus$。

(3) 当 H_2、I_2、HI 的分压分别为 100 kPa、100 kPa 和 50 kPa 时，计算 713 K 时反应的 $\Delta_r G_m$。

解 （1）因为 $\ln\frac{49}{54.3}=\frac{\Delta_r H_m^\ominus}{8.314\times10^{-3}}\left(\frac{713-698}{713\times698}\right)$，所以

$$\Delta_r H_m^\ominus=\left(8.314\times10^{-3}\times713\times698\times\ln\frac{49}{54.3}\right)/(713-698)$$

$$=-28.33(\text{kJ}\cdot\text{mol}^{-1})$$

故该反应是放热反应。

（2）$\Delta_r G_m^\ominus(713\text{K})=-RT\ln K^\ominus=-8.314\times713\times10^{-3}\times\ln49=-23.07(\text{kJ}\cdot\text{mol}^{-1})$

（3）$\Delta_r G_m=\Delta_r G_m^\ominus+RT\ln Q_p$

$$=-23.07+8.314\times10^{-3}\times713\times\ln\frac{(50/100)^2}{(100/100)(100/100)}$$

$$=-31.29(\text{kJ}\cdot\text{mol}^{-1})$$

24. 某反应25℃时的 $K^\ominus=32$，37℃时的 $K^\ominus=50$。求37℃时该反应的 $\Delta_r G_m^\ominus$，$\Delta_r H_m^\ominus$，$\Delta_r S_m^\ominus$。（设此温度范围内 $\Delta_r H_m^\ominus$ 为常数）

解 $\ln\frac{50}{32}=\frac{\Delta_r H_m^\ominus}{8.314\times10^{-3}}\left(\frac{310-298}{310\times298}\right)$

$$\Delta_r H_m^\ominus=\left(8.314\times10^{-3}\times298\times310\times\ln\frac{50}{32}\right)/(310-298)=28.56(\text{kJ}\cdot\text{mol}^{-1})$$

$$\Delta_r G_m^\ominus=-8.314\times10^{-3}\times310\times\ln50=-10.08(\text{kJ}\cdot\text{mol}^{-1})$$

$$\Delta_r G_m^\ominus=\Delta_r H_m^\ominus-T\Delta_r S_m^\ominus$$

$$\Delta_r S_m^\ominus=\frac{\Delta_r H_m^\ominus-\Delta_r G_m^\ominus}{T}=\frac{(28.56+10.08)\times10^3}{310}=124.6(\text{J}\cdot\text{K}^{-1}\cdot\text{mol}^{-1})$$

25. 已知气相反应 $N_2O_4(g)\rightleftharpoons 2NO_2(g)$，在318 K时，向0.5 L的真空容器中引入 3×10^{-3} mol的 N_2O_4，当达到平衡时总压力为25.8 kPa。

（1）试计算318 K时 N_2O_4 的分解百分率。

（2）试计算318 K时的标准平衡常数和 $\Delta_r G_m^\ominus$。

（3）已知反应在298 K时的 $\Delta_r H_m^\ominus=72.8\ \text{kJ}\cdot\text{mol}^{-1}$，计算此条件下反应的 $\Delta_r S_m^\ominus$。

解 （1）设起始压力为 p，根据理想气体状态方程有：

$$p=\frac{nRT}{V}=\frac{3\times10^{-3}\times8.314\times318}{0.5}=15.9(\text{kPa})$$

设平衡时有 x kPa的 N_2O_4 分解为 NO_2：

	$N_2O_4(g)\rightleftharpoons$	$2NO_2(g)$	
开始时	15.9	0	(kPa)
平衡时	$15.9-x$	$2x$	(kPa)

$25.8=15.9-x+2x$，解得：$x=9.9$ kPa。

平衡时 N_2O_4 的分解百分率为

$$\alpha=\frac{9.9}{15.9}\times100\%=62.26\%$$

（2）根据标准平衡常数表达式有：

$$K_{318}^\ominus=\frac{(p_{NO_2}/p^\ominus)^2}{(p_{N_2O_4}/p^\ominus)}=\left(\frac{2\times9.9}{100}\right)^2/\left(\frac{6}{100}\right)=0.65$$

$$\Delta_r G_{m,318}^\ominus=-RT\ln K_{318}^\ominus=-8.314\times10^{-3}\times318\times\ln0.65=1.14(\text{kJ}\cdot\text{mol}^{-1})$$

(3) 根据 $\Delta_r G_{m,318}^{\ominus}=\Delta_r H_{m,318}^{\ominus}-T\Delta_r S_{m,318}^{\ominus}$，通常情况下 $\Delta_r H_m^{\ominus}$ 和 $\Delta_r S_m^{\ominus}$ 可以近似认为不随温度变化而变化，所以有：

$$\Delta_r S_{m,298}^{\ominus}=\frac{\Delta_r H_{m,298}^{\ominus}-\Delta_r G_{m,318}^{\ominus}}{298}=\frac{(72.8-1.14)\times 10^3}{298}$$

$$=240(\mathrm{J\cdot K^{-1}\cdot mol^{-1}})$$

26. 在 497℃、101.3 kPa 下，在某一容器中反应 $2NO_2(g)\rightleftharpoons 2NO(g)+O_2(g)$ 建立平衡。

(1) 有 56% 的 NO_2 转化为 NO 和 O_2，求 $K^{\ominus}$。

(2) 若要使 NO_2 的转化率增加到 80%，则平衡时压力是多少？

解 设最初容器中有 1 mol 的 NO_2。

(1)	$2NO_2(g)\rightleftharpoons$	$2NO(g)+$	$O_2(g)$
反应初物质的量/mol	1	0	0
平衡时物质的量/mol	1−0.56	0.56	0.28

依题意，该过程为一恒压、恒温过程：

$n_{总}=1+0.28=1.28(\mathrm{mol})$

各物质对应的物质的量分数为：

$$x(NO_2)=\frac{1-0.56}{1.28}=0.34$$

$$x(NO)=\frac{0.56}{1.28}=0.44$$

$$x(O_2)=\frac{0.28}{1.28}=0.22$$

$$K^{\ominus}=\frac{[p(NO)/p^{\ominus}]^2\cdot[p(O_2)/p^{\ominus}]}{[p(NO_2)/p^{\ominus}]^2}$$

$$=\frac{(0.44p_{总}/p^{\ominus})^2\times(0.22p_{总}/p^{\ominus})}{(0.34p_{总}/p^{\ominus})^2}=0.37$$

(2)	$2NO_2(g)\rightleftharpoons$	$2NO(g)+$	$O_2(g)$
反应初物质的量/mol	1	0	0
平衡时物质的量/mol	1−0.80	0.80	0.40

$n_{总}=1+0.40=1.40(\mathrm{mol})$

$$x(NO_2)=\frac{1-0.80}{1.40}=0.14$$

$$x(NO)=\frac{0.80}{1.40}=0.57$$

$$x(O_2)=\frac{0.40}{1.40}=0.29$$

$$K^{\ominus}=\frac{[p(NO)/p^{\ominus}]^2\cdot[p(O_2)/p^{\ominus}]}{[p(NO_2)/p^{\ominus}]^2}$$

$$=\frac{(0.57p_{总}/p^{\ominus})^2\cdot(0.29p_{总}/p^{\ominus})}{(0.14p_{总}/p^{\ominus})^2}=0.37$$

解出：$p_{总}=7.7\times 10^3$ Pa。

27. 将 1.50 mol NO、1.00 mol Cl_2 和 2.50 mol NOCl 放在容积为 15.0 L 的容器中混合，230℃时，反应 $2NO(g)+Cl_2(g) \rightleftharpoons 2NOCl(g)$ 达到平衡，测得有 3.06 mol 的 NOCl 存在。计算平衡时 NO 的物质的量和该反应的标准平衡常数。

解 以物质的量的变化为基准进行计算。平衡时 NOCl 的物质的量增加了(3.06−2.50) mol，即增加了 0.56 mol，由反应方程式的计量系数可以列出平衡组成。

	$2NO(g)$	+	$Cl_2(g)$	⟶	$2NOCl(g)$
开始时 n_B/mol	1.50		1.00		2.50
平衡时 n_B/mol	1.50−0.56		1.00−1/2×0.56		3.06

$n(NO)=1.50-0.56=0.94(mol)$

$n(Cl_2)=1.00-1/2\times0.56=0.72(mol)$

$$p(NO)=\frac{n(NO)RT}{V}=\frac{0.94\times8.314\times503}{15.0}=262(kPa)$$

$$p(Cl_2)=\frac{n(Cl_2)RT}{V}=\frac{0.72\times8.314\times503}{15.0}=201(kPa)$$

$$p(NOCl)=\frac{n(NOCl)RT}{V}=\frac{3.06\times8.314\times503}{15.0}=853(kPa)$$

$$K^\ominus=\frac{[p(NOCl)/p^\ominus]^2}{[p(NO)/p^\ominus]^2[p(Cl_2)p^\ominus]}=\frac{(853/100)^2}{(262/100)^2(201/100)}=5.27$$

28. 反应 $PCl_5(g) \rightleftharpoons PCl_3(g)+Cl_2(g)$ 在 760 K 时的标准平衡常数 $K^\ominus$ 为 33.3。若将 50.0 g 的 PCl_5 注入容积为 3.00 L 的密闭容器中，求 760 K 下反应达平衡时 PCl_5 的分解率。此时容器中的压力是多少?

解 $n(PCl_5)=\frac{m(PCl_5)}{M(PCl_5)}=\frac{50}{208}=0.240(mol)$

PCl_5 的初始分压为：

$$p(PCl_5)=\frac{n(PCl_5)RT}{V}=\frac{0.24\times8.314\times760}{3.00}=505(kPa)$$

$$p(PCl_5)/p^\ominus=\frac{505}{100}=5.05$$

该反应在恒温恒容下进行，以 $p_B/p^\ominus$ 为基准计算。

	$PCl_5(g)$ ⟶	$PCl_3(g)$ +	$Cl_2(g)$
开始时 $p_B/p^\ominus$	5.05	0	0
平衡时 $p_B/p^\ominus$	5.05−x	x	x

$$K^\ominus=\frac{[p(PCl_3)/p^\ominus]\cdot[p(Cl_2)/p^\ominus]}{[p(PCl_5)/p^\ominus]}=\frac{x^2}{5.05-x}=33.3$$

解得：$x=4.45$。

在恒容恒温下转化的 PCl_5 的分压为：

$p(转,PCl_5)=4.45\times100=445(kPa)$

PCl_5 的分解率为：

$$\alpha=\frac{n(转,PCl_5)}{n(初,PCl_5)}\times100\%=\frac{p(转,PCl_5)}{p(初,PCl_5)}\times100\%$$

$=\frac{445}{505}\times 100\%=88.1\%$

平衡时：$p(PCl_5)=(5.05-4.45)\times 100=60(kPa)$。

$p(PCl_3)=p(Cl_2)=445\ kPa$

总压力：$p=p(PCl_5)+p(PCl_3)+p(Cl_2)=60+445+445=950(kPa)$。

29. The latent heat of vaporization of water is 40.0 kJ · mol^{-1} at 373 K and 101.325 kPa. For the vaporization of 1 mol of water under these conditions, calculate the external work done and the changes in internal energy (U), enthalpy (H), Gibbs free energy (G), entropy (S).

Solution: $W=-p\Delta V=-RT=8.314\times 373=3.1(kJ)$

$\Delta U=\Delta H-RT=40-3.1=36.9(kJ)$

$\Delta H=40\ kJ$

$\Delta G=0$ kJ(because water and steam in equilibrium at 373 K)

$\Delta S=\Delta H/T=107\ J\cdot K^{-1}\cdot mol^{-1}$

30. The heats of formation of CO and CO_2 at constant pressure and 298 K are −110.5 kJ · mol^{-1} and −393.5 kJ · mol^{-1}, respectively. Calculate the corresponding heats of formation at constant volume.

Solution

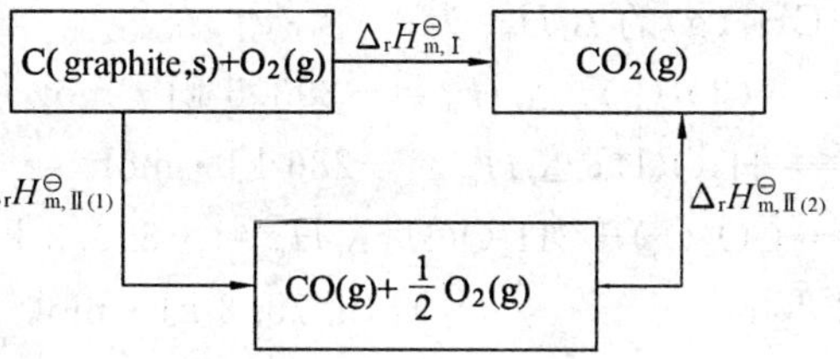

$\Delta_r H^{\ominus}_{m,\,II(1)}=\Delta_r H^{\ominus}_{m,\,I}-\Delta_r H^{\ominus}_{m,\,II(2)}$

$=(-393.51)-(-110.54)=-282.97(kJ\cdot mol^{-1})$

31. The equilibrium constant K_p for the dissociation of dinitrogen tetroxide into nitrogen dioxide is 1.34 atm at 60℃ and 6.64 atm at 100℃. Determine the free energy change of this reaction at each temperature, and the mean heat content (enthalpy) change over the temperature range.

Solution

$\Delta G^{\ominus}_{333}=-RT\ln K^{\ominus}=-8.314\times 333\times 10^{-3}\times \ln 1.34=-0.810(kJ\cdot mol^{-1})$

$\Delta G^{\ominus}_{373}=-RT\ln K^{\ominus}=-8.314\times 373\times 10^{-3}\times \ln 6.64=-5.870(kJ\cdot mol^{-1})$

$\ln\frac{K^{\ominus}_2}{K^{\ominus}_1}=\frac{\Delta H^{\ominus}\times 10^3}{8.314}\left(\frac{T_2-T_1}{T_2\times T_1}\right)$

$\ln\frac{6.64}{1.34}=\frac{\Delta H^{\ominus}\times 10^3}{8.314}\left(\frac{373-333}{373\times 333}\right)$

$\Delta H^{\ominus}=41.3\ kJ\cdot mol^{-1}$

五、自测试卷

一、选择题(每题 2 分,共 40 分)

1. 下列各组中,符号全部是状态函数的一组是 ( )

A. T、P、n、V　　B. U、Q、H、S

C. G、W、T、Q_p　　D. Δn、H、ΔS、U

2. 下列情况中肯定属于封闭体系的是 ( )

A. 用水壶烧开水

B. NaOH 溶液与 HCl 溶液在烧杯中反应

C. 氢气在盛有氯气的密闭刚性绝热容器中燃烧

D. 反应 $N_2O_4(g) \rightleftharpoons 2NO_2(g)$ 在密闭容器中进行

3. 按通常规定,下列物质中标准生成焓为零的物质是 ( )

A. $Br_2(g)$　　B. $N_2(g)$

C. P(红磷)　　D. C(金刚石)

4. $CO_2(g)$的生成焓等于 ( )

A. $CO_2(g)$的燃烧焓　　B. CO(g)的燃烧焓

C. 石墨的燃烧焓　　D. 金刚石的燃烧焓

5. 由下列数据确定 $CH_4(g)$的 $\Delta_f H_m^\ominus$ 为 ( )

C(s,石墨)$+O_2(g)$ $=\!=\!=$ $CO_2(g)$, $\Delta_r H_m^\ominus = -393.5\ kJ \cdot mol^{-1}$

$H_2(g)+1/2O_2(g) =\!=\!= H_2O(l)$, $\Delta_r H_m^\ominus = -286\ kJ \cdot mol^{-1}$

$CH_4(g)+2O_2(g) =\!=\!= CO_2(g)+2H_2O(l)$, $\Delta_r H_m^\ominus = -890.3\ kJ \cdot mol^{-1}$

A. $-75.2\ kJ \cdot mol^{-1}$　　B. $75.2\ kJ \cdot mol^{-1}$

C. $210.8\ kJ \cdot mol^{-1}$　　D. $-210.8\ kJ \cdot mol^{-1}$

6. 已知结晶态硅和无定形硅的燃烧焓分别为$-850.6\ kJ \cdot mol^{-1}$和$-867.3\ kJ \cdot mol^{-1}$,则由无定形硅转化为结晶态硅的热效应为 ( )

A. 吸热　　B. $16.7\ kJ \cdot mol^{-1}$

C. $-16.7\ kJ \cdot mol^{-1}$　　D. 无法判断

7. 体系在某一过程中,吸收了热 $Q=83.0$ J,对外做功 $W=-28.8$ J,则环境的热力学能的变化 ΔU 为 ( )

A. 111.8 J　　B. 54.2 J　　C. -54.2 J　　D. -111.8 J

8. 下列叙述中正确的是 ( )

A. 由于熵是体系混乱度的量度,所以盐从饱和溶液中结晶析出的过程总是熵增过程

B. 对于 $H_2O(g) =\!=\!= H_2O(l)$来说,其 ΔH 与 ΔS 有相同的正负号

C. 无论何种情况,只要 $\Delta S>0$,该反应就是自发反应

D. 物质的量增加的反应就是熵增反应

9. 室温下,稳定状态单质的标准熵为 ( )

A. 零　　B. 小于零

C. 大于零　　D. 无法确定

10. 温度升高 100 K 后，下面的反应

$2NH_3(g)+3Cl_2(g)=\!=\!=N_2(g)+6HCl(g)$，$\Delta_r H_m^{\ominus}(298)=-461.5\ kJ\cdot mol^{-1}$

的 $\Delta_r S_m^{\ominus}$ 应为 ( )

A. $>\Delta_r S_m^{\ominus}(298K)$　　B. $<\Delta_r S_m^{\ominus}(298K)$

C. $\approx\Delta_r S_m^{\ominus}(298K)$　　D. $=\Delta_r S_m^{\ominus}(298K)$

11. 反应 $2HI(g)=\!=\!=H_2(g)+I_2(s)$ 在 25℃时自发进行，其逆反应在高温下为自发，由此判断该反应的 ΔH 和 ΔS 为 ( )

A. $\Delta H>0,\Delta S<0$　　B. $\Delta H<0,\Delta S>0$

C. $\Delta H>0,\Delta S>0$　　D. $\Delta H<0,\Delta S<0$

12. 影响化学平衡常数的因素有 ( )

A. 催化剂　　B. 反应物的浓度

C. 总浓度　　D. 温度

13. 在 373.15 K 和 $p^{\ominus}$ 压力下的密闭容器中，液态水蒸发为水蒸气的过程中，体系的热力学函数中变化值为零的是 ( )

A. $\Delta H^{\ominus}$　　B. ΔU　　C. $\Delta G^{\ominus}$　　D. $\Delta S^{\ominus}$

14. 已知下列前三个反应的 $K^{\ominus}$ 的值，则第四个反应的 $K^{\ominus}$ 值应为 ( )

(1) $H_2(g)+\frac{1}{2}O_2(g)\rightleftharpoons H_2O\ (g)$，$K_1^{\ominus}$

(2) $N_2(g)+O_2(g)\rightleftharpoons 2NO\ (g)$，$K_2^{\ominus}$

(3) $2NH_3(g)+\frac{5}{2}O_2(g)\rightleftharpoons 2NO\ (g)+3H_2O\ (g)$，$K_3^{\ominus}$

(4) $3H_2(g)+N_2(g)\rightleftharpoons 2NH_3(g)$，$K_4^{\ominus}$

A. $K_1^{\ominus}+K_2^{\ominus}-K_3^{\ominus}$　　B. $(K_1^{\ominus})^3K_2^{\ominus}/K_3^{\ominus}$

C. $K_1^{\ominus}K_3^{\ominus}/K_2^{\ominus}$　　D. $K_1^{\ominus}K_2^{\ominus}/K_3^{\ominus}$

15. 对任何已达到平衡的反应欲使其产物增加，可采用的方法为 ( )

A. 增加反应物　　B. 加压

C. 加催化剂　　D. 升温

16. 对可逆反应来说，其正反应和逆反应的平衡常数间的关系为 ( )

A. 相等　　B. 二者正、负号相反

C. 二者之和为 1　　D. 二者之积为 1

17. 若反应 $\frac{1}{2}N_2(g)+\frac{3}{2}H_2(g)\rightleftharpoons NH_3(g)$ 在某温度下的标准平衡常数为 2，那么在该温度下氨合成反应 $N_2+3H_2\rightleftharpoons 2NH_3$ 的标准平衡常数是 ( )

A. 2　　B. 4　　C. 1　　D. 0.5

18. 将固体 NH_4NO_3 溶于水中，溶液变冷，则该过程的 ΔG、ΔH、ΔS 符号依次是 ( )

A. ＋,－,－　　B. ＋,＋,－　　C. －,＋,－　　D. －,＋,＋

20. 下列过程中，$\Delta G=0$ 的是 ( )

A. 氨在水中解离达平衡　　B. 理想气体向真空膨胀

C. 乙醇溶于水　　　　D. 炸药爆炸

20. 25℃时反应 $2SO_2(g)+O_2(g)\rightleftharpoons 2SO_3(g)$ 的 $\Delta H^\ominus=-196.6\ kJ\cdot mol^{-1}$，当其达到平衡时，平衡常数 K 将　　（　　）

A. 随温度升高而增大　　　　B. 随温度升高而减小

C. 随加压而减小　　　　D. 随产物的平衡浓度增大而增大

二、填空题（每个空格 1 分，共 10 分）

1. 体系与环境间发生变换情况不同，可将体系分为________、________和________三类，它们的特点分别是______________________________________。

2. 内能变化数值上等于______________________________________。

3. 正在进行的反应，随着反应进行，体系的吉布斯自由能变量必然________；当 $\Delta_r G$ 等于________时，反应达到________状态。

4. 对于吸热反应，当温度升高时，标准平衡常数 $K^\ominus$ 将________；若反应为放热反应，温度升高时，$K^\ominus$ 将________。

三、简答题（每题 2.5 分，共 10 分）

1. 今有一密闭系统，当过程的始、终态确定以后，下列各项是否有确定值？Q，W，$Q-W$，$Q+W$，ΔH 和 ΔG。

2. 已知下列热化学方程式：(1) $Fe_2O_3(s)+3CO(g)=2Fe(s)+3CO_2(g)$，$\Delta H^\ominus_{298}=-27.6\ kJ\cdot mol^{-1}$；(2) $3Fe_2O_3(s)+CO(g)=2Fe_3O_4(s)+CO_2(g)$，$\Delta H^\ominus_{298}=-58.6\ kJ\cdot mol^{-1}$；(3) $Fe_3O_4(s)+CO(g)=3FeO(s)+CO_2(g)$，$\Delta H^\ominus_{298}=38.1\ kJ\cdot mol^{-1}$。不用查表，计算反应(4) $FeO(s)+CO=Fe(s)+CO_2(g)$ 的 $\Delta H^\ominus_{298}$。

3. 已知反应 $4CuO(s)=2Cu_2O(s)+O_2(g)$ 的 $\Delta H^\ominus_{298}=292.0\ kJ\cdot mol^{-1}$，$\Delta S^\ominus_{298}=220.8\ J\cdot K^{-1}\cdot mol^{-1}$，设它们皆不随温度变化。问：

(1) 298 K、标准状态下，上述反应是否正向自发？

(2) 若使上述反应正向自发，温度至少应为多少？

4. 反应 $2Cl_2(g)+2H_2O(g)\rightleftharpoons 4HCl(g)+O_2(g)$ 的 $\Delta H^\ominus>0$。请根据勒夏特列(Le Chatelier)平衡移动原理判断下列操作对平衡的影响。

(1) 升高温度。

(2) 加 H_2O。

(3) 加 Cl_2。

(4) 增大容器体积。

四、计算题（每题 10 分，共 40 分）

1. 计算下列各体系由状态 A 变化到状态 B 时热力学能的变化。

(1) 吸收了 2 000 kJ 热量，并对环境做功 300 kJ。

(2) 向环境放出了 12.54 kJ 热量，并对环境做功 31.34 kJ。

(3) 从环境吸收了 7.94 kJ 热量，环境对体系做功 31.34 kJ。

(4) 向环境放出了 24.5 kJ 热量，环境对体系做功 26.15 kJ。

2. 在 523 K、2.0 L 的密闭容器中装入 0.7 mol $PCl_5(g)$，平衡时则有 0.5 mol $PCl_5(g)$ 按反应式 $PCl_5(g)\rightleftharpoons PCl_3(g)+Cl_2(g)$ 分解。

(1) 求该反应在 523 K 时的平衡常数 $K_p^\ominus$ 和 PCl_5 的转化率。

(2) 在上述平衡体系中，使 $c(PCl_5)$ 增加到 0.2 mol·L^{-1} 时，求 523 K 时再次达到平衡时各物质的浓度和 PCl_5 的转化率。

(3) 若在密闭容器中有 0.7 mol 的 PCl_5 和 0.1 mol 的 Cl_2，求 523 K 时 PCl_5 的转化率。

3. 已知下列各热化学方程式：

$2NH_3(g) \xlongequal{} N_2(g)+3H_2(g)$　　$\Delta_r H_m^\ominus=92.22\ kJ\cdot mol^{-1}$

$H_2(g)+\frac{1}{2}O_2(g) \xlongequal{} H_2O(g)$　　$\Delta_r H_m^\ominus=-241.82\ kJ\cdot mol^{-1}$

$4NH_3(g)+5O_2(g) \xlongequal{} 4NO(g)+6H_2O(g)$　　$\Delta_r H_m^\ominus=-905.48\ kJ\cdot mol^{-1}$

计算 NO(g) 的 $\Delta_f H_m^\ominus$。

4. 计算反应 $MgCO_3(s) \xlongequal{} MgO(s)+CO_2(g)$ 在 298 K 时的标准焓变、吉布斯自由能变和熵变。

六、自测试卷答案

一、选择题

1	2	3	4	5	6	7	8	9	10
A	D	B	C	A	C	C	B	C	C
11	12	13	14	15	16	17	18	19	20
D	D	C	B	A	D	B	D	A	B

二、填空题

1. 敞开体系　封闭体系　孤立体系　敞开体系与环境既有物质交换，又有能量交换；封闭体系与环境只有能量交换，没有物质交换；孤立体系与环境没有物质交换，也没有能量交换

2. 恒容反应热

3. 增大　零　平衡

4. 增大　减小

三、简答题

1. $Q+W$、ΔH、ΔG 有确定值，Q、W、$Q-W$ 无确定值。

2. [(1)×3－(2)－(3)×2]/6＝(4)

$\Delta H_{298}^\ominus(4)=[(-27.6)\times3-(-58.6)-38.1\times2]/6=-16.72(kJ\cdot mol^{-1})$

3. (1) $\Delta G_{298}^\ominus=292.0-298\times220.8\times10^{-3}=226.2(kJ\cdot mol^{-1})>0$，不自发

(2) 须 $\Delta G_T^\ominus=292.0-T\times220.8\times10^{-3}<0$，$T>1\ 322.5$ K

4. (1) $K^\ominus$↑，O_2 物质的量↑。

(2) H_2O 物质的量↑，Cl_2 物质的量↓。

(3) $K^\ominus$ 不变，HCl 物质的量↑。

(4) $K^\ominus$ 不变，O_2 物质的量↑。

四、计算题

1. (1) 1 700 kJ；(2) −43.88 kJ；(3) 39.28 kJ；(4) 1.65 kJ

2. (1) 2.72；71.4%　(2) 0.30 $mol \cdot L^{-1}$；0.30 $mol \cdot L^{-1}$；0.15 $mol \cdot L^{-1}$；66.7%　(3) 68.6%

3. 90.25 $kJ \cdot mol^{-1}$

4. 100.8 $kJ \cdot mol^{-1}$；48.2 $kJ \cdot mol^{-1}$；174.8 $J \cdot K^{-1} \cdot mol^{-1}$

第三章　化学反应速率

一、目的要求

1. 了解化学反应速率、反应速率理论的概念。

2. 理解基元反应、复杂反应、反应级数、反应分子数的概念。

3. 掌握质量作用定律和零级、一级、二级反应的特征。

4. 掌握浓度、温度及催化剂对反应速率的影响。

5. 掌握温度与反应速率关系的阿累尼乌斯经验公式，并能用活化分子、活化能等概念解释浓度、温度、催化剂等外界因素对反应速率的影响。

二、本章要点

1. 反应速率

即反应进度 ξ 随时间的变化率，有平均速率和瞬时速率之分。

2. 碰撞理论

这是 1918 年 Lewis 运用气体分子运动论的成果提出的一种反应速率理论。它假设：

(1) 原子、分子或离子只有相互碰撞才能发生反应，即碰撞是反应的先决条件；

(2) 只有少部分碰撞能导致化学反应，大多数反应物微粒碰撞后发生反弹而不发生化学反应。

3. 有效碰撞

即能导致化学反应发生的碰撞。反之则为无效碰撞。

4. 活化能

活化能对于基元反应，是指活化分子的平均能量与反应物分子平均能量之差，常用 E_a 表示；对于复杂反应，E_a 并没有直接物理意义，因此，由实验求得的 E_a 也叫作“表观活化能”。

5. 过渡状态理论

这是 20 世纪 30 年代，在量子力学和统计力学的发展基础上，由 Eyring 等人提出的另一种反应速率理论。它认为反应物并不只是通过简单碰撞就能变成生成物，而是要经过一个中间过渡状态，即反应物分子首先形成活化络合物。通常它是一种短暂的高能态的“过渡区物种”，既能与原来的反应物建立热力学的平衡，又能进一步解离变为产物。

6. 基元反应

也称为简单反应或单元反应，是指反应物分子在有效碰撞中一步直接转化为产物的反应。

7. 复杂反应

也称非基元反应，即由两个或多个基元反应步骤完成的反应。

8. 速率方程

即化学反应速率 v 同反应物、产物浓度 c 的函数关系式：

$$v=f(c_A、c_B\cdots)$$

经验表明，不少反应其速率方程具有

$$v=kc_A^{\alpha}\ c_B^{\beta}\ c_C^{\gamma}$$

的形式，其中 α、β、γ 在一定条件下，对给定反应是确定的常数。基元反应的速率方程可由“质量作用定律”导出，复杂反应的速率方程只能由实验来确定。

9. 速率常数

即上述速率方程式中的比例常数 k。对不同的反应，k 的数值各异；对指定的反应，k 是与浓度无关而与反应温度和催化剂等因素有关的数值。k 在数值上等于各浓度均为 $1\ \text{mol}\cdot\text{L}^{-1}$ 时的反应速率，因此有时也称 k 为“比速率”。k 是有单位的量，k 的单位取决于反应速率的单位和各反应物浓度幂的指数：

$$k=\frac{v(\text{mol}\cdot\text{L}^{-1}\cdot\text{s}^{-1})}{c_A^{\alpha}\ c_B^{\beta}\cdots(\text{mol}\cdot\text{L}^{-1})^{n}}$$

10. 质量作用定律

是指基元反应中反应物浓度对反应速率影响的定量关系：基元反应的速率与反应物以系数为方次的浓度项乘积成正比。可依此定律方便地写出基元反应的速率方程式。

11. 反应级数

上述速率方程式中浓度项的指数 α、β 等称为参加反应的各组分 A、B 等的级数，反应式总的反应级数(n)则是 A、B 等组分的级数之和，即 $n=\alpha+\beta+\cdots$

当 $n=0$ 时称为零级反应，$n=1$ 时称为一级反应，$n=2$ 时称为二级反应。n 不一定都是正整数，它可以是分数，也可以是负数。

12. 反应分子数

指基元反应中发生反应的分子(原子或离子)的数目。

13. 简单级数反应的特征

见表 3-1。

表 3-1　简单级数反应的特征

反应级数	速率方程	积分式	k 的单位	半衰期	线性关系
一级	$v=kc$	$\ln\frac{c_0}{c}=kt$	时间$^{-1}$	$t_{\frac{1}{2}}=\frac{0.693}{k}$	$\ln c-t$
二级	$v=kc^2$	$\frac{1}{c}-\frac{1}{c_0}=kt$	浓度$^{-1}$·时间$^{-1}$	$t_{\frac{1}{2}}=\frac{1}{kc_0}$	$1/c-t$
零级	$v=k$	$c_0-c=kt$	浓度·时间$^{-1}$	$t_{\frac{1}{2}}=\frac{c_0}{2k}$	$c-t$

14. 阿累尼乌斯经验公式

1889 年，Arrhenius 由实验数据总结出速率常数 k 与反应温度 T(K)的关系式：

$$k=A\mathrm{e}^{-\frac{E_a}{RT}}$$

$$\ln k=-\frac{E_a}{RT}+\ln A$$

式中，A 为常数，称为指前因子。

15. 催化剂和催化作用

催化剂是一种能改变反应速率，但不改变化学反应的平衡位置，而且在反应结束时，其本身的质量和组成都不发生变化的物质。催化剂在化学反应中的这种作用称为催化作用。通常把能加快反应速率的催化剂称为正催化剂，而把减慢反应速率的负催化剂称为阻化剂或抑制剂。

16. 均相反应和多相反应

均相反应是指反应物处在同一相（气相或液相）中的反应，多相反应是指不同相中的反应。

三、例题解析

1. 对一级反应和二级反应而言，要绘出它们的浓度-时间图，需要测定哪些数据？

解　一级反应的速率方程为：反应速率$=kc(\mathrm{A})$。其积分形式是：$\ln c_t(\mathrm{A})=-kt+\ln c_0(\mathrm{A})$。

以 $\ln c_t(\mathrm{A})$对 t 作图，应该得到一条直线。直线的斜率和直线在纵坐标上的截距分别为$-k$ 和 $\ln c_0(\mathrm{A})$。

如果该反应是二级反应，则速率方程为：反应速率$=kc^2(\mathrm{A})$。

其积分形式是：$\frac{1}{c_t(\mathrm{A})}-\frac{1}{c_0(\mathrm{A})}=kt$。以 $1/c_t(\mathrm{A})$对 t 作图，应该得到一条直线。直线的斜率和直线在纵坐标上的截距分别为 k 和 $1/c_0(\mathrm{A})$。如果测得了不同时间反应物的浓度，就可以用尝试法确定反应的级数，从而也就确定了速率方程。如果 $\ln c_t-t$ 图为直线，反应为一级反应；如果 $1/c_t-t$ 图为直线，反应则为二级反应。

2. 反应 $C_2H_5Br(g)\longrightarrow C_2H_4(g)+HBr(g)$在 650 K 时的速率常数是 $2.0\times10^{-5}\ s^{-1}$；在 670K 时的速率常数是 $7.0\times10^{-5}\ s^{-1}$。求反应的活化能。

解　根据阿累尼乌斯公式得：

$$\ln k=\frac{-E_a}{R\times650}+\ln A$$

$$\ln k_{650}=\frac{-E_a}{R\times650}+\ln A$$

$$\ln k_{670}=\frac{-E_a}{R\times670}+\ln A$$

$$\ln k_{650}+\frac{E_a}{R\times650}=\ln k_{670}+\frac{E_a}{R\times670}$$

$$\begin{aligned}E_a&=R\left\{\frac{650\times670}{670-650}\right\}\ln\frac{k_{670}}{k_{650}}\\&=8.31\times\left\{\frac{650\times670}{670-650}\right\}\ln(7.0\times10^{-5}/2.0\times10^{-5})\\&=2.27\times10^5(\mathrm{J\cdot mol})\\&=227(\mathrm{kJ\cdot mol^{-1}})\end{aligned}$$

3. 某反应 B$\longrightarrow$产物，当[B]$=0.200\ \mathrm{mol\cdot L^{-1}}$时，反应速率是 $0.005\,0\ \mathrm{mol\cdot L^{-1}\cdot s^{-1}}$。

如果：(1) 反应对 B 是零级；(2) 反应对 B 是一级；(3) 反应对 B 是二级，问：反应速率常数各是多少？

解 (1) $v=k[B]^0$ $k=v=0.005\ 0(mol \cdot L^{-1} \cdot s^{-1})$

(2) $v=k[B]$ $k=v/[B]=0.005\ 0/0.200=0.025(s^{-1})$

(3) $v=k[B]^2$ $k=v/[B]^2=0.005\ 0/(0.200)^2=0.13(L \cdot mol^{-1} \cdot s^{-1})$

4. 反应 $2A+B \longrightarrow A_2B$ 是基元反应，当某温度时若两反应物的浓度为 $0.01\ mol \cdot L^{-1}$，则初始反应速率为 $2.5 \times 10^{-3}\ mol \cdot L^{-1} \cdot s^{-1}$。若 A 的浓度为 $0.015\ mol \cdot L^{-1}$，B 的浓度为 $0.030\ mol \cdot L^{-1}$，那么初始反应速率为多少？

解 由于反应 $2A+B \longrightarrow A_2B$ 是基元反应，所以 $v=kc^2(A) \cdot c(B)$。依题意：

$c(A)=c(B)=0.01\ mol \cdot L^{-1}$

$v=2.5 \times 10^{-3}\ mol \cdot L^{-1} \cdot s^{-1}$

代入上式，可得 $k=2.5 \times 10^3\ L^2 \cdot mol^{-2} \cdot s^{-1}$。

当 $c(A)=0.015\ mol \cdot L^{-1}$，$c(B)=0.030\ mol \cdot L^{-1}$ 时，

$$v=(2.5 \times 10^3 \times 0.015^2 \times 0.030)mol \cdot L^{-1} \cdot s^{-1}$$
$$=1.69 \times 10^{-2}\ mol \cdot L^{-1} \cdot s^{-1}$$

5. 某反应的 $E_a=82\ kJ \cdot mol^{-1}$，速率常数 $k=1.2 \times 10^{-2} L \cdot mol^{-1} \cdot s^{-1}$(300K 时)，求 400 K 时的 k。

解 根据 $\ln \frac{k_2}{k_1}=\frac{E_a(T_2-T_1)}{RT_1T_2}$

$$\ln k_2=\frac{E_a(T_2-T_1)}{RT_2T_1}+\ln k_1$$
$$=\frac{82 \times 10^3 \times (400-300)}{8.314 \times 400 \times 300}+\ln(1.2 \times 10^{-2})$$
$$=8.22-4.42$$
$$=3.80$$
$$k_2=44.70\ L \cdot mol^{-1}s^{-1}$$

6. 某化学反应在 400 K 时完成 50%需 1.5 min，在 430 K 时完成 50%需 0.5 min，求该反应的活化能。

解 设反应开始时反应物浓度为 $c\ mol \cdot L^{-1}$，且反应过程中体积不变，则在 $T_1=400$ K 和 $T_2=430$ K 时反应的平均速率为：

$$\bar{v}_1=-\frac{(0.50-1.00)c}{1.50}=\frac{c}{3}(mol \cdot L^{-1} \cdot min^{-1})$$

$$\bar{v}_2=-\frac{(0.50-1.00)c}{0.50}=c(mol \cdot L^{-1} \cdot min^{-1})$$

设在 T_1 和 T_2 时反应的速度机理不变，则反应的速度方程式不变，因此有 $v \propto k$：

$k_2/k_1=c/(c/3)=3$

$$E_a=\frac{RT_1T_2}{T_2-T_1}\ln\frac{k_2}{k_1}=\frac{8.314 \times 430 \times 400}{430-400}\ln 3$$
$$=5.23 \times 10^4(J \cdot mol^{-1})$$
$$=52.3(kJ \cdot mol^{-1})$$

7. 下面的说法你认为正确与否？说明理由。

(1) 反应的级数与反应的分子数是同义词。

(2) 在反应历程中，定速步骤是反应速率最慢的一步。

(3) 反应速率常数的大小就是反应速率的大小。

(4) 从反应速率常数的单位可以判断该反应的级数。

解　(1) 这种说法不正确。反应级数是一个宏观概念，可以是分数、整数甚至负数；而反应分子数是一个微观概念，只能是整数。

(2) 正确。

(3) 这种说法不正确。反应速率常数是对于某一个反应的，只与温度、催化剂有关，而反应速率还与浓度、压力等因素有关。

(4) 正确。$k=\dfrac{v(\mathrm{mol\cdot L^{-1}\cdot s^{-1}})}{c_A^{\alpha}c_B^{\beta}\cdots(\mathrm{mol\cdot L^{-1}})^n}$，式中的 n 就是反应级数。

四、习题解答

1. 反应 $2NO(g)+2H_2(g)=\!=\!=N_2(g)+2H_2O(g)$ 的速率方程式中，对 NO(g) 为二次方，对 $H_2(g)$ 为一次方。

(1) 写出 $N_2(g)$ 生成速率方程式。

(2) 浓度表示为 $\mathrm{mol\cdot L^{-1}}$，该反应速率常数 k 的单位是什么？

(3) 如果浓度用气体分压（大气压为单位）表示，k 的单位又是什么？

(4) 写出 NO(g) 消耗的速率方程式，在这个方程式中，k 在数值上是否与问题(1)中方程式的 k 值相同？

解　(1) $v=\dfrac{dc_{N_2}}{dt}=kc_{NO}^2\,c_{H_2}$

(2) $k=\dfrac{v}{c_{NO}^2c_{H_2}}\longrightarrow\dfrac{\mathrm{mol\cdot L^{-1}\cdot s^{-1}}}{(\mathrm{mol\cdot L^{-1}})^2\cdot(\mathrm{mol\cdot L^{-1}})}=\mathrm{L^2\cdot mol^{-2}\cdot s^{-1}}$

(3) $k\longrightarrow\dfrac{\mathrm{atm\cdot s^{-1}}}{(\mathrm{atm})^2\cdot\mathrm{atm}}=\mathrm{atm^{-2}\cdot s^{-1}}$

(4) $v'=\dfrac{dc_{NO}}{dt}=k'c_{NO}^2\,c_{H_2}$

根据反应方程式中计量系数的关系，每生成 1 mol $N_2(g)$，要消耗 2 mol NO(g)。

$v'=2v, k'=2k$

2. 求 700K 时反应 $C_2H_5Br\longrightarrow C_2H_4+HBr$ 的速率常数。已知该反应活化能为 225 $\mathrm{kJ\cdot mol^{-1}}$，650 K 时 $k=2.0\times10^{-5}\,\mathrm{s^{-1}}$。

解　$\ln\dfrac{k_{700}}{2.0\times10^{-5}}=\dfrac{225\times10^3}{8.314}\left(\dfrac{700-650}{700\times650}\right)=2.974$

$k_{700}=3.9\times10^{-4}\ \mathrm{s^{-1}}$

3. 反应 $C_2H_4+H_2\longrightarrow C_2H_6$ 在 300 K 时 $k_1=1.3\times10^{-3}\ \mathrm{mol\cdot L^{-1}\cdot s^{-1}}$，400 K 时 $k_2=4.5\times10^{-3}\ \mathrm{mol\cdot L^{-1}\cdot s^{-1}}$，求该反应的活化能 E_a。

解 $\ln\frac{4.5\times10^{-3}}{1.3\times10^{-3}}=\frac{E_a}{8.314}\left(\frac{400-300}{400\times300}\right)$

$E_a=12.37\ \text{kJ}\cdot\text{mol}^{-1}$

4. 某反应的活化能为 $180\text{kJ}\cdot\text{mol}^{-1}$，800K 时反应速率常数为 k_1，求 $k_2=2k_1$ 时的反应温度。

解 $\ln\frac{k_2}{k_1}=\ln2=\frac{180\times10^{-3}}{8.314}\left(\frac{T_2-800}{800T_2}\right)$

$T_2=821\ \text{K}$

5. 设某一化学反应的活化能为 $100\ \text{kJ}\cdot\text{mol}^{-1}$。

(1) 当温度从 300 K 升高到 400 K 时速率加快了多少倍？

(2) 当温度从 400 K 升高到 500 K 时速率加快了多少倍？

(3) 说明在不同温度区域，温度同样升高 100 K，反应速率加快倍数有什么不同？

解 根据公式 $\ln\frac{k_2}{k_1}=\frac{E_a}{R}\frac{T_2-T_1}{T_2T_1}$ 求解

(1) $\ln\frac{k_2}{k_1}=\frac{100\times10^3}{8.314}\frac{400-300}{400\times300}=10.02$

$\frac{k_2}{k_1}=22\ 471$

(2) $\ln\frac{k_2}{k_1}=\frac{100\times10^3}{8.314}\frac{500-400}{500\times400}=6.014$

$\frac{k_2}{k_1}=409$

(3) 以上计算说明，温度越高，升高同样温度使反应速率加快的倍数减少。这是由于温度高时本身反应速率快，升温反应加快的倍数相应较小。范特荷夫规则：温度升高 10℃，反应速率增加 2～3 倍。它仅是一个近似规则，实际上与基础温度及活化能有关。

6. 某药物在人体血液中的反应过程为一级反应，已知半衰期为 50 h。

(1) 服药 24 h 后药物在血液中浓度降低到原来的百分之几？

(2) 在服药 1 片后 12 h 测得血药浓度为 $3\ \text{ng}\cdot\text{cm}^{-3}$，已知血药浓度须不低于 $2.54\ \text{ng}\cdot\text{cm}^{-3}$ 才能保持药效，问服药后隔多少时间必须再次服药？(注：ng 为纳克，即 10^{-9}g)

解 (1) 一级反应的半衰期：

$t_{\frac{1}{2}}=\frac{\ln2}{k}=\frac{0.693}{k}$

$k=\frac{0.693}{50}=0.013\ 9\ (\text{h}^{-1})$

$\ln\frac{c_0}{c}=kt$

$\ln\frac{c_0}{c}=0.013\ 9\times24=0.333\ 6$

$\frac{c_0}{c}=1.40\Rightarrow\frac{c}{c_0}=0.717$

故服药 24 h 后药物在血液中浓度降为原来的 71.7%。

(2) $\frac{\ln c_0}{\ln c}=kt\Rightarrow\frac{\ln3}{\ln2.54}=0.013\ 9t$

$t=12\ \text{h}$

故服药后应间隔 24 h 再次服药才能保证药效。

7. 二甲醚热分解反应 $CH_3OCH_3(g) \longrightarrow CH_4(g)+H_2(g)+CO(g)$ 为一级反应，在 504℃下，如起始醚的压力为 42 kPa，经 2 000 s 后系统压力为 80 kPa。

(1) 求此反应在 504 ℃下的速率常数 k。

(2) 如测出此反应在 600 ℃下的半衰期为 140 s，求反应的活化能。（假设活化能不随温度而变）

解 (1) $CH_3OCH_3(g) \longrightarrow CH_4(g)+H_2(g)+CO(g)$

$t=0$	p_0	0	0	0
$t=t$	p	p_0-p	p_0-p	p_0-p

t 时的总压 $p_t=p+3(p_0-p)$，故

$$p=\frac{3p_0-p_t}{2}=\frac{3\times42-80}{2}=23\ (\text{kPa})$$

一级反应：$k=\dfrac{1}{t}\ln\dfrac{p_0}{p}=\dfrac{1}{2\,000}\ln\dfrac{42}{23}$

$k=3.0\times10^{-4}\ \text{s}^{-1}$

(2) 一级反应的半衰期：

$$t_{\frac{1}{2}}=\frac{\ln2}{k}=\frac{0.693}{k}$$

$$k=\frac{0.693}{140}=0.004\,95\ \text{s}^{-1}$$

根据阿累尼乌斯公式：

$$E_a=\frac{RT_1T_2}{T_2-T_1}\ln\frac{k_2}{k_1}=\frac{8.314\times873\times777}{873-777}\ln\frac{0.004\,95}{3.0\times10^{-4}}$$

$$=164.7\ (\text{kJ}\cdot\text{mol}^{-1})$$

8. 295 K 时，反应 $2NO+Cl_2 \longrightarrow 2NOCl$，其反应物浓度与反应速率关系的数据如下：

$c(NO)/(\text{mol}\cdot\text{L}^{-1})$	$c(Cl_2)/(\text{mol}\cdot\text{L}^{-1})$	$v_{Cl_2}/(\text{mol}\cdot\text{L}^{-1}\cdot\text{s}^{-1})$
0.100	0.100	8.0×10^{-3}
0.500	0.100	2.0×10^{-1}
0.100	0.500	4.0×10^{-2}

(1) 对不同反应物反应级数各为多少？

(2) 写出反应的速率方程。

(3) 反应的速率常数为多少？

解 (1)从表中实验数据可知，当 $c(NO)$ 不变时，$v(Cl_2)\propto c(Cl_2)$；当 $c(Cl_2)$ 不变时，$v(Cl_2)\propto c^2(NO)$。因此，反应对 NO 为二级，对 Cl_2 为一级。

(2) $v=kc^2(NO)c(Cl_2)$

(3) 将表中任意一组数据代入速率方程，可求出 k：

$$k=\frac{v}{c^2(NO)c(Cl_2)}=\frac{8\times10^{-3}}{(0.1)^2\times0.1}=8.0\ (L^2\cdot mol^{-2}\cdot s^{-1})$$

9. 高温时 NO_2 分解为 NO 和 O_2，其反应速率方程式为：

$$v(NO_2)=k[NO_2]^2$$

在 592 K 时的速率常数是 4.98×10^{-1} $L\cdot mol^{-1}\cdot s^{-1}$，在 656 K 时的速率常数为 4.74 $L\cdot mol^{-1}\cdot s^{-1}$，计算该反应的活化能。

解 根据阿累尼乌斯公式：

$$E_a=\frac{RT_1T_2}{T_2-T_1}\ln\frac{k_2}{k_1}=\frac{8.314\times592\times656}{656-592}\ln\frac{4.74}{4.98\times10^{-1}}$$

$$=113.6(kJ\cdot mol^{-1})$$

10. $CO(CH_2COOH)_2$ 在水溶液中分解成丙酮和二氧化碳，283 K 时分解反应的速率常数为 $1.08\times10^{-4}mol\cdot L^{-1}\cdot s^{-1}$，333K 时为 $5.48\times10^{-2}mol\cdot L^{-1}\cdot s^{-1}$，试计算在 303 K 时，分解反应的速率常数。

解 根据阿累尼乌斯公式：

$$E_a=\frac{RT_1T_2}{T_2-T_1}\ln\frac{k_2}{k_1}=\frac{8.314\times283\times333}{333-283}\ln\frac{5.48\times10^{-2}}{1.08\times10^{-4}}$$

$$=9.76\times10^4(J\cdot mol^{-1})$$

$$\ln\frac{k_2}{k_1}=\frac{E_a}{R}\left(\frac{1}{T_1}-\frac{1}{T_2}\right)$$

代入数据，得

$k_2=1.61\times10^{-3}\ mol\cdot L^{-1}\cdot s^{-1}$

11. 反应 $2NO(g)+2H_2(g)\longrightarrow N_2(g)+2H_2O(g)$ 的反应速率表达式为 $v=k[NO]^2\cdot[H_2]$，试讨论下列各种条件变化时对初速率有何影响。

(1) NO 的浓度增加 1 倍。

(2) 有催化剂参加。

(3) 降低温度。

(4) 将反应容器的容积增大 1 倍。

(5) 向反应体系中加入一定量的 N_2。

解 (1) NO 的浓度增加 1 倍，初速率增大到原来的 4 倍。

(2) 有催化剂参加，初速率增大。

(3) 降低温度，初速率减小。

(4) 将反应容器的容积增大 1 倍，初速率减小到原来的 1/8。

(5) 向反应体系中加入一定量的 N_2，初速率不变。

12. 已知反应 $C_2H_4+H_2\longrightarrow C_2H_6$ 的活化能 $E_a=180\ kJ\cdot mol^{-1}$，在 700 K 时的速率常数 $k_1=1.3.\times10^{-8}\ L\cdot mol^{-1}\cdot s^{-1}$。求 730 K 时的速率常数 k_2 和反应速率增加的倍数。

解 $\ln\frac{k_2}{k_1}=\frac{E_a}{R}\left(\frac{1}{T_1}-\frac{1}{T_2}\right)$

代入数据，得

$k_2=4.6\times10^{-8}\ mol\cdot L^{-1}\cdot s^{-1}$

$\frac{k_2}{k_1}=3.5$

即反应速率增加了2.5倍。

13. The first-order rate constant for the decomposition of a certain insecticide in water at 12℃ is 1.45 $year^{-1}$. A quantity of this insecticide is washed into a lake on June 1, leading to a concentration of 5.0×10^{-7} g·cm^{-3} of water. Assume that the effective temperature of the lake is 12℃.

(a) What is the concentration of the insecticide on June 1 of the following year?

(b) How long will it take for the concentration of the insecticide to drop to 3.0×10^{-7} g·cm^{-3}?

Solution

(a) $\frac{\ln c_0}{\ln c}=kt$

$$\ln\frac{5.0\times10^{-7}}{c}=1.45\times1$$

$c=1.2\times10^{-7}\text{g}\cdot\text{cm}^{-3}$

(b) $\frac{\ln c_0}{\ln c}=kt$

$$\ln\frac{5.0\times10^{-7}}{3.0\times10^{-7}}=1.45\times t$$

$t=0.35$ year

14. The following table shows the rate constants for the rearrangement of methyl isonitrile $H_3C\text{-}NC$ at various temperatures (these are the data that are graphed in right figure:

Temperature/℃	k/s^{-1}
189.7	2.52×10^{-5}
198.9	5.25×10^{-5}
230.3	6.30×10^{-4}
251.2	3.16×10^{-3}

(a) From these data calculate the activation energy for the reaction.

(b) What is the value of the rate constant at 430.0 K?

Solution

$$(a)\ E_a=\frac{RT_1T_2}{T_2-T_1}\ln\frac{k_2}{k_1}=\frac{8.314\times462.9\times503.4}{503.4-462.9}\ln\frac{6.3\times10^{-4}}{2.52\times10^{-5}}$$

$$=154\ (\text{kJ}\cdot\text{mol}^{-1})$$

$$(b)\ \ln\frac{k_2}{k_1}=\frac{E_a}{R}\left(\frac{1}{T_1}-\frac{1}{T_2}\right)$$

$$\ln\frac{6.3\times10^{-4}}{k_1}=\frac{154\times10^3}{8.314}\left(\frac{1}{430}-\frac{1}{503}\right)$$

$k_1=1.1\times10^{-6}(\text{mol}\cdot\text{L}^{-1}\cdot\text{s}^{-1})$

15. The initial stage of the reaction between gaseous ammonia and nitrogen dioxide follows second order kinetics. Given that the rate constant at 600K is 3.85×10^2 mL · mol^{-1} · s^{-1} and at 716K is 1.60×10^4 mL · mol^{-1} · s^{-1}, calculate the activation energy and the Arrhenius pre-exponential factor.

Solution

$$E_a=\frac{RT_1T_2}{T_2-T_1}\ln\frac{k_2}{k_1}=\frac{8.314\times600\times716}{716-600}\ln\frac{1.6\times10^4}{3.85\times10^2}$$

$$=115\ (\text{kJ}\cdot\text{mol}^{-1})$$

$$k=Ae^{-\frac{E_a}{RT}}$$

$$1.6\times10^4=Ae^{-\frac{115\times10^3}{8.314\times716}}$$

$$A=3.9\times10^{12}$$

五、自测试卷

一、选择题(每题 2 分,共 40 分)

1. 反应 $C(s)+O_2(g)\longrightarrow CO_2$ 的 $\Delta H<0$,欲增加正反应速度,下列措施肯定无用的是 ( )

A. 增加氧气的分压　B. 升温　C. 加入催化剂　D. 减少 CO_2

2. 二级反应的速率常数 k 的单位是 ( )

A. s^{-1}　B. $\text{mol}\cdot\text{L}^{-1}\cdot\text{s}^{-1}$

C. $\text{mol}^{-1}\cdot\text{L}\cdot\text{s}^{-1}$　D. $\text{mol}^{-2}\cdot\text{L}^{-1}\cdot\text{s}^{-1}$

3. 向一反应体系中加入催化剂,正反应的活化能降低了 ΔE^+,逆反应的活化能降低了 ΔE^-,则 ( )

A. $\Delta E^+=\Delta E^-$　B. $\Delta E^+>\Delta E^-$

C. $\Delta E^+<\Delta E^-$　D. 无法确定其大小关系

4. 某反应的速率方程为 $v=kc^2(\text{A})$,则 k 的单位为 ( )

A. $\text{kJ}\cdot\text{mol}^{-1}$　B. s^{-1}

C. $\text{mol}\cdot\text{L}^{-1}\cdot\text{s}^{-1}$　D. $\text{L}\cdot\text{mol}^{-1}\cdot\text{s}^{-1}$

5. 已知反应 $BrO_3^-+5Br^-+6H^+ = 3Br_2+3H_2O$,对 Br^-、BrO_3^- 均为一级反应,对 H^+ 为二级反应,设该反应在酸性缓冲溶液(H^+ 浓度基本不变)中进行,若向该反应体系加入等体积的含等浓度 Br^- 的溶液,其速率变为原来的 ( )

A. 1/16　B. 1/8　C. 1/2　D. 1/4

6. 对于零级反应,反应速率常数的单位为 ( )

A. $\text{mol}\cdot\text{L}^{-1}\cdot\text{s}^{-1}$　B. $\text{mol}^{-1}\cdot\text{L}\cdot\text{s}^{-1}$

C. $\text{mol}\cdot\text{L}\cdot\text{s}^{-1}$　D. s^{-1}

7. 反应 $2SO_2(g)+O_2(g)\longrightarrow 2SO_3(g)$ 的反应速率可以表示为 $v=-\text{d}[O_2]/\text{d}t$,也可以表示为 ( )

A. $v_1=2\mathrm{d}[SO_3]/\mathrm{d}t$　　B. $v_2=\frac{1}{2}\mathrm{d}[SO_3]/\mathrm{d}t$

C. $v_3=-2\mathrm{d}[SO_2]/\mathrm{d}t$　　D. $v_4=\mathrm{d}[SO_2]/\mathrm{d}t$

8. 25℃时反应 $N_2(g)+3H_2(g)\longrightarrow 2NH_3(g)$ 的 $\Delta H^{\ominus}=-92.38\ \mathrm{kJ\cdot mol^{-1}}$，则温度升高时　（　）

A. 正反应速率增大，逆反应速率减小　　B. 正反应速率减小，逆反应速率增大

C. 正反应速率增大，逆反应速率增大　　D. 正反应速率减小，逆反应速率减小

9. 质量作用定律适用于　（　）

A. 反应物、生成物系数都是 1 的反应　　B. 那些一步完成的简单反应

C. 任何能进行的反应　　D. 多步完成的复杂反应

10. 某种酶催化反应的活化能为 $50.0\ \mathrm{kJ\cdot mol^{-1}}$。正常人的体温为 37℃，若病人发烧至 40℃，则此酶催化反应的反应速率增加了　（　）

A. 121%　　B. 21%　　C. 42%　　D. 1.21%

11. 若反应 $A+B\longrightarrow C$，对于 A 和 B 来说均为一级的，下列说法中正确的是　（　）

A. 此反应为一级反应

B. 两种反应物中，无论哪一种的浓度增大一倍，都将使反应速率增加一倍

C. 两种反应物的浓度同时减半，则反应速率也将减半

D. 该反应速率常数的单位为 s^{-1}

12. 升高温度能加快反应速率的本质原因是　（　）

A. 加快了分子运动速率，增加分子碰撞的机会

B. 降低反应的活化能

C. 增大活化分子百分数

D. 以上说法都对

13. 在 25℃及 101.325kPa 时，反应 $O_3(g)+NO(g)\longrightarrow O_2(g)+NO_2(g)$ 的活化能为 $10.7\ \mathrm{kJ\cdot mol^{-1}}$，$\Delta H$ 为 $-193.8\ \mathrm{kJ\cdot mol^{-1}}$，则其逆反应的活化能为　（　）

A. 204.5 kJ　　B. $204.5\ \mathrm{kJ\cdot mol^{-1}}$

C. $183.1\ \mathrm{kJ\cdot mol^{-1}}$　　D. $-204.5\ \mathrm{kJ\cdot mol^{-1}}$

14. 反应 A 和反应 B，在 25℃时 B 的反应速率较快；在相同的浓度条件下，45℃时 A 比 B 的反应速率快，则这两个反应的活化能间的关系是　（　）

A. A 反应的活化能较大　　B. B 反应的活化能较大

C. A、B 反应的活化能大小无法确定　　D. 和 A、B 活化能大小无关

15. 某反应的速率方程是 $v=kc(A)^x c(B)^y$，当 $c(A)$ 减少 50%时，v 降低至原来的 1/4，当 $c(B)$ 增大至原来的 2 倍时，v 增大至原来的 1.41 倍，则 x，y 分别为　（　）

A. $x=0.5$，$y=1$　　B. $x=2$，$y=0.7$

C. $x=2$，$y=0.5$　　D. $x=2$，$y=2$

16. 某反应的活化能为 $181.6\ \mathrm{kJ\cdot mol^{-1}}$，当加入催化剂后，该反应的活化能为 $151\ \mathrm{kJ\cdot mol^{-1}}$，当温度为 800 K 时，加催化剂后反应速率近似增大了　（　）

A. 200 倍　　B. 99 倍　　C. 50 倍　　D. 2 倍

17. 影响化学反应速率的首要因素是　（　）

A. 反应物的本性　　B. 反应物的浓度　C. 反应温度　　D. 催化剂

18. 对于一个化学反应来说，下列叙述中正确的是　（　）

A. $\Delta H^\ominus$越小，反应速率就越快　　B. $\Delta G^\ominus$越小，反应速率就越快

C. 活化能越大，反应速率就越快　　D. 活化能越小，反应速率就越快

19. 反应 A(g)+B(g)⟶C(g)的速率方程为 $v=k[A]^2[B]$，若使密闭的反应容器增大一倍，则其反应速率为原来的　（　）

A. 1/6　　B. 1/8　　C. 8 倍　　D. 1/4

20. 反应 A(g)+B(g)⟶C(g)的反应速率常数 k 的单位为　（　）

A. s^{-1}　　B. $L \cdot mol^{-1} \cdot s^{-1}$

C. $L^2 \cdot mol^{-2} \cdot s^{-1}$　　D. 不能确定

二、填空题(每个空格 1 分，共 10 分)

1. 对于基元反应 2A(g)+B(g)⟶D(g)，在某温度下，B 的浓度固定，将 A 的浓度增加 2 倍，则反应速率常数增加了________倍，反应速率增加了________倍。

2. 某反应在 100 K 和 200 K 时的速率常数之比为 0.01，则该反应的活化能为________。

3. 若反应的速率常数 k 的单位为 $mol^{-1} \cdot L \cdot s^{-1}$，则该反应为__________级。

4. 某反应在相同温度下以不同的起始浓度发生时，反应速率________，速率常数________。(填“相同”或“不同”)

5. 催化剂只能________反应速率，________平衡状态和平衡常数。(填“加快”、“减慢”、“改变”或“不改变”)

6. 化学反应的活化能是指____________________；活化能越大，反应速率________。

三、简答题(每题 2.5 分，共 10 分)

1. 设反应 A+3B⟶3C 在某瞬间时 $c(C)=3\ mol \cdot dm^{-3}$，经过 2 s 时 $c(C)=6 mol \cdot dm^{-3}$，问在 2 s 内，分别以 A、B 和 C 表示的反应速率 v_A、v_B、v_C 各为多少？

2. 设反应 aA+bB⟶C 恒温下，当 c_A 恒定时，若将 c_B 增大为原来的 2 倍，测得其反应速率也增大为原来的 2 倍；当 c_B 恒定时，若将 c_A 增大为原来的 2 倍，测得其反应速率增大为原来的 4 倍。试写出此反应的速率方程式。它是几级反应？

3. 判断下列说法是否正确：

(1) 反应物浓度增大，则反应速率加快，所以反应速率常数增大。

(2) 对于某一反应，升高温度所增加的正、逆反应速率完全相同。

(3) 催化剂能极大地改变化学反应的速率，而其本身并不参加化学反应。

4. 简述碰撞理论要点。

四、计算题(每题 10 分，共 40 分)

1. 600K 时测得反应 $2AB(g)+B_2(g)\longrightarrow 2AB_2(g)$的三组实验数据：

$c_0(AB)/mol \cdot L^{-1}$	$c_0(B_2)/mol \cdot L^{-1}$	$v/mol \cdot L^{-1} \cdot s^{-1}$
0.010	0.010	2.5×10^{-3}
0.010	0.020	5.0×10^{-3}
0.030	0.020	4.5×10^{-2}

(1) 确定该反应的反应级数,写出反应速率方程。

(2) 计算反应速率常数 k。

(3) 计算 $c_0(AB)=0.015\ mol\cdot L^{-1}$,$c_0(B_2)=0.025\ mol\cdot L^{-1}$时的反应速率。

2. 乙醛的分解反应为 $CH_3CHO(g)\longrightarrow CH_4(g)+CO(g)$,在 538 K 时反应速率常数 $k_1=0.79\ mol\cdot L^{-1}\cdot s^{-1}$,592 K 时 $k_2=4.95\ mol\cdot L^{-1}\cdot s^{-1}$,试计算反应的活化能 E_a。

3. 设反应 $3/2H_2+1/2N_2\longrightarrow NH_3$ 的活化能为 334.7 kJ·mol^{-1},如果 NH_3 按相同途径分解,测得分解反应的活化能为 380.6 kJ·mol^{-1},试求上述合成氨反应的焓变。

4. 已知反应 $CO(CH_2COOH)_2\longrightarrow CH_3COCH_3+2CO_2$,在 283.15 K 时,速率常数 $k=1.08\times10^{-4}\ mol\cdot L\cdot s^{-1}$,333.15 K 时,速率常数 $k=5.48\times10^{-2}\ mol\cdot L\cdot s^{-1}$,试求该反应在 303.15 K 时的速率常数。

六、自测试卷答案

一、选择题

1	2	3	4	5	6	7	8	9	10
D	C	A	D	C	A	B	C	B	B
11	12	13	14	15	16	17	18	19	20
B	C	B	A	C	B	A	D	B	D

二、填空题

1. 0　8

2. 7.66 kJ·mol^{-1}

3. 二

4. 不同　相同

5. 改变　不改变

6. 活化分子的平均能量与反应物分子平均能量之差　越慢

三、简答题

1. $v_A=0.5\ mol\cdot L\cdot s^{-1}$,$v_B=1.5\ mol\cdot L\cdot s^{-1}$,$v_C=1.5\ mol\cdot L\cdot s^{-1}$

2. $v=kc_A^2c_B$　三级反应

3. (1) 错　(2) 错　(3) 错

4. 碰撞理论的要点是:(1) 反应物分子必须相互碰撞才能发生反应;(2) 只有分子间相对平动能超过某一临界值时分子碰撞才能发生反应;(3) 各个分子采取合适的取向进行碰撞时,反应才能完成。

四、计算题

1. (1) 三级反应,$v=k\cdot[c(AB)]^2\cdot[c(B_2)]$;(2) $2.5\times10^3\ mol^{-2}\cdot L^2\cdot s^{-1}$;(3) $1.4\times10^{-2}\ mol\cdot L^{-1}\cdot s^{-1}$

2. 89.9 kJ·mol^{-1}

3. −45.9 kJ·mol^{-1}

4. $1.67\times10^{-3}\ mol\cdot L\cdot s^{-1}$

第四章　物质结构

一、目的要求

1. 了解核外电子运动的特殊性——波粒二象性。

2. 能理解波函数角度分布图、电子云角度分布图、电子云径向分布图和电子云图。

3. 掌握四个量子数的量子化条件及其物理意义；掌握电子层、电子亚层、能级和轨道等的含义。

4. 能运用泡利不相容原理、能量最低原理和洪特规则写出一般元素的原子核外电子的排布式和价电子构型。

5. 理解原子结构和元素周期表的关系，元素若干性质（原子半径、电离能、电子亲和能和电负性）与原子结构的关系。

6. 掌握离子键理论的基本要点，理解决定离子化合物性质的因素及特征。

7. 掌握价键理论及共价键的特征。

8. 能用轨道杂化理论来解释一般分子的构型。

9. 掌握分子轨道理论的基本要点，并能用来处理第一、第二周期同核双原子分子。

10. 了解分子极性和分子间力的概念，了解金属键和氢键的形成和特征。

11. 了解各类晶体的内部结构和特征，理解离子极化。

二、本章要点

1. 微观粒子的波粒二象性

微观粒子（电子、原子、分子等静止质量不为零的实物粒子）集波动性（概率波）与粒子性为一体的特性。

2. 概率波

微观粒子在空间某处出现的可能性，具有统计意义，不是物理学中的经典波，而是波强与微粒出现概率成正比的概率波。

3. 粒子运动状态的描述

宏观物体的运动状态可以同时用准确的坐标和动量来描述；但是对微观粒子（如电子）却不能同时准确地确定坐标和动量。量子力学对微观粒子的运动状态是用描述概率波的波函数来描述的。

4. 波函数

ψ 是描述概率波的波函数。一个 ψ 是描述微观粒子一种状态的某种数学函数式。通过解薛定谔方程可以得到波函数的具体形式。氢原子定态的薛定谔方程为：

$$\frac{\partial^2\psi}{\partial x^2}+\frac{\partial^2\psi}{\partial y^2}+\frac{\partial^2\psi}{\partial z^2}+\frac{8\pi^2 m}{h^2}(E-V)\psi=0 \tag{4-1}$$

m 是电子的质量，x、y、z 是电子的坐标，V 是势能，E 是总能量，h 是普朗克常数，$\psi(x,y,z)$是波函数。

5. 主量子数(n)

它决定轨道的能量，可反映电子在原子核外空间出现区域离原子核平均距离的量子数。

$$n=0,\ 1,\ 2,\ 3,\ 4,\ 5,\ 6\cdots$$

光谱学符号为 K, L, M, N, O, P, Q ⋯

n 相同则处于同一电子层。

6. 角量子数(l)

决定电子运动角动量的量子数，也决定电子在空间角度分布的情况，与电子云的形状密切相关，多电子体系中 l 和能量有关。l 可取值为：0,1,2,3⋯($n-1$)。当 n 一定时，共有 n 个 l 数值。例如，当 $n=3$ 时，l 可取 0,1,2(三个数值)。n、l 相同时的电子归为同一亚层。例如，5 个 3d 轨道($n=3$，$l=2$)属于同一 d 亚层。

与 l 取值对应的符号及轨道形状如下：

角量子数(l)	0	1	2	3⋯($n-1$)
光谱学符号	s	p	d	f ⋯
轨道形状	球型	哑铃型	花瓣型	

7. 磁量子数(m)

表示角动量在磁场方向的分量。l 相同而 m 不同时，电子云在空间的取向不同。l 一定时，m 可取的值为：0，±1，±2，±3⋯±l，共($2l+1$)个数值。例如，当 $l=2$ 时，m 可取 0，±1，±2 五个数值。这也表示 d 轨道有五个不同的伸展方向。

8. 自旋量子数(m_s)

描述原子轨道中电子的自旋状态的量子数，取值只有两个：$+\frac{1}{2}$和$-\frac{1}{2}$。

9. 概率密度($|\psi|^2$)

电子在核外空间某处单位微体积内出现的概率。

10. 电子云

电子云是概率密度的形象化描述。用黑点的疏密表示空间各点的概率密度的大小，黑点密集处，$|\psi|^2$ 大；反之$|\psi|^2$ 小。

11. 波函数角度分布图

图 4-1 为波函数(原子轨道)的角度部分 $Y(\theta,\varphi)$的图形。该图的作法原则是在球面坐标中，以原子核为坐标原点，在每一个由 θ 确定的方向上引一直线，使其长度等于 Y 的绝对值。所有不同方向的直线 Y 的端点在空间构成一曲面，即为波函数的角度分布图。

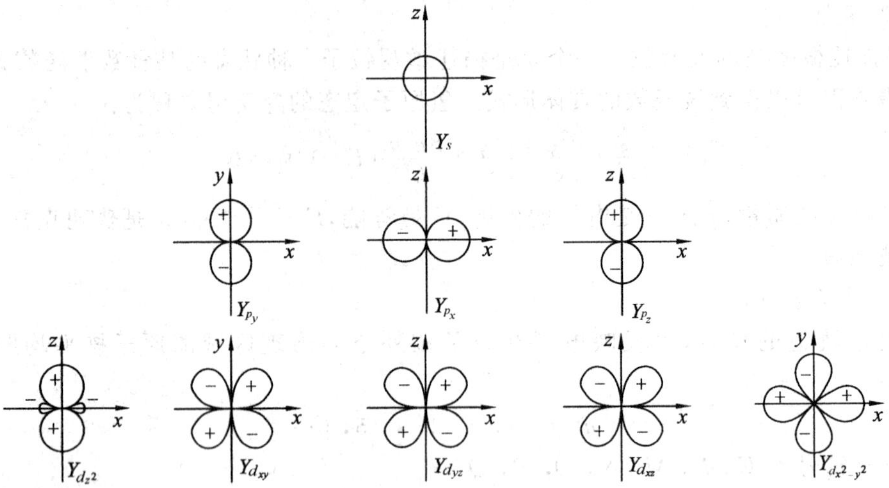

图 4-1　波函数角度分布

$Y_{l,m}(\theta,\varphi)$只与 l、m 有关，与 n 无关。m 决定其在空间的伸展方向。其中有些图形在直角坐标的某方向上有极大值。由于波函数角度分布函数式是与某种三角函数式相关，而三角函数式在直角坐标系的不同象限有正、负之分，所以作出的图形也有正、负之分，此正、负号只表示 $Y(\theta,\varphi)$数值的正负。

由于 ψ 没有明确的物理意义，所以 ψ 的角度分布函数图也没有明确的物理意义，它表示 Y 随角度 θ、φ 的变化情况。

12. 电子云角度分布图

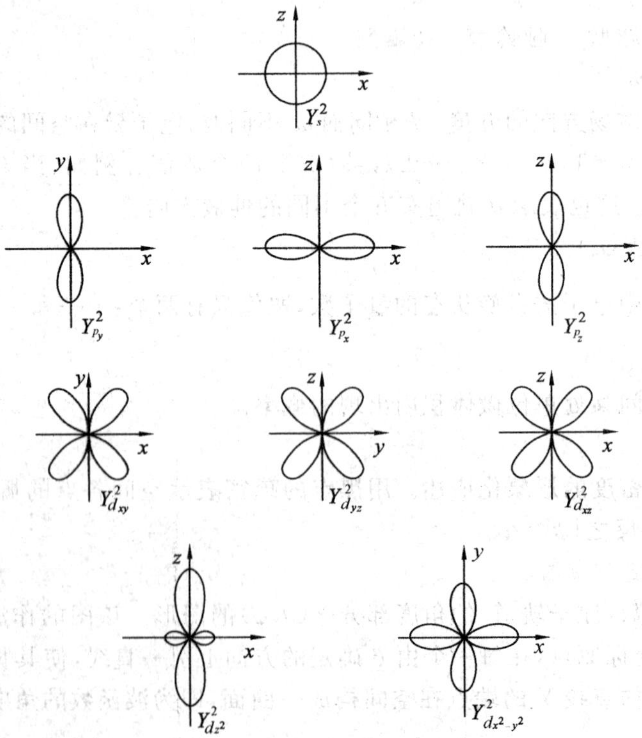

图 4-2　电子云角度分布

即电子云$|\psi|^2$的角度部分$Y^2(\theta,\varphi)$的图形(图 4-2)。

(1) 与波函数角度分布图的区别：

① $Y^2(\theta,\varphi)$图较$Y(\theta,\varphi)$"瘦一些"。

② 图形中没有正、负号(因$Y^2(\theta,\varphi)$均为正值)。

(2) 电子云角度分布图的意义：表示电子在空间不同方向上概率密度的大小和变化情况。

13. 电子云径向分布图

波函数径向部分R本身没有明确的物理意义，但r^2R^2有明确的物理意义。它表示电子在离核半径为r单位厚度的薄球壳内出现的概率。若令$D(r)=r^2R^2$对r作图即为电子云径向分布图(图 4-3)。

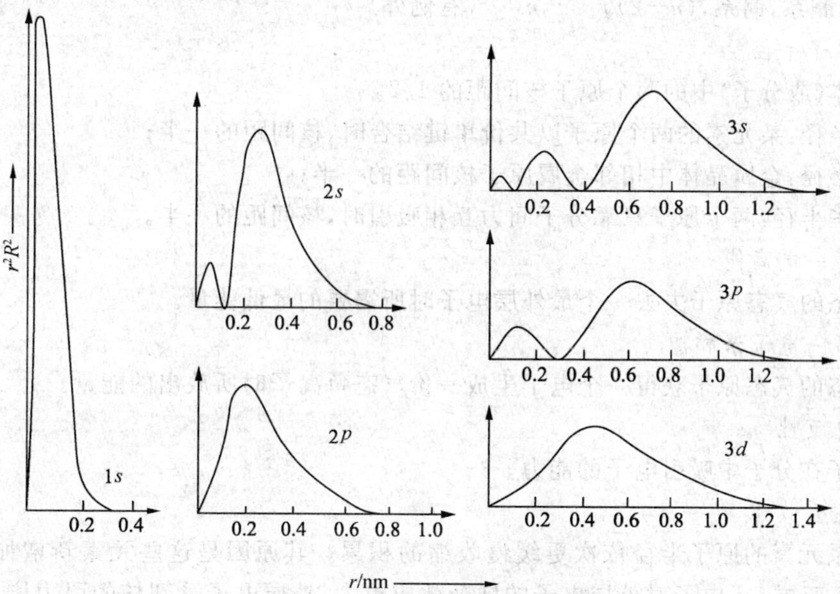

图 4-3　氢原子电子云径向分布图

14. 屏蔽效应

即在多电子原子中，将其他电子对指定电子的作用归结为抵消一部分核电荷的吸引作用的效应。

15. 钻穿效应

即外层电子"钻入"内层，出现在离核较近的地方的现象。

16. 核外电子分布规律

(1) 泡利不相容原理：一个原子中不能同时有两个或两个以上四个量子数完全相同的电子。

(2) 能量最低原理：多电子原子中，电子尽量先占据能量最低的轨道。

(3) 洪特规则：

① n、l相同时，电子尽量先分占不同的轨道，而且自旋平行。

例如，第 7 号元素氮的核外电子排布式为

$$1s^2 2s^2 2p^3 \quad (2p_x{}^1 2p_y{}^1 2p_z{}^1)$$

② 电子排布处于全充满、半充满或全空状态时，原子体系具有较低的能量。例如：

24 号元素铬(Cr)的核外电子排布式为：$1s^2 2s^2 2p^6 3s^2 3p^6 3d^5 4s^1$。

29 号元素铜(Cu)的核外电子排布式为：$1s^2 2s^2 2p^6 3s^2 3p^6 3d^{10} 4s^1$。

17. 周期表的分区

根据各元素原子外层电子构型的特点，将周期表分为五个区，每个区的名称、范围和外层电子构型为：

s 区：ⅠA，ⅡA，$ns^{1\sim2}$

p 区：ⅢA～ⅦA，0 族，$ns^2np^{1\sim6}$

d 区：ⅢB～ⅦB，Ⅷ族，$(n-1)d^{1\sim8}ns^2$(有例外)

ds 区：ⅠB，ⅡB，$(n-1)d^{10}s^{1\sim2}$

f 区：镧系，锕系，$(n-2)f^{1\sim14}ns^{1\sim2}$(有例外)

18. 原子半径

即晶体(或分子)中的两个原子核间距的 1/2。

共价半径：某元素的两个原子以共价单键结合时，核间距的一半；

金属半径：金属晶体中相邻金属原子核间距的一半；

范德华半径：两个原子只靠分子间力互相吸引时，核间距的一半。

19. 第一电离能

即基态的气态原子失去一个最外层电子时所需要的最低能量。

20. 第一电子亲和能

即基态的气态原子获得一个电子生成一价气态负离子时所放出的能量。

21. 电负性

即原子在分子中吸引电子的能力。

22. 镧系收缩

即镧系元素的原子半径依次更缓慢收缩的积累。其原因是这些元素新增加的电子填入$(n-2)f$ 亚层，f 电子对外层电子的屏蔽效应更大，外层电子受到核的引力增加得更小，故镧系元素占据周期表中的一个格位。

23. 化学键

即分子或晶体中直接相邻的原子或粒子间强烈的相互作用力(可以达到几十至几百千焦·摩尔$^{-1}$)。

24. 离子键

即正、负离子之间由静电引力形成的化学键，其本质是静电吸引。电负性之差较大(ⅠA，ⅡA～ⅥA，ⅦA)的元素之间易形成离子键。静电作用力很强，所以离子键很牢，离子化合物的熔、沸点较高。

25. 离子键的特点

离子键没有方向性、饱和性，所以离子晶体的配位数较高。

26. 共价键

即电负性相等或之差较小的非金属元素的原子之间靠共用电子对结合所形成的化学键，其本质是原子轨道重叠。

27. 共价键的特点

共价键具有饱和性(含未成对、互“反旋”电子的两个原子接近时可形成共价键,之后不再与第三个电子配对)和方向性(为形成稳定的化学键,原子轨道需最大重叠)。

28. 共价键的类型

① σ 键(原子轨道以“头碰头”,沿原子核之间的连线重叠形成的共价键)。

② π 键(原子轨道以“肩并肩”的形式重叠形成的共价键)(图 4-4)。

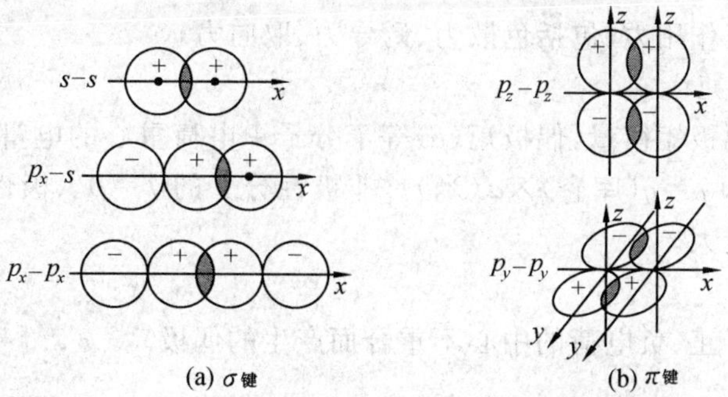

图 4-4　σ 键与 π 键(重叠方式)示意图

29. 键能

即 298K、标准态下,拆开 1 mol 气态共价分子 AB 生成 A 和 B 气态原子所需的能量。

30. 键长

即分子中成键的两个原子核之间的平衡距离。

31. 键角

即分子中相邻两键的夹角。

32. 轨道杂化

即在形成分子的过程中,同一原子中能量相近的不同类型原子轨道重新组合,形成同等数目的成键能力更强的新的原子轨道。轨道杂化理论很好地解释了成键数目、键的性质和分子几何构型等某些价键理论解释不了的问题(如 CH_4 空间构型和键角等问题)。

33. 价层电子对互斥理论*

(1) 基本要点:在多原子的共价分子中,中心原子周围的原子或原子团的相对位置主要取决于中心原子的价电子层中电子对的互相排斥,使其尽量远离,使斥力最小、分子最稳定。

(2) 价层电子对数的计算。

① 分子中只有 σ 单键时,中心原子的价层电子对数等于与中心原子成键的配体数;

② 分子中存在重键时,把重键当作单键,仍按与中心原子成键的配体数来计算;

③ 当分子中有孤对电子时,价层电子数等于与中心原子成键的配体数加孤对电子数;

④ 在计算复杂离子的中心原子价层电子数目时还要考虑离子的电荷。

(3) 分子几何形状的确定。

当配位原子和孤对电子有几种排布方式时,要选择最稳定的一种结构。

34. 分子轨道

即由原子轨道适当“组合”而得到的轨道(分子轨道)。“组合”过程中轨道总数不变,同时满足能量相近、对称性匹配和轨道最大重叠等条件。分子轨道理论很好地解释了氧分子(O_2)等具有顺磁性等问题。

35. 键级

$$键级=\frac{成键电子总数-反键电子总数}{2}$$

键级可以用来衡量化学键的强弱。

36. 分子间力(范德华力)

分子之间的相互作用力(包括色散力、诱导力、取向力)。

37. 分子的偶极矩

分子的极性用偶极矩衡量,偶极矩(μ)等于分子中电荷重心的电量(q)与正负电荷中心的距离(d)的乘积,即 $\mu=q$(库仑)$\times d$(米)。非极性分子的 $p=0$。极性分子的 $\mu>0$,偶极矩越大的分子极性越大。

38. 瞬时偶极

即由于瞬间分子正、负电荷的中心不重合而产生的偶极。

39. 色散力

即瞬时偶极之间的作用力。分子结构相同或相似时,色散力随相对分子质量的增加而增加。色散力普遍存在于一切分子之间。例如,F_2、Cl_2、Br_2、I_2 在常温常压下的聚集状态分别为气态、液态、固态,就是因为类型相同或相似的分子的分子间力随分子量的增加而增加的缘故。

40. 诱导力

即固有偶极与诱导偶极之间的作用力。

41. 取向力

即固有偶极之间的作用力。分子间力(指色散力、诱导力、取向力,即范德华力)与分子极性的关系如表 4-1 所示。

表 4-1 分子间力与分子极性

	色散力	诱导力	取向力
非极性分子-非极性分子	√		
非极性分子-极性分子	√	√	
极性分子-极性分子	√	√	√

42. 氢键

当氢原子(H)与电负性很大、半径很小的原子(X)直接相连而形成共价化合物时,原子间的共用电子对强烈偏移,使氢原子几乎呈质子状态。这个几乎“裸露”的氢核可以与另一个电负性大、半径小、带有孤对电子的原子(Y)产生静电吸引作用“X—H…Y”,这种引力(…)称为氢键(X、Y=N、O、F)。形成氢键的条件:在共价化合物中,氮、氧、氟与氢直接相连。

氢键的生成对物质的溶解度、熔点、沸点等有较大影响。

43. 晶体

晶体是具有一定的几何外形,内部粒子按一定的规则呈周期性排列,具有一定的熔点,而且具有光学、力学、导电、导热等各向异性的固态物质。

44. 晶体的分类方法

按晶格结点上粒子的特征和粒子之间的作用力分类，典型的晶体有四种类型：离子晶体、原子晶体、金属晶体和分子晶体。

45. 离子晶体

晶体中晶格结点上排列的是离子，离子之间的相互作用力是静电引力。

46. 晶格能*

由相互远离的 1 mol 气态正、负离子结合成晶体时所释放出的能量，晶格能可以用于衡量离子键强弱。在典型的离子晶体之间，离子的电荷越高、半径越小，则其晶格能越高，其离子晶体的熔、沸点越高，硬度越大。典型的离子晶体有 NaCl、KCl、MgO、$CaCO_3$ 等。

47. 原子晶体

原子晶体晶格结点上的粒子是“原子”，相互之间的作用力是共价键。典型的原子晶体有金刚石、SiO_2、SiC、GaAs 等。原子晶体的熔、沸点高低与晶体内原子之间的键能有关。因为共价键很牢、强度很大，所以原子晶体的熔点、沸点都很高，硬度也都很大。

48. 金属晶体

金属晶体晶格结点上的粒子是金属原子或金属离子，粒子之间靠金属键连接。金属单质为金属晶体。

49. 分子晶体

分子晶体晶格结点上的粒子是分子，分子之间相互的作用力是分子间力。典型的分子晶体有水（H_2O）和干冰（CO_2）等。分子晶体的熔、沸点的高低取决于其分子间力和氢键。因为分子间力较弱，所以分子晶体的熔、沸点都比较低。

50. 离子极化*

离子可被视为正、负电荷中心重合（或不重合）于球心的球体，在电场作用下，正、负电荷中心被分离（或继续分离），离子在相邻相反电荷的电场的作用下会被诱导产生诱导偶极，此过程称为离子的极化。

51. 极化力*

离子使其他离子（或分子）极化（变形）的能力叫作离子的极化力。离子的电荷越高、半径越小，离子的极化力就越大。同时离子的极化力还与离子的外层电子构型有关。

52. 变形性（极化率）*

即在其他离子极化力的作用下被极化的程度。离子的负电荷越高、半径越大，离子的变形性越大。同时离子的变形性还与离子的外层电子构型有关。

随离子极化力的增强，将导致键能升高、晶格能增加，键长缩短，配位数降低。离子的极化力和变形性共同作用的结果会使晶体的类型发生变化。例如，钠、镁、铝、硅的氯化物从离子晶体递变成分子晶体；而钠、镁、铝、硅的氧化物从离子晶体递变成原子晶体。

53. 混合型晶体（过渡型晶体）

即晶体的内部粒子之间的相互作用力多于一种，如石墨、硅酸盐等晶体。

54. 不同晶体某些性质的比较

见表 4-2。

表 4-2 不同晶体某些性质的比较

晶体类型	晶格结点上微粒	微粒间作用力	熔点	硬度	导电性	举例
离子晶体	正、负离子	静电引力	较高	较大	导电(熔)	NaCl
原子晶体	原子	共价键	高	大	不导电	金刚石
分子晶体	分子	分子间力、氢键	低	小	不导电	干冰
金属晶体	金属原子、离子	金属键	高	大	导电	铜

三、例题解析

1. $4p$、$5f$、$6d$、$7s$ 轨道主量子数、角量子数的值各是多少？所包含的等价轨道数、所能容纳的最大电子数是多少？

答

轨道	主量子数	角量子数	等价轨道数	能容纳的最大电子数
$4p$	4	1	3	6
$5f$	5	3	7	14
$6d$	6	2	5	10
$7s$	7	0	1	2

2. 下列哪些原子轨道是不存在的？为什么？

(1) $n=1, l=0, m=1$；(2) $n=3, l=2, m=-2$；(3) $n=3, l=2, m=-3$；

(4) $n=3, l=1, m=1$；(5) $n=2, l=1, m=-1$；(6) $n=2, l=3, m=2$。

答 由 $l=0,1,2\cdots(n-1)$；$m=0,\pm1,\pm2\cdots\pm l$ 可知：

(1) 不存在，$m=0$；(3) 不存在，$m=0,\pm1,\pm2$；(6) 不存在，$l=0,1$。

3. 填充表格：

原子序数	元素符号	电子排布式	周期	族	区
	Cl				
19					
		[Ar] $3d^5 4s^2$			
			4	ⅠB	
	Cr				

答

原子序数	元素符号	电子排布式	周期	族	区
17	Cl	[Ne] $3s^2 3p^5$	3	ⅦA	p 区
19	K	[Ar] $4s^1$	4	ⅠA	s 区
25	Mn	[Ar] $3d^5 4s^2$	4	ⅦB	d 区
29	Cu	[Ar] $3d^{10} 4s^1$	4	ⅠB	ds 区
24	Cr	[Ar] $3d^5 4s^1$	4	ⅥB	d 区

4. 指出下列各元素基态原子的电子排布式写法违背了什么原理，并改正之。

(1) B $1s^2 2s^1 2p^2$

(2) C $1s^2 2s^2 2p_x{}^2$

(3) Al [Ne] $3s^3$

答 (1) 违背能量最低原理，应为 B $1s^2 2s^2 2p^1$。(2) 违背洪特规则，应为 C $1s^2 2s^2 2p_x{}^1 2p_y{}^1$。(3) 违背保里不相容原理，应为 Al [Ne] $3s^2 3p^1$。

5. 说明下列各对原子中哪一种原子的第一电离能较高，为什么？

S 与 P；Al 与 Mg；Sr 与 Rb；Cr 与 Zn；Cs 与 Au；Rn 与 At

答 元素的第一电离能具有周期性的变化规律：同一周期从左至右增大；同一主族自上而下减小。

原子第一电离能的大小比较为：P>S；Mg>Al；Sr>Rb；Zn>Cr；Cs<Au；Rn>At。

6. 如何理解共价键具有方向性和饱和性？

答 从价键理论的要点可知，自旋方向相反的电子配对以后就不再与另一个原子中的未成对电子配对，这就是共价键的饱和性。而根据轨道的最大重叠原理，除了球形的 s 轨道之外，d、p 轨道的最大值总是沿重叠最多的方向取向，因而决定了共价键的方向性。

7. 简单说明 σ 键和 π 键的主要特征是什么。

答 σ 键的原子轨道是沿键轴方向以“头碰头”的形式重叠的。π 键的原子轨道是沿键轴方向以“肩并肩”的形式重叠的。一般说来 π 键的轨道重叠程度比 σ 键的重叠程度要小，因而能量较高，不如 σ 键稳定。共价键单键一般为 σ 键，在共价双键和叁键中除了一个 σ 键外，其余的为 π 键。

8. 根据杂化轨道理论预测下列分子的空间构型，并判断偶极矩是否为零。

CO_2　$HgCl_2$　BF_3　CH_4　$CHCl_3$　NH_3　PH_3　H_2O

答 CO_2：　sp 杂化，直线型，偶极矩为零；

$HgCl_2$：　sp 杂化，直线型，偶极矩为零；

BF_3：　sp^2 杂化，平面三角形，偶极矩为零

CH_4：　sp^3 等性杂化，正四面体，偶极矩为零；

$CHCl_3$：　sp^3 等性杂化，四面体，偶极矩不为零；

NH_3：　sp^3 不等性杂化，三角锥，偶极矩不为零；

PH_3：　sp^3 不等性杂化，三角锥，偶极矩不为零；

H_2O：　sp^3 不等性杂化，V 形，偶极矩不为零。

9. 实验证明 BF_3 分子是平面三角形，而 $[BF_4]^-$ 是正四面体的空间构型，试用杂化轨道理论进行解释。

答 BF_3 中 B 原子为 sp^2 杂化，杂化轨道间的夹角为 120°，呈平面三角形。

而 $[BF_4]^-$ 中 B 原子为 sp^3 杂化，所以整个离子呈正四面体的构型。

10. SO_2 和 NO_2 两者都是极性的，而 CO_2 是非极性的，这一事实对于这些氧化物的结构有什么暗示？

答 SO_2 为 sp^2 不等性杂化，其中 2 个轨道上为 S-O 共用电子对，另 1 个轨道上为 S 提供的孤对电子；NO_2 为 sp^2 不等性杂化，其中 2 个轨道上为 N-O 共用电子对，另 1 个轨道上为 S 提供的孤对电子；因此，整个分子的偶极矩不为零，SO_2 和 NO_2 两者都是极性的。

而 CO_2 为 sp 杂化，两个轨道上都是 C-O 共用电子对，因此整个分子偶极矩为 0。

11. 试用价电子对互斥理论推断下列各分子的空间构型，并用杂化轨道理论加以说明。

答

	NF_3	NO_2	PCl_5	BCl_3	H_2S	ClF_3
原子电子对数	(5+3)/2=4	(5+0)/2=3	(5+5)/2=5	(3+3)/2=3	(6+2)/2=4	(7+3)/2=5
成键电子对	3	2	5	3	2	3
孤对电子	1	1	0	0	2	2
价层电子排布	四面体	三角形	三角双锥	平面三角形	四面体	三角双锥
分子形状	三角锥形	V 形	三角双锥	三角形	V 形	T 形
杂化类型	sp^3 不等性	sp^2 不等性	sp^3d	sp^2	sp^3 不等性	sp^3d 不等性

12. 试比较下列物质中键的极性的相对大小。

HF　NaF　I_2　HI　HBr　HCl

答　NaF＞HF＞HCl＞HBr＞HI＞I_2

13. 举例说明键的极性和分子的极性在什么情况下是一致的，在什么情况下是不一致的。

答　双原子分子中键的极性与分子极性一致，多原子分子整个分子的极性由键的极性和分子空间构型共同决定。前者如 H_2 非极性，HCl 极性。后者如 CO_2，C—O 键极性，分子非极性；SO_2 分子中 S—O 键极性，分子极性。

14. 石墨的结构是一种混合键型的晶体结构，利用石墨作电极或作润滑剂各与它的晶体中哪一部分结构有关？金刚石为什么没有这种性能？

答　由于石墨晶体中，既有共价键，又有非定域大 π 键，还有分子间力，所以石墨晶体是一种混合键型的晶体。

石墨晶体中碳原子以一个 $2s$ 轨道和两个 $2p$ 轨道进行 sp^2 杂化，每个碳原子与其他三个碳原子以 σ 键相连，键角 120°，形成无数正六角形构成的网状平面层。所以石墨晶体具有层状结构。每个碳原子中还有一个未杂化的 $2p$ 轨道，这些 $2p$ 轨道与六角网状平面垂直，并相互平行。这些相互平行的 p 轨道可形成 π 键。由于这种键由很多原子形成，称为大 π 键，大 π 键中的电子与金属中的自由电子有些类似，因此石墨具有良好的导电性。石墨晶体中层与层之间以分子间力联系，这种作用力较弱，层与层之间容易滑动和断裂，因此石墨可用作润滑剂。在金刚石中，碳原子采用 sp^3 杂化，碳原子间以极强的共价键联系，因此有极高的熔点与很大的硬度。

15. 食盐、金刚石、干冰(CO_2)以及金属都是固态晶体，但它们的溶解性，熔、沸点，硬度和导电性等物理性质为什么相差甚远？

答　因为食盐属于离子晶体，离子晶体的晶格结点上排布的是正、负离子，以离子键相结合，因此一般具有较高的熔点、沸点和硬度；金刚石为共价晶体，晶格结点上排布的是原子，以共价键相结合，因此一般具有非常高的熔点和硬度；干冰属于分子晶体，晶格结点上排布的是分子，以分子间力相结合，由于分子间力较化学键的键能小，所以分子晶体一般具有较低的熔点、沸点和较小的硬度，这类固体一般不导电；金属属于金属晶体，晶格结点上排布的是金属原子，以金属键相结合，由于有很多自由电子，因此导电、导热性强，具有良好的延展性。

16. 下列哪些化合物中存在氢键？是分子间氢键还是分子内氢键？

(1) NH_3　(2) 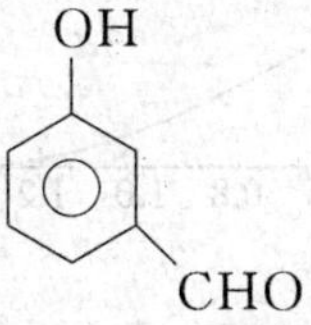　(3) CH_3OH　(4) 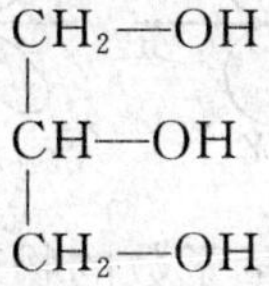　(5) 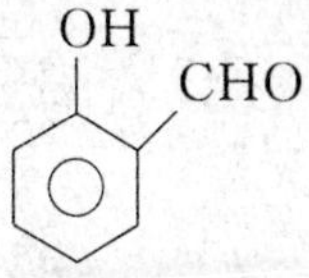

答　(1)、(2)、(3)为分子间氢键，(4)、(5)为分子内氢键。

17. 判断下列各组分子间存在什么形式的分子间作用力。

(1) HF 分子间

(2) H_2S 分子间

(3) 苯与 CCl_4

(4) Ar 分子间

答　(1) HF 分子间：取向力，色散力，诱导力，氢键；

(2) H_2S 分子间：取向力，色散力，诱导力；

(3) 苯与 CCl_4：色散力；

(4) Ar 分子间：色散力。

19. 以列表的方式比较 K、Cr、C、Cl 四种元素的外层电子构型、在周期表中的分区、单质的晶体类型、熔点、硬度。

元素	外层电子构型	周期表中的分区	单质的晶体类型	熔　点	硬　度
K					
Cr					
C					
Cl					

答

元素	外层电子构型	周期表中的分区	单质的晶体类型	熔点	硬度
K	$4s^1$	s	金属晶体	低	小
Cr	$3d^5 4s^1$	d	金属晶体	高	大
C	$2s^2 2p^2$	p	金刚石	高	大
Cl	$3s^2 3p^5$	p	分子晶体	低	/

四、习题解答

1. 原子核外电子的运动有什么特点？概率和概率密度有什么区别？

答　原子核外电子的运动的特点是波粒二象性，单位体积中的概率称为概率密度。

2. 定性画出 $3p_y$ 轨道的原子轨道角度分布图，$3d_{xy}$ 轨道的电子云角度分布图，$3d$ 轨道的电子云径向分布图。

答

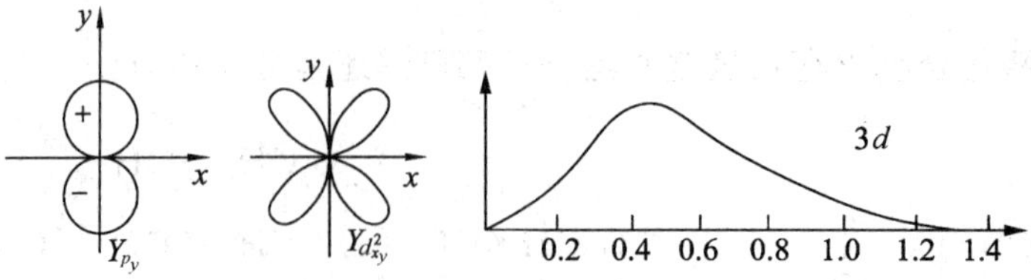

3. 简单说明四个量子数的物理意义及量子化条件。

答 (1) 主量子数 n。n 决定能量，n 越大，电子的能量越高；n 也代表电子离核的平均距离，n 越大，电子离核越远。n 相同称处于同一电子层。根据 n 值的大小，电子层依次分别表示为 K, L, M, N, O, P, Q …

(2) 角量子数 l。角量子数 l 又称为副量子数，它与主量子数 n 共同决定原子轨道的能量，确定原子轨道或电子云的形状，它对应于每一电子层上的电子亚层。

l 的取值受 n 的影响，l 可以取从 0 到 $n-1$ 的正整数，即 $l=0,1,2,3\cdots n-1$。在原子光谱学上，分别用 s,p,d,f 等符号来表示。

(3) 磁量子数 m。磁量子数 m 决定原子轨道在磁场中的分裂，对应于原子轨道在空间的伸展方向。

m 的取值受 l 的限制，可取从 $-l$ 到 $+l$ 之间包含零的 $2l+1$ 个值，即 $m=-l,-l+1\cdots 0, 1\cdots +l$。

(4) 自旋量子数 m_s。自旋量子数 m_s 只有 $+1/2$ 或 $-1/2$ 两个数值，其中每一个数值表示电子的一种自旋状态(顺时针自旋或逆时针自旋)。

4. 下列各组量子数的组合是否合理？为什么？

(1) $n=2, l=1, m=0$

(2) $n=2, l=2, m=-1$

(3) $n=3, l=0, m=0$

(4) $n=3, l=1, m=+1$

(5) $n=2, l=0, m=-1$

(6) $n=2, l=3, m=+2$

答 不合理的有(2)、(5)、(6)，不符合量子化条件。

5. 碳原子有 6 个电子，写出各电子的四个量子数。

答 $(1,0,0,+1/2)$，$(1,0,0,-1/2)$，$(2,0,0,+1/2)$，$(2,0,0,-1/2)$，$(2,1,0,+1/2)$，$(2,1,1,+1/2)$。

6. 用原子轨道符号表示下列各组量子数。

(1) $n=2$ $l=1$ $m=-1$

(2) $n=4$ $l=0$ $m=0$

(3) $n=5$ $l=2$ $m=-2$

(4) $n=6$ $l=3$ $m=0$

答 (1)～(4)分别为 $2p$，$4s$，$5d$，$6f$。

7. 写出$_{17}$Cl，$_{19}$K，$_{24}$Cr，$_{26}$Fe，$_{29}$Cu，$_{30}$Zn，$_{31}$Ga，$_{34}$Se，$_{35}$Br，$_{59}$Pr 和$_{82}$Pb 的电子结构式(电子

排布)和价电子层结构。

答

原子	电子排布	价电子层结构	原子	电子排布	价电子层结构
$_{17}Cl$	[Ne] $3s^2 3p^5$	$3s^2 3p^5$	$_{31}Ga$	[Ar] $3d^{10} 4s^2 4p^1$	$4s^2 2p^1$
$_{19}K$	[Ar] $4s^1$	$4s^1$	$_{34}Se$	[Ar] $3d^{10} 4s^2 4p^4$	$4s^2 2p^4$
$_{24}Cr$	[Ar] $3d^5 4s^1$	$3d^5 4s^1$	$_{35}Br$	[Ar] $3d^{10} 4s^2 4p^5$	$4s^2 4p^5$
$_{26}Fe$	[Ar] $3d^6 4s^2$	$3d^6 4s^2$	$_{59}Pr$	[Xe] $4f^3 6s^2$	$4f^3 6s^2$
$_{29}Cu$	[Ar] $3d^{10} 4s^1$	$3d^{10} 4s^1$	$_{82}Pb$	[Xe] $4f^{14} 5d^{10} 6s^2 6p^2$	$6s^2 6p^2$
$_{30}Zn$	[Ar] $3d^{10} 4s^2$	$3d^{10} 4s^2$			

8. 原子失去电子的顺序正好和填充电子顺序相反,这个说法是否正确？为什么？

答　不正确,原子失去电子的顺序为从最外层的最外亚层开始。

9. 写出 42 号、85 号元素的电子结构式,指出各元素在元素周期表哪一周期、哪一族、哪个分区和最高正化合价。

答

42	Mo	[Kr] $4d^5 5s^1$	5 周期	ⅥB	d 区	+6
85	At	[Xe] $4f^{14} 5d^{10} 6s^2 6p^5$	6 周期	ⅦA	p 区	+7

10. 根据元素在周期表中的位置,写出下表中各元素原子的价电子构型。

周　期	族	价电子构型
2	ⅡA	
3	ⅠA	
4	ⅣB	
5	ⅢB	
6	ⅥA	

答

周　期	族	价电子构型
2	ⅡA	$2s^2$
3	ⅠA	$3s^1$
4	ⅣB	$3d^2 4s^2$
5	ⅢB	$4d^1 5s^2$
6	ⅥA	$6s^2 6p^4$

11. 写出下列离子的电子排布式：

Cu^{2+}, Ti^{3+}, Fe^{3+}, Pb^{2+}, S^{2-}, Cl^-

答　[Ar] $3d^9$, [Ar] $3d^1$, [Ar] $3d^5$, [Xe] $6s^2$, [Ne] $3s^2 3p^6$, [Ne] $3s^2 3p^6$

12. 试比较下列各对原子或离子半径的大小(不查表)。

Sc 和 Ca　　　　Sr 和 Ba　　　　K 和 Ag

Fe^{2+}和Fe^{3+}　　Pb和Pb^{2+}　　S和S^{2-}

答　Sc<Ca　　Sr<Ba　　K<Ag

$Fe^{2+}>Fe^{3+}$　　$Pb>Pb^{2+}$　　$S<S^{2-}$

13. 将下列原子按电负性降低的次序排列(不查表)：

Ga　S　F　As　Sr　Cs

答　F>S>As>Ga>Sr>Cs

14. 指出具有下列性质的元素(不查表,且稀有气体除外)：

(1) 原子半径最大和最小。

(2) 电离能最大和最小。

(3) 电负性最大和最小。

(4) 电子亲和能最大。

答　(1) 原子半径最大和最小：Cs，H。

(2) 电离能最大和最小：F，Cs。

(3) 电负性最大和最小：F，Cs。

(4) 电子亲和能最大：Cl。

15. 指出下列离子分别属于何种电子构型：

Li^+,Be^{2+},Na^+,$A1^{3+}$,Ag^+,Hg^{2+},Sn^{2+},Pb^{2+},Fe^{2+},Mn^{2+},S^{2-},Cl^-

答　Li^+,Be^{2+}(2电子型)；Na^+,$A1^{3+}$,S^{2-},Cl^-(8电子型)；Ag^+,Hg^{2+}(18电子型)；Sn^{2+},Pb^{2+}(18+2电子型)；Fe^{2+},Mn^{2+}(9～17电子型)。

16. 指出下列分子中心原子的杂化轨道类型：

BCl_3　PH_3　CS_2　HCN　OF_2　H_2O_2　N_2H_4

答　BCl_3(sp^2)　PH_3(sp^3不等性)　CS_2(sp)　HCN(sp)　OF_2(sp^3不等性)　H_2O_2(sp^3不等性)　N_2H_4(sp^3不等性)

17. 指出下列化合物的中心原子可能采取的杂化类型和可能的分子几何构型：

BeH_2　BBr_3　SiH_4　PH_3

答　BeH_2(sp直线型)　BBr_3(sp^2平面三角形)　SiH_4(sp^3正四面体)　PH_3(sp^3不等性三角锥形)

18. 根据分子轨道理论比较N_2和N_2^+键能的大小。

答　$N_2[KK(\sigma_{2s})^2(\sigma_{2s}^*)^2(\pi_{2py})^2(\pi_{2pz})^2(\sigma_{2px})^2]$

$N_2^+[KK(\sigma_{2s})^2(\sigma_{2s}^*)^2(\pi_{2py})^2(\pi_{2pz})^2(\sigma_{2px})^1]$

N_2^+少一个成键电子,键能小于N_2。

19. 根据分子轨道理论判断O_2^+,O_2,O_2^-,O_2^{2-}的键级和单电子数,并写出推导过程。

答　$O_2^+[KK(\sigma_{2s})^2(\sigma_{2s}^*)^2(\sigma_{2px})^2(\pi_{2py})^2(\pi_{2pz})^2(\pi_{2py}^*)^1]$

$O_2[KK(\sigma_{2s})^2(\sigma_{2s}^*)^2(\sigma_{2px})^2(\pi_{2py})^2(\pi_{2pz})^2(\pi_{2py}^*)^1(\pi_{2pz}^*)^1]$

$O_2^-[KK(\sigma_{2s})^2(\sigma_{2s}^*)^2(\sigma_{2px})^2(\pi_{2py})^2(\pi_{2pz})^2(\pi_{2py}^*)^2(\pi_{2pz}^*)^1]$

$O_2^{2-}[KK(\sigma_{2s})^2(\sigma_{2s}^*)^2(\sigma_{2px})^2(\pi_{2py})^2(\pi_{2pz})^2(\pi_{2py}^*)^2(\pi_{2pz}^*)^2]$

O_2^+,O_2,O_2^-,O_2^{2-}的键级和单电子数分别为：2.5,1；2,2；1.5,1；1,0。

20. 试问下列分子中哪些是极性的？哪些是非极性的？

CH_4　$CHCl_3$　BCl_3　NCl_3　H_2S　CS_2

答　极性分子：H_2S　　NCl_3　　$CHCl_3$

非极性分子：CH_4　　BCl_3　　CS_2

21. 下列说法是否正确？

（1）分子中的化学键为极性键，则其分子也为极性分子。

（2）离子极化导致离子键向共价键转化。

（3）色散力仅存在于非极性分子之间。

（4）双原子 3 电子 π 键比双原子 2 电子 π 键的键能大。

答　（2）正确，其余错误。

22. 指出下列各对分子之间存在的分子间作用力的具体类型(包括氢键)。

（1）苯和四氯化碳　　（2）甲醇和水

（3）四氯化碳和水　　（4）溴化氢和碘化氢

答　（1）色散力　（2）色散力，诱导力，取向力，氢键　（3）色散力，诱导力　（4）色散力，诱导力，取向力

23. 比较邻硝基苯酚和对硝基苯酚的熔点、沸点的高低，并说明原因。

答　邻硝基苯酚比对硝基苯酚的熔点、沸点低，因为邻硝基苯酚可形成分子内氢键，对硝基苯酚形成分子间氢键。

24. 填充下表：

物质	晶格结点上的粒子	粒子间的作用力	晶体类型	熔点(高低)	其他特性
MgO					
SiO_2					
I_2					
NH_3					
Ag					
石墨					

答

物质	晶格结点上的粒子	粒子间的作用力	晶体类型	熔点(高低)	其他特性
MgO	离子	离子键	离子晶体	高	熔融导电
SiO_2	原子	共价键	原子晶体	高	硬
I_2	分子	分子间力	分子晶体	低	
NH_3	分子	分子间力、氢键	分子晶体	低	
Ag	原子、离子	金属键	金属晶体	高	导电
石墨	原子	共价键、分子间力	层状晶体	高	制润滑剂

25. What are the values of n and l for the following sublevels?

(a) $2s$, (b) $3d$, (c) $4p$, (d) $5s$, (e) $4f$.

Solution　(a) $n=2, l=0$　(b) $n=3, l=2$　(c) $n=4, l=1$　(d) $n=5, l=0$　(e) $n=4, l=3$

26. Identify the elements and the part of the periodic table in which the elements re-

presented by the following electron configurations are found.

(a) $1s^2 2s^2 2p^6 3s^2 3p^1$

(b) [Ar] $3d^{10} 4s^2 4p^3$

(c) [Ar] $3d^6 4s^2$

(d) [Kr] $4d^5 5s^1$

(e) [Kr] $4d^{10} 4f^{14} 5s^2 5p^6 6s^2$

Solution (a) Al (b) As (c) Fe (d) Mo (e) Ba

27. Describe the bybridization and shape of the central atom in each of these covalent species.

(a) NO_3^- (b) CS_2 (c) BCl_3 (d) SF_6 (e) ClO_4^- (f) $CHCl_3$ (g) C_2H_2

Solution (a) sp^2 (b) sp (c) sp^2 (d) sp^3d^2 (e) sp^3 (f) sp^3 (g) sp

28. Consider the following solutions, and predict whether the solubility of the each solute should be high or low. Justify your answer and give the explanation.

(a) HCl in water

(b) HF in water

(c) SiO_2 in water

(d) I_2 in benzene(C_6H_6)

(e) 1-propanol($CH_3CH_2CH_2OH$) in water

Solution (a) high (b) high (c) low (d) high (e) high

五、自测试卷

一、选择题(每题 2 分,共 40 分)

1. 决定多电子原子轨道形状的量子数是 ( )

A. n B. n,l C. l D. m

2. 量子力学中所说的原子轨道是指 ( )

A. 波函数 $\psi(n,l,m,m_s)$ B. 波函数 $\psi(n,l,m)$

C. 电子云形状 D. 概率密度

3. 对于多电子原子来说,下列说法中正确的是 ( )

A. 主量子数 n 决定原子轨道的能量

B. 主量子数 n 是决定原子轨道能量的主要因素

C. 主量子数 n 值越大,轨道能量正值越大

D. 角量子数 l 决定原子轨道的能量

4. 角量子数 $l=0$,则可能的磁量子数 m 的合理取值为 ( )

A. -1 B. 0 C. 1 D. 2

5. 下列分子中,含有极性键的非极性分子是 ( )

A. P_4 B. BF_3 C. ICl D. PCl_3

6. 下列化合物中,既存在离子键和共价键,又存在配位键的是 ( )

A. NH_4F B. NaOH C. H_2S D. $BaCl_2$

7. 下列分子中，中心原子成键时采用等性 sp^3 杂化的是　（　）

A. H_2O　B. NH_3　C. SO_3　D. CH_4

8. 当基态原子的第五电子层只有 2 个电子时，该原子的第四电子层的电子数可能为　（　）

A. 6　B. 32　C. 8～18　D. 8

9. 决定多电子原子轨道能量的量子数是

A. n　B. n, l, m　C. n, l　D. n, m

10. 铜的价电子构型为 $3d^{10}4s^1$，而不是 $3d^9 4s^2$，其主要决定因素为　（　）

A. 玻尔原子理论　B. 能量最低原理

C. 泡利不相容原理　D. 洪特规则

11. 元素 X 的原子最外层电子排布式为 $ns^n np^{n+1}$，则可判断该原子中的未成对电子数为　（　）

A. 2　B. 3　C. 4　D. 5

12. 若将氮原子的电子排布式写为：$1s^2 2s^2 2p_x{}^2 2p_y{}^1$，则违背了　（　）

A. 洪特规则　B. 能量守恒原理

C. 能量最低原理　D. 泡利不相容原理

13. 下列分子中偶极矩 $\mu=0$ 的是　（　）

A. NH_3　B. BF_3　C. PCl_3　D. SO_2

14. 基态 K 原子，最外层电子的四个量子数(n, l, m, m_s)可能是　（　）

A. (4,1,0,−1/2)　B. (4,1,1,−1/2)　C. (4,0,0,+1/2)　D. (4,2,1,−1/2)

15. 氯化氢分子中，形成共价键的原子轨道是　（　）

A. 氯原子的 $3p_x$ 轨道和氢原子的 $1s$ 轨道

B. 氯原子的 $2p$ 轨道和氢原子的 p 轨道

C. 氯原子的 $3p_x$ 轨道和氢原子的 $3p_x$ 轨道

D. 氯原子的 $3p_x$ 轨道和氢原子的 $3s$ 轨道

16. 下列各组分子间同时存在取向力、诱导力、色散力和氢键的是　（　）

A. N_2 和 H_2　B. $CHCl_3$ 和 CH_4　C. NH_3 和 C_6H_6　D. H_2O 和 CH_3OH

17. 波函数(ψ)用于描述　（　）

A. 电子的能量　B. 电子在空间的运动状态

C. 电子的运动速率　D. 电子在某一空间出现的概率密度

18. d 亚层中的电子数最多是　（　）

A. 2　B. 6　C. 10　D. 14

19. 下列说法中，正确的是　（　）

A. 原子形成共价键的数目不能超过该基态原子的未成对电子数

B. $CHCl_3$ 分子中碳原子是以不等性 sp^3 杂化轨道成键的

C. sp^3 杂化轨道是由 $1s$ 和 $3p$ 轨道杂化而形成

D. 一般来说，π 键只能与 σ 键同时存在，在双键或叁键中必须也只能有一个 σ 键

20. 氨具有反常的高沸点是由于存在着　（　）

A. 氢键　B. 取向力　C. 共价键　D. 孤电子对

二、填空题(每个空格1分,共10分)

1. BF_3 分子的空间构型是________,B原子的杂化轨道类型是__________。

2. 指出氢在下列物质中形成的化学键类型:在 HCl 中________,在 NaOH 中______,在 NaH 中__________,在 H_2 中__________。

3. H_2O 分子间存在着________________________等三种分子间力和________。

4. 金刚石是________晶体,其中碳原子以______________杂化方式成键。

三、综合题(每题10分,共50分)

1. $2p$、$3d$、$4s$、$4f$、$5s$ 各原子轨道相应的主量子数 n 及角量子数 l 的数值是多少?轨道数分别是多少?当主量子数 $n=4$ 时,可能有多少条原子轨道?电子可能处于多少种运动状态(考虑自旋在内)?

2. 根据有关性质的提示,估计下列几种物质固态时的晶体类型:

(1) 固态物质熔点高,不溶于水,是热、电的良导体。

(2) 固态时熔点为1 000℃以上,易溶于水。

(3) 常温、常压下为气态。

(4) 常温为固态,不溶于水,易溶于苯。

(5) 2 300℃以上熔化,固态和熔体均不导电。

3. 比较下列各组元素的原子半径大小,用>、<或≈ 等符号表示:A. Na 和 Mg;B. K 和 V;C. Li 和 Rb;D. Mo 和 W。

4. 根据杂化轨道理论预测下列分子的空间构型:SiF_4、$HgCl_2$、PCl_3、OF_2、$SiHCl_3$。

5. 指出 CCl_4 分子与 H_2O 分子间的相互作用力,NH_3 分子与 H_2O 分子间的相互作用力。

六、自测试卷答案

一、选择题

1	2	3	4	5	6	7	8	9	10
C	B	B	B	B	A	D	C	C	D
11	12	13	14	15	16	17	18	19	20
B	A	B	C	A	D	B	C	D	A

二、填空题

1. 平面三角形　sp^2 杂化

2. 极性共价键　极性共价键　离子键　非极性共价键

3. 色散力,诱导力,取向力　氢键

4. 原子　sp^3

三、综合题

1. n:2,3,4,4,5

l：1,2,0,3,0

轨道数：3,5,1,7,1

16 个轨道,32 种状态

2. (1) 金属晶体;(2) 离子晶体;(3) 分子晶体;(4) 分子晶体;(5) 原子晶体

3. A. $>$; B. $>$; C. $<$; D. $\approx$

4. 正四面体,直线形,三角锥,V 字形,四面体

5. 色散力、诱导力;色散力、诱导力、取向力和氢键

第五章 电解质溶液

一、目 的 要 求

1. 掌握：酸碱质子理论的基本内容及应用，一元弱酸弱碱溶液的 H^+ 浓度的计算，多元酸碱浓度的计算，缓冲溶液的组成和 pH 计算，同离子效应。

2. 熟悉：缓冲溶液的配制原则和方法。

3. 了解：强电解质溶液理论，两性物质 H^+ 浓度计算，盐效应，缓冲容量的计算。

二、本 章 要 点

一、强电解质溶液理论

强电解质在水中完全解离成离子，但由于离子之间的相互牵制作用，使得离子的有效浓度即活度(a)比理论浓度即配制浓度(c)小。

$$a=\gamma \frac{c}{c^{\ominus}} \tag{5-1}$$

γ 为活度系数，表示离子之间相互牵制作用的大小($\gamma<1$)。离子浓度越大，电荷越高，离子之间相互牵制的作用越强，γ 越小；当浓度极稀时，离子之间平均距离增大，相互牵制的作用极小，γ 越趋近于 1，活度越接近浓度。

二、酸碱质子理论

质子理论认为，凡是能给出质子的物质都是酸，如 HCl 等；凡是能接受质子的物质都是碱，如 Cl^- 等。既能给出质子也能接受质子的物质是两性物质，如 HCO_3^-。无盐的概念。共轭酸碱对之间存在如下关系：

$$K_a \cdot K_b = K_w \tag{5-2}$$

酸碱反应的实质：两对共轭酸碱之间的质子传递的过程。

自发进行的酸碱反应的方向：由较强酸和较强碱作用，向着生成较弱酸和较弱碱的方向进行。

酸碱的强度：酸越强其共轭碱越弱，碱越强其共轭酸越弱。

酸碱强度不仅决定于酸碱本身给出和接受质子的能力，同时也决定于溶剂接受和给出质子的能力。在同一种溶剂中酸碱相对强度决定于酸碱的本性。例如，HCl 在 H_2O 中表现为强酸，HAc 在 H_2O 中表现为弱酸。而同一酸碱在不同的溶剂中相对强度则由溶剂的性质决定。例如，HAc 在 H_2O 中表现为弱酸，在液氨中表现为强酸。

三、酸碱水溶液中的质子转移平衡及有关计算

1. 质子转移平衡的移动

稀释定律：在一定温度下，弱电解质解离度随浓度减小而增大。

$$\alpha=\sqrt{\frac{K_a}{c}} \tag{5-3}$$

同离子效应：在弱电解质溶液中，加入与弱电解质含有相同离子的易溶强电解质，使弱电解质解离度明显降低的现象。

盐效应：在弱电解质溶液中，加入与弱电解质含有不同离子的易溶强电解质，可使弱电解质解离度略有增大的现象。

2. 一元弱酸溶液

当 $c \cdot K_a > 20K_w$、$c/K_a \geqslant 500$ 时，可用最简式计算：

$$[H^+]=\sqrt{K_a c} \tag{5-4}$$

3. 一元弱碱溶液

当 $c \cdot K_b > 20K_w$、$c/K_b \geqslant 500$ 时，可用最简式计算：

$$[OH^-]=\sqrt{K_b c} \tag{5-5}$$

4. 多元弱酸(碱)溶液

多元弱酸(碱)与水的质子传递反应是分步进行的。

(1) 多元弱酸 $K_{a_1} \gg K_{a_2} \gg K_{a_3}$，当 $K_{a_1}/K_{a_2} > 10^2$ 时，$[H^+]$计算可按一元弱酸处理。K_{a_1} 可作为衡量酸度的标志。

(2) 二元弱酸酸根浓度近似等于 K_{a_2}，与酸的原始浓度关系不大。

(3) 若改变多元弱酸溶液的 pH，如加入强酸或强碱，将使质子转移平衡发生移动，此时 $[CO_3^{2-}]$不再等于 K_{a_2}，必须使用如下关系式计算：

$$K=K_{a_1} \cdot K_{a_2}=\frac{[CO_3^{2-}][H^+]^2}{[H_2CO_3]} \tag{5-6}$$

四、缓冲溶液

(1) 能抵抗外加少量强酸、强碱或适当的稀释，而保持 pH 几乎不变的溶液称为缓冲溶液。组成缓冲溶液的共轭酸碱对称为缓冲系或缓冲对。

由于缓冲溶液中质子转移平衡的存在，共轭酸碱对中的酸起到抵抗外加少量强碱的作用，共轭碱起到抵抗外加少量强酸的作用，故能保持溶液的 pH 不变。

(2) pH 计算公式(亨德森-哈塞尔巴赫方程)：

$$\mathrm{pH}=\mathrm{p}K_a+\lg\frac{[\text{共轭碱}]}{[\text{共轭酸}]}\approx \mathrm{p}K_a+\lg\frac{c(A^-)}{c(HA)} \tag{5-7}$$

缓冲溶液的 pH 取决于共轭酸的 K_a 和共轭酸(HA)及共轭碱(A^-)的浓度的比值(即缓冲比)。

(3) 缓冲容量 β 是衡量缓冲溶液的缓冲能力大小的尺度。其大小决定于缓冲溶液的总浓度和缓冲比。当缓冲比一定时，总浓度($c_{总}=[HA]+[A^-]$)越大，抗酸、抗碱成分越多，缓冲容量也越大；反之，总浓度越小，缓冲容量也越小。当总浓度一定时，缓冲比($[A^-]/[HA]$)越接近 1，pH 越接近 $\mathrm{p}K_a$，缓冲容量越大；缓冲比＝1 时，$\mathrm{pH}=\mathrm{p}K_a$，缓冲容量最大。缓冲溶液的有效缓冲范围为 $\mathrm{pH}=\mathrm{p}K_a \pm 1$。

(4) 缓冲溶液的配制：

① 选择合适的缓冲系，使配制缓冲溶液的 pH 在所选择缓冲系统的缓冲范围内，即 $pH=pK_a\pm1$，并使 pH 尽可能接近共轭酸的 pK_a。

② 控制合适的总浓度，一般总浓度在 $0.05\sim0.2\ mol\cdot L^{-1}\cdot pH^{-1}$。

③ 计算出所需酸和共轭碱的量。

④ 根据计算结果配制缓冲溶液，用酸度计进行校正。

三、例题解析

1. 根据酸碱质子理论，下列物质中最强的碱是 ( )

(已知：HAc 的 $K_a=1.8\times10^{-5}$，HCN 的 $K_a=4.9\times10^{-10}$，H_2CO_3 的 $K_{a_1}=4.3\times10^{-7}$)

A. Ac^-　B. CN^-　C. Cl^-　D. HCO_3^-

E. $H_2PO_4^-$

解　B

根据酸碱质子理论，酸的酸性越弱，其共轭碱的碱性越强。根据 K_a 数据可知各选项的共轭酸的强弱顺序为：$HCl>H_3PO_4>HAc>H_2CO_3>HCN$，所以，共轭碱的强弱顺序为：$Cl^-<H_2PO_4^-<Ac^-<HCO_3^-<CN^-$。

2. 醋酸在液氨和在液态 HF 中分别是 ( )

A. 弱酸和强碱　B. 强酸和强碱　C. 强酸和弱碱　D. 弱酸和弱碱

E. 强酸和弱酸

解　C

在非水溶剂中，酸碱的性质经常会发生改变。液氨作溶剂，其碱性强于水，即结合质子的能力强于水，因此，醋酸在液氨中显示更强的酸性，成为强酸。HF($K_a=3.5\times10^{-4}$)的酸性强于 HAc($K_a=1.8\times10^{-5}$)，因此，HAc 变成了碱，可以结合 HF 放出的质子，但是结合质子的能力较弱，即碱性较弱，是弱碱。

3. 下列措施中可以使氨水溶液 NH_3 解离度减小的是 ( )

A. 加入 Na_2SO_4　B. 加水稀释　C. 加入 NaOH　D. 增大压力

E. 升高温度

解　C

NH_3 的解离方程：$NH_3+H_2O=\!=\!=NH_4^++OH^-$。

加入 NaOH 产生同离子效应(OH^- 是同离子)，从而使 NH_3 解离度减小。

4. 计算 $0.20\ mol\cdot L^{-1}$ HCl 溶液和 $0.20\ mol\cdot L^{-1}$ HAc 溶液等体积混合后溶液的 pH，并计算 HAc 的解离度。

解　HCl 与 HAc 混合后构成一个强酸、弱酸混合溶液，溶液中 H^+ 的来源有 HCl、HAc、H_2O，存在三个质子转移平衡：

$HAc+H_2O \rightleftharpoons H_3O^++Ac^-$　　$H_2O+H_2O \rightleftharpoons H_3O^++OH^-$

$HCl+H_2O=\!=\!=H_3O^++Cl^-$

由于 HCl 解离出大量 H^+，对 HAc 和 H_2O 的解离产生了抑制，发生同离子效应。

首先忽略水的解离。混合后 HCl 和 HAc 的浓度都为 0.10 mol·L^{-1}，HCl 全部解离产生的[H^+]＝0.10 mol·L^{-1}，而 HAc 是弱电解质。

设 Ac^- 解离出 x mol·L^{-1}。

$$\begin{array}{ccccccc} HAc & + & H_2O & \rightleftharpoons & H_3O^+ & + & Ac^- \\ 0.10-x & & & & 0.10+x & & x \end{array}$$

$$K_a=\frac{(0.10+x)x}{0.10-x}$$

由于同离子效应，HAc 解离出来的 Ac^- 非常少，x 很小，所以 $0.1+x\approx0.1$，$0.1-x\approx0.1$。

$$x\approx K_a=1.76\times10^{-5}\ \text{mol}\cdot\text{L}^{-1}$$

$$[H^+]=0.10+1.76\times10^{-5}\approx0.10(\text{mol}\cdot\text{L}^{-1}),\ pH=1.0$$

HAc 的解离度：　$\alpha=\dfrac{1.76\times10^{-5}}{0.10}\times100\%=1.76\times10^{-2}\%$

由计算结果可知，对于强酸、弱酸混合溶液，由于同离子效应，使得弱酸的解离度更小，因此，一般来说，可以直接根据强酸解离产生的 H^+ 浓度来计算溶液的 pH。

5. 某一元弱酸(HA)100mL，其浓度为 0.10 mol·L^{-1}。

(1) 当加入 0.10 mol·L^{-1}的 NaOH 溶液 50mL 后，溶液的 pH 为多少？

(2) 此时该弱酸的解离度为多少？

(3) 当加入 0.10 mol·L^{-1}NaOH 溶液 100mL 后，溶液的 pH 为多少？(已知 HA 的 $K_a=1.0\times10^{-5}$)

解　(1) 加入 50 mL 0.10 mol·L^{-1}的 NaOH 后，发生中和反应：

$$HA+NaOH=\!=\!=NaA+H_2O$$

弱酸 HA 过量，形成缓冲溶液。

$n(A^-)=0.10\times50=5(\text{mmol})$　$n(HA)=0.10\times100-0.10\times50=5(\text{mmol})$

$$pH=pK_a+\lg\frac{n(A^-)}{n(HA)}=5.0+\lg\frac{5}{5}=5.0$$

(2) 由于 A^- 的同离子效应，不能使用一元弱酸的解离度计算公式 $\alpha=\sqrt{\dfrac{K_a}{c}}$。

$$\alpha=\frac{[H^+]}{c(HA)}=\frac{1.0\times10^{-5}}{\frac{5}{150}}\times100\%=3\times10^{-2}\%$$

(3) 加入 100mL NaOH 后，发生中和反应，弱酸全部被 NaOH 所中和，反应生成其共轭碱 NaA：

$c(A^-)=0.10\times100/200=0.050\ (\text{mol}\cdot\text{L}^{-1})$

$K_b=\dfrac{K_a}{K_w}=1.0\times10^{-9}$，$c/K_b>500$

$[OH^-]=\sqrt{K_bc}=7.07\times10^{-6}$，pOH＝5.15，pH＝8.85

6. 将 10 mL 1.0 mol·L^{-1} H_3PO_4 溶液与 15 mL 1.0 mol·L^{-1} NaOH 溶液混合，计算混合后溶液的 pH。(已知 H_3PO_4 的 $K_{a_1}=7.52\times10^{-3}$；$K_{a_2}=6.23\times10^{-8}$；$K_{a_3}=2.2\times10^{-13}$)

解 H_3PO_4 与 NaOH 发生中和反应：

	H_3PO_4	+ NaOH	═══ NaH_2PO_4	+ H_2O
反应前	10 mmol	15 mmol		
反应后		5 mmol	10 mmol	

过量的 NaOH 与 NaH_2PO_4 继续反应：

	NaH_2PO_4	+ NaOH	═══ Na_2HPO_4	+ H_2O
反应前	10 mmol	5 mmol		
反应后	5 mmol		5 mmol	

所以，反应后生成 $NaH_2PO_4-Na_2HPO_4$ 混合溶液，这是一个缓冲体系。

$$pH=pK_{a_2}+\lg\frac{n(Na_2HPO_4)}{n(NaH_2PO_4)}=pK_{a_2}=7.21$$

7. 将 10 mL 1.0 mol·L^{-1} H_3PO_4 溶液与 20 mL 1.0 mol·L^{-1} NaOH 溶液混合，计算混合后溶液的 pH。（已知 H_3PO_4 的 $K_{a_1}=7.52\times10^{-3}$；$K_{a_2}=6.23\times10^{-8}$；$K_{a_3}=2.2\times10^{-13}$）

解 H_3PO_4 与 NaOH 发生中和反应：

	H_3PO_4	+ 2NaOH	═══ Na_2HPO_4	+ $2H_2O$
反应前	10 mmol	20 mmol		
反应后			10 mmol	

完全反应生成 Na_2HPO_4 溶液，这是一个两性物质溶液。

$[H^+]=\sqrt{K_{a_2}K_{a_3}}=1.2\times10^{-10}$ mol·L^{-1}，pH=9.9。

8. 下列溶液中，缓冲容量最大的是 （　　）

A. 0.2mol·L^{-1} HAc 100 mL+0.2 mol·L^{-1} NaOH 50 mL

B. 0.2mol·L^{-1} HAc 100 mL+0.15 mol·L^{-1} NaOH 50 mL

C. 0.1mol·L^{-1} HAc 100 mL+0.1 mol·L^{-1} NaOH 50 mL

D. 0.2mol·L^{-1} HAc 100 mL+0.1 mol·L^{-1} NaOH 50 mL

解 A

缓冲容量的影响因素有 2 个：共轭酸碱总浓度和缓冲比。共轭酸碱总浓度越大，缓冲容量越大。缓冲比越接近 1，缓冲容量越大。

首先发生中和反应：HAc+NaOH ═══ NaAc+H_2O

	总浓度(mol·L^{-1})	缓冲比
A：	20/150	1
B：	20/150	0.6
C：	10/150	1
D：	20/150	1/3

A 总浓度最高，缓冲比等于 1，所以缓冲容量最大。

9. 欲配制 pH=9～10 的缓冲溶液，应该选择的缓冲对是 （　　）

A. HAc($K_a=1.8\times10^{-5}$)和 NaAc

B. NH_2OH(羟胺，$K_b=1.0\times10^{-9}$)和 $NH_3^+OH\cdot Cl^-$(盐酸羟胺)

C. NH_3($K_b=1.8\times10^{-5}$)和 NH_4Cl

D. HCOOH(甲酸，$K_a=1.0\times10^{-4}$)和 HCOONa(甲酸钠)

E. NaH_2PO_4(H_3PO_4 的 $K_{a_2}=6.23\times10^{-8}$)和 Na_2HPO_4

解　C

缓冲溶液的 pH 应尽量接近缓冲系中抗碱成分(共轭酸)的 pK_a 以保证缓冲比接近 1,从而使缓冲容量接近最大值,基本上把 $pH=pK_a\pm1$ 作为缓冲作用的有效区间,称为缓冲溶液的缓冲范围。

候选答案的抗碱成分的 pK_a 分别为:

A. HAc　4.75　　B. NH_3^+OH　5.00　　C. NH_4^+　9.26　　D. HCOOH　4.00

E. $H_2PO_4^-$　7.20

其中 NH_4^+ 的 pK_a 最接近要求的 pH。

10. 微生物实验要配制 pH=5.00 的缓冲溶液 500 mL 用于培养细菌,并要求溶液中 HAc 浓度为 $0.050\ mol\cdot L^{-1}$。现有 $6.0\ mol\cdot L^{-1}$ HAc 溶液和固体 $NaAc\cdot3H_2O$。完成以下问题:

(1) 计算需要多少药品。

(2) 计算所配制缓冲液的渗透浓度。

(3) 如果该缓冲液需要与人体血浆等渗,至少需要加多少克 NaCl 补充渗透浓度?

(4) 设计操作步骤。(已知 HAc 的 $pK_a=4.75$)

解　(1) 根据亨德森-哈塞尔巴赫方程计算。

$$pH=pK_a+\lg\frac{c(NaAc)}{c(HAc)}$$

$$5.00=4.75+\lg\frac{c(NaAc)}{0.05}$$

$$c(NaAc)=0.089\ mol\cdot L^{-1}$$

需要 $NaAc\cdot3H_2O$ 的质量为:

$$m(NaAc\cdot3H_2O)=c(NaAc)\times0.5\times M(NaAc\cdot3H_2O)=6.1\ g$$

需要 $6.0\ mol\cdot L^{-1}$ HAc 溶液的体积为:

$$V(HAc)=0.050\times500/6.0=4.1(mL)$$

(2) 缓冲液的渗透浓度为:

$$c_{os}=c(Na^+)+c(Ac^-)+c(HAc)=228\ mmol\cdot L^{-1}$$

(3) 人体血浆渗透浓度范围为 $280\sim320\ mmol\cdot L^{-1}$。

至少需要加入的氯化钠质量为

$$m(NaCl)=cVM=(0.280-0.228)\times0.5\times58.5/2=0.76(g)$$

(4) 操作步骤:

称取 6.1g($NaAc\cdot3H_2O$)和 0.76 g NaCl,加入适量水溶解,再加入 4.1 mL $6.0\ mol\cdot L^{-1}$ HAc溶液,混合均匀,加水稀释到 500 mL,最后用 pH 计校正。

四、习题解答

1. 计算 $0.10mol\cdot kg^{-1}$ $K_3[Fe(CN)_6]$ 溶液的离子强度。

解　$I=\frac{1}{2}(0.30\times1^2+0.10\times3^2)=0.60\ (mol\cdot kg^{-1})$

2. 略

3. 计算下列溶液的 pH：

(a) 0.10 mol·L^{-1} HCN；(b) 0.10 mol·L^{-1} KCN；(c) 0.020 mol·L^{-1} NH_4Cl；

(d) 500mL 含 0.17g NH_3 溶液。

解 (a) $c/K_a>500$，$[H^+]=\sqrt{K_ac}=\sqrt{4.9\times10^{-10}\times0.1}=7\times10^{-6}(mol\cdot L^{-1})$，pH=5.15

(b) $c/K_b>500$，$[OH^-]=\sqrt{K_bc}=\sqrt{2.0\times10^{-5}\times0.1}=0.0014\ (mol\cdot L^{-1})$，pH=11.15

(c) $c/K_a>500$，$[H^+]=\sqrt{K_ac}=\sqrt{5.6\times10^{-10}\times0.02}=3.3\times10^{-6}(mol\cdot L^{-1})$，pH=5.48

(d) $c=0.02\ mol\cdot L^{-1}$，$c/K_b>500$，$[OH^-]=\sqrt{K_bc}=\sqrt{1.8\times10^{-5}\times0.02}=0.0006\ (mol\cdot L^{-1})$，pH=10.78

4. 实验测得某氨水的 pH 为 11.26，已知 $K_b(NH_3)=1.79\times10^{-5}$，求氨水的浓度。

解 设可以使用最简式计算，即：$K_b=\dfrac{[OH^-]^2}{c_{NH_3}}$，由 pH=11.26，$[OH^-]=1.82\times10^{-3}$ mol·L^{-1}，$c(NH_3)=0.185$ mol·L^{-1}。

由于 $c/K_b>500$，所以上述计算结果误差在范围内。

5. 将 0.10 mol·L^{-1}HA 溶液 50 mL 与 0.10 mol·L^{-1} KOH 溶液 20mL 相混合，并稀释至 100 mL，测得 pH 为 5.25，求此弱酸 HA 的解离常数。

解
$$\begin{array}{llll} HA & + \quad KOH & = KA & + \quad H_2O \\ 0.10\times50 & \quad 0.10\times20 & & \\ =5.0\ mmol & \quad =2.0\ mmol & & \end{array}$$

可知 HA 过量 3.0 mmol，产生 KA 2.0 mmol，构成一个缓冲溶液。

由公式 $pH=pK_a+\lg\dfrac{n_{共轭碱}}{n_{共轭酸}}$ 代入数据，计算得到 $pK_a=5.43$，$K_a=3.7\times10^{-6}$。

6. 某一元弱酸 HA 100 mL，其浓度为 0.10 mol·L^{-1}，当加入 0.10 mol·L^{-1} 的 NaOH 溶液 50 mL 后，溶液的 pH 为多少？此时该弱酸的解离度为多少？（已知 HA 的 $K_a=1.0\times10^{-5}$）

解
$$\begin{array}{llll} HA & + \quad NaOH & = NaA & + \quad H_2O \\ 0.10\times100 & \quad 0.10\times50 & & \\ =10\ mmol & \quad =5\ mmol & & \end{array}$$

可知 HA 过量 5 mmol，产生 NaA 5 mmol，构成一个缓冲溶液。

由公式 $pH=pK_a+\lg\dfrac{n_{共轭碱}}{n_{共轭酸}}=5+\lg(5/5)=5$

解离度 $\alpha=\dfrac{[H^+]}{c_{HA}}\times100\%=\dfrac{1\times10^{-5}}{\dfrac{5}{150}}\times100\%=0.03\%$

7. 0.10 mol·L^{-1}HCl 与 0.10 mol·L^{-1}Na_2CO_3 溶液等体积混合，求混合溶液的 pH。

解 $HCl+Na_2CO_3 = NaHCO_3+NaCl$

反应生成 $NaHCO_3$ 溶液，为两性物质溶液，

$[H^+]=\sqrt{K_{a_1}K_{a_2}}=5\times10^{-9}$ mol·L^{-1}，pH=8.3。

8. 在 H_2S 和 HCl 混合液中，H^+ 浓度为 0.30 mol·L^{-1}，已知 H_2S 浓度为 0.10 mol·L^{-1}，求

该溶液中 S^{2-} 的浓度。(H_2S 的 $K_{a_1}=8.91\times10^{-8}$，$K_{a_2}=1.0\times10^{-14}$)

解　H_2S 的解离过程如下：$H_2S+H_2O \rightleftharpoons HS^-+H_3O^+$　$K_{a_1}=8.91\times10^{-8}$

$HS^-+H_2O \rightleftharpoons S^{2-}+H_3O^+$　$K_{a_2}=1.0\times10^{-14}$

综合两步解离：$K=K_{a_1}\times K_{a_2}=\dfrac{[S^{2-}]\times[H_3O^+]^2}{[H_2S]}=8.91\times10^{-22}$。

代入数据，计算得到：$[S^{2-}]=9.9\times10^{-22}\,mol\cdot L^{-1}$。

9. 求下列各缓冲溶液的 pH：

(1) $0.20\ mol\cdot L^{-1}$ HAc 50 mL 和 $0.10\ mol\cdot L^{-1}$ NaAc 100 mL 的混合溶液。

(2) $0.50\ mol\cdot L^{-1}$ $NH_3\cdot H_2O$ 100 mL 和 $0.10\ mol\cdot L^{-1}$ HCl 200 mL 的混合液。

(3) $0.10\ mol\cdot L^{-1}$ $NaHCO_3$ 和 $0.010\ mol\cdot L^{-1}$ Na_2CO_3 各 50 mL 的混合溶液。

(4) $0.10\ mol\cdot L^{-1}$ HAc 50 mL 和 $0.10\ mol\cdot L^{-1}$ NaOH 25 mL 的混合溶液。

解　(1) $pH=pK_a+\lg\dfrac{0.10\times100}{0.20\times50}=4.75$

(2) $pH=pK_a+\lg\dfrac{0.50\times100-0.10\times200}{0.10\times200}=9.43$

(3) $pH=pK_{a_2}+\lg\dfrac{0.010}{0.10}=9.25$

(4) $pH=pK_a+\lg\dfrac{0.10\times25}{0.10\times50-0.10\times25}=4.75$

10. 用 $0.10\ mol\cdot L^{-1}$ HAc 溶液和 $0.20\ mol\cdot L^{-1}$ NaAc 溶液等体积混合，配成 0.50 L 缓冲溶液。当加入 0.005 mol NaOH 后，此缓冲溶液 pH 变化如何？缓冲容量为多少？

解　加入 NaOH 前，$pH=pK_a+\lg\dfrac{c(Ac^-)}{c(HAc)}=5.05$。其中：

$n(HAc)=0.050\times0.50=25\ mmol$，$n(NaAc)=0.10\times0.50=50\ mmol$。

	HAc +	NaOH ══	NaAc +	H_2O
反应前	25 mmol	5 mmol	50 mmol	
反应后	20 mmol	0	55 mmol	

$pH=pK_a+\lg\dfrac{n(Ac^-)}{n(HAc)}=5.19$　$\Delta pH=0.14$

$\beta=\dfrac{n}{V|\Delta pH|}=\dfrac{0.005}{0.50\times0.14}=0.07\ mol\cdot L^{-1}\cdot pH^{-1}$

11. 欲配制 pH=5.00 的缓冲溶液 500 mL，现有 $6\ mol\cdot L^{-1}$ 的 HAc 34.0 mL，问需要加入 $NaAc\cdot3H_2O$($M=136.1\ g\cdot mol^{-1}$)多少克？如何配制？

解　根据公式 $pH=pK_a+\lg\dfrac{n(A^-)}{n(HA)}$，代入数据计算，$5.00=4.75+\lg\dfrac{n_{NaAc}}{6\times34.0\times10^{-3}}$，得到：

$n_{NaAc}=0.363\ mol$，$m(NaAc\cdot3H_2O)=0.363\times136.1=49.4(g)$

配制方法：称取 49.4g $NaAc\cdot3H_2O$，溶解于 100 mL 烧杯中，加入 34.0 mL $6\ mol\cdot L^{-1}$ 的 HAc，转移到 500 mL 容量瓶中，稀释，定容，酸度计校正。

12. 临床检验得知甲、乙、丙三人血浆中 HCO_3^- 和溶解的 CO_2 浓度分别为：

甲　$[HCO_3^-]=24.0\ mmol\cdot L^{-1}$　　$[CO_2]_{溶解}=1.2\ mmol\cdot L^{-1}$

乙　$[HCO_3^-]=21.6\ mmol \cdot L^{-1}$　　$[CO_2]_{溶解}=1.35\ mmol \cdot L^{-1}$

丙　$[HCO_3^-]=56.0\ mmol \cdot L^{-1}$　　$[CO_2]_{溶解}=1.40\ mmol \cdot L^{-1}$

37℃时 H_2CO_3 的 pK_{a_1} 为 6.1，求血浆中 pH 各为多少。并判断谁为酸中毒，谁为碱中毒。

解　甲：$pH=pK_{a_1}+\lg\frac{[HCO_3^-]}{[CO_2]_{溶解}}=7.4$　正常

乙：$pH=pK_{a_1}+\lg\frac{[HCO_3^-]}{[CO_2]_{溶解}}=7.3$　酸中毒

丙：$pH=pK_{a_1}+\lg\frac{[HCO_3^-]}{[CO_2]_{溶解}}=7.7$　碱中毒

13. 略

14. 略

15. In a solution of a weak acid, $HA+H_2O \rightleftharpoons H_3O^+ + A^-$, the following equilibrium concentrations are found: $[H_3O^+]=0.001\ 7 mol \cdot L^{-1}$ and $[HA]=0.098\ 3 mol \cdot L^{-1}$. Calculate the ionization constant for the weak acid, HA.

Solution　From the formula:

$$K_a=\frac{[H_3O^+][A^-]}{[HA]}=\frac{[H_3O^+]^2}{[HA]}=\frac{0.001\ 7^2}{0.098\ 3}=2.9\times10^{-5}$$

16. Ascorbic acid, $C_5H_7O_4COOH$, known as vitamin C, is an essential vitamin for all mammals. Among mammals, only humans, monkeys and guinea pigs cannot synthesize it in their bodies. K_a for ascorbic acid is 7.9×10^{-5}. Calculate $[H_3O^+]$ and pH in a 0.100 $mol \cdot L^{-1}$ solution of ascorbic acid.

Solution　From the formula:

$c/K_a=\frac{0.1}{7.9\times10^{-5}}>500$, $[H_3O^+]=\sqrt{cK_a}=2.8\times10^{-3}\ mol \cdot L^{-1}$, pH=2.55.

17. 略

18. Calculate pH for each of the following buffer solutions:

(a) $0.10\ mol \cdot L^{-1}$ HF and $0.20\ mol \cdot L^{-1}$ KF

(b) $0.050\ mol \cdot L^{-1}\ CH_3COOH$ and $0.025\ mol \cdot L^{-1}\ Ba(CH_3COO)_2$

Solution　From the formula: $pH=pK_a+\lg\frac{c(A^-)}{c(HA)}$.

(a) $pH=pK_a+\lg\frac{c(F^-)}{c(HF)}=3.45+\lg\frac{0.20}{0.10}=3.75$

(b) $pH=pK_a+\lg\frac{c(Ac^-)}{c(HAc)}=4.75+\lg\frac{0.050}{0.050}=4.75$

五、自测试卷

一、选择题(每题 2 分，共 40 分)

1. 下列关于活度系数的说法错误的是　　(　　)

A. 浓度越大，活度系数越大　　B. 浓度越大，活度系数越小

C. 浓度极稀时，活度系数接近于 1　　　　D. 离子强度越大，活度系数越小

2. 电导实验测得 0.1 mol·L^{-1}KCl 溶液中 KCl 的解离度为 86%，其原因是　（　）

A. KCl 在水溶液中不能全部解离

B. 浓度太低，若提高到 1 mol·L^{-1}，则解离度就可达到 100%

C. 浓度太高，若稀释到 0.001 mol·L^{-1}，则解离度就可达到 100%

D. 阴、阳离子互吸作用所致

3. 下列离子中，酸碱两性物质是　（　）

A. CO_3^{2-}　　B. Al^{3+}　　C. HPO_4^{2-}　　D. NO_3^-

4. 下列各组化合物中不是共轭酸碱对的是　（　）

A. H_2O，OH^-　　B. H_3O^+，H_2O　　C. HCN，CN^-　　D. NH_4^+，NH_4Cl

5. 根据酸碱质子理论，在酸碱反应 $CO_3^{2-}+H_2O \rightleftharpoons HCO_3^-+OH^-$ 中，属于碱的是　（　）

A. OH^- 和 H_2O　　B. CO_3^{2-} 和 HCO_3^-

C. CO_3^{2-} 和 OH^-　　D. HCO_3^- 和 OH^-

6. 醋酸在液氨中和在 HNO_3 中分别是　（　）

A. 弱酸和强碱　　B. 强酸和弱碱　　C. 强酸和强碱　　D. 强酸和弱酸

7. 向 10 mL 纯水中加入 0.01 mol NaOH，水的离子积(K_w)将　（　）

A. 增大　　B. 减少　　C. 保持不变　　D. 变为 1×10^{-12}

8. 用 0.1 mol·L^{-1} NaOH 溶液分别与 HCl 和 HAc 溶液各 20 mL 反应时，均消耗掉 20mL NaOH，这表示　（　）

A. HCl 和 HAc 溶液中，H^+ 浓度相等

B. HCl 和 HAc 溶液的解离度相等

C. HCl 和 HAc 溶液的物质的量浓度相等

D. HCl 和 HAc 溶液的酸度相等

9. 对于 pH 相同的甲酸和乙酸溶液，下列说法正确的是　（　）

A. 两种酸的解离度相同　　B. 两种酸的 K_a 相同

C. 两种酸的浓度相同　　D. 两种酸的浓度不同

10. 下列溶液中，pH 最小的是　（　）

A. 0.2 mol·L^{-1}氨水中加入等体积的 0.2 mol·L^{-1}的 HAc

B. 0.2 mol·L^{-1}氨水中加入等体积的 0.1 mol·L^{-1}的 HCl

C. 0.2 mol·L^{-1}氨水中加入等体积的 0.1 mol·L^{-1}的 NaOH

D. 0.2 mol·L^{-1}氨水中加入等体积的 0.2 mol·L^{-1}的 NH_4Cl

11. 物质的量浓度相同的 NaX、NaY 和 NaZ 溶液，其 pH 依次分别为 9、10 和 11，则 HX、HY、HZ 的 K_a 由大到小的顺序是　（　）

A. HX、HZ、HY　　B. HZ、HY、HX

C. HX、HY、HZ　　D. HY、HZ、HX

12. 已知 HOCN 的 $K_a=3.3\times10^{-4}$，则在 0.10mol·L^{-1}的 NaOCN 水溶液中[OH^-]等于　（　）

A. 5.7×10^{-3} mol·L^{-1}　　B. 1.7×10^{-6} mol·L^{-1}

C. $5.7\times10^{-2}\ mol \cdot L^{-1}$　　D. $3.3\times10^{-4}\ mol \cdot L^{-1}$

13. 一元弱酸 HA 的浓度为 c_1 时，离解度为 α_1，若将其浓度稀释至 $c_1/4$，HA 的解离度为（　　）

A. $1/2\alpha_1$　　B. $2\alpha_1$　　C. $1/4\alpha_1$　　D. $4\alpha_1$

14. H_2S 在水中有下列平衡：

$H_2S + H_2O \rightleftharpoons H_3O^+ + HS^-$　　$HS^- + H_2O \rightleftharpoons H_3O^+ + S^{2-}$

为了增加溶液中 S^{2-} 的浓度，可采用（　　）

A. 增加 H_2S 浓度　　B. 加适量 NaOH

C. 加适量 HCl　　D. 加适量 H_2SO_4

15. 可以使 H_2CO_3 溶液解离度减小的是（　　）

A. 加入 NaCl　　B. 加水稀释　　C. 加入 NaOH　　D. 加入 HCl

16. 下列溶液中能与 $0.2mol \cdot L^{-1} NaHCO_3$ 以等体积混合配成缓冲溶液的是（　　）

A. $0.2\ mol \cdot L^{-1}$ HAc　　B. $0.2\ mol \cdot L^{-1}$ NaOH

C. $0.1\ mol \cdot L^{-1}\ H_2SO_4$　　D. $0.1\ mol \cdot L^{-1}$ NaOH

17. 用 H_3PO_4($pK_{a_1}=2.12$，$pK_{a_2}=7.21$，$pK_{a_3}=12.67$)和 NaOH 来配制 pH=7.0 的缓冲溶液，此缓冲溶液的抗酸成分是（　　）

A. H_3PO_4　　B. $H_2PO_4^-$　　C. HPO_4^{2-}　　D. PO_4^{3-}

18. HA 和 A^- 组成缓冲溶液，若 A^- 的 $K_b=10^{-5}$，则此缓冲溶液在缓冲容量最大时的 pH 为（　　）

A. 5　　B. 9　　C. 10　　D. 6

19. 下列各缓冲溶液中缓冲容量最大的是（　　）

A. 800 mL 中含有 0.1 mol HAc 和 0.1 mol NaAc

B. 1 000 mL 中含有 0.1 mol HAc 和 0.1 mol NaAc

C. 500 mL 中含有 0.04 mol HAc 和 0.06 mol NaAc

D. 800 mL 中含有 0.12 mol HAc 和 0.08 mol NaAc

20. 下列有关缓冲溶液的叙述中，正确的是（　　）

A. 缓冲溶液的 pH 主要决定于共轭酸的 pK_a

B. 酸性(pH<7)缓冲溶液可抵抗少量外来碱的影响，但不能抵抗外来酸的影响

C. 具有缓冲能力的溶液就是缓冲溶液

D. 总浓度一定时，缓冲比愈大，缓冲容量愈大

二、填空题(每个空格 1 分，共 10 分)

1. 离子相互作用原理认为：强电解质溶液中，由于离子之间相互吸引或者相互排斥，使离子周围有相对较多的异号电荷离子，形成__________，导致离子迁移速率变________(填"慢"或"快")，使得实验测定的解离度小于 100%，形成一种表观解离度。

2. 酸碱的强度和____________和____________有关。

3. 在 HAc 溶液中加入少量 HCl，溶液中 HAc 的解离度 α ______(填"变大"或"变小")，溶液的 pH ______(填"变大"或"变小")，Ac^- 浓度______(填"变大"或"变小")，这种效应称为________________。

4. 缓冲容量的影响因素包括________________和________________。

三、简答题(每题 2.5 分,共 10 分)

1. 简述稀释、同离子效应、盐效应对弱酸弱碱解离度及解离平衡的影响。
2. 质子理论中的酸碱反应的实质是什么?举例说明。
3. 举例说明缓冲溶液的作用原理。
4. 列举至少 2 种常用于酸度计校正的标准缓冲溶液及其 pH。

四、计算题(每题 10 分,共 40 分)

1. 试计算 0.10 mol·L^{-1} H_3PO_4 溶液中,以下物质的浓度:H_3PO_4、$H_2PO_4^-$、HPO_4^{2-}、H^+。

2. 10 mL 0.10 mol·L^{-1}甲胺(CH_3NH_2)溶液,与 5 mL 0.10 mol·L^{-1}盐酸反应得到缓冲溶液,其 pH=10.7,求甲胺的 K_b。该溶液的有效缓冲范围是多少?

3. 人体血浆中最主要的缓冲体系是 H_2CO_3-HCO_3^-,其 pH≈7.4,已知 H_2CO_3 的 $pK_{a_1}=6.1$,试计算血液中 HCO_3^- 与 H_2CO_3 的浓度比值。

4. 生物实验需配制磷酸盐缓冲溶液,要配制 1 L 总浓度为 0.2 mol·L^{-1}、pH 为 6.9 的缓冲溶液,需要 2 mol·L^{-1}的磷酸多少毫升与 NaOH 多少克?如何配制?此溶液是否与人体血浆等渗?

六、自测试卷答案

一、选择题

1	2	3	4	5	6	7	8	9	10
A	D	C	D	C	B	C	C	D	A
11	12	13	14	15	16	17	18	19	20
C	B	B	B	D	D	C	B	A	A

二、填空题

1. 离子氛　慢
2. 酸碱的本性　溶剂的性质
3. 变小　变小　变小　同离子效应
4. 缓冲溶液的总浓度　缓冲比

三、简答题

1. 稀释:解离度变大,解离平衡正向移动。同离子效应:解离度变小,解离平衡逆向移动。盐效应:解离度变大,解离平衡正向移动。
2. 质子理论中的酸碱反应的实质是两对共轭酸碱对之间的质子传递的过程。如

$$\underset{\text{酸}_1}{HCl} + \underset{\text{碱}_2}{NH_3} \xrightarrow{H^+} \rightleftharpoons \underset{\text{酸}_2}{NH_4^+} + \underset{\text{碱}_1}{Cl^-}$$

3. 以醋酸缓冲系(HAc-NaAc)为例。

在 HAc-NaAc 混合溶液中，$HAc + H_2O \rightleftharpoons H_3O^+ + Ac^-$。

加入少量强酸时，平衡向左移动生成 HAc，Ac^- 消耗了外加的 H^+，H^+ 浓度没有明显增加，pH 几乎不变。共轭碱 Ac^- 起到了抗酸作用，为抗酸成分。

加入少量强碱时，平衡向右移动，HAc 解离出 H_3O^+ 消耗了外加的 OH^-，所以 H_3O^+ 浓度没有明显减少，pH 几乎不变。共轭酸 HAc 起抗碱作用，为抗碱成分。

4. 0.05 $mol \cdot L^{-1}$ 邻苯二甲酸氢钾-氢氧化钾　pH＝4.008

(0.025 $mol \cdot L^{-1}$) KH_2PO_4 -(0.025 $mol \cdot L^{-1}$) Na_2HPO_4　pH＝6.865

四、计算题

1. $[H_3PO_4]=0.076\ 1\ mol \cdot L^{-1}$　$[H_2PO_4^-]=[H^+]=0.023\ 9\ mol \cdot L^{-1}$

$[HPO_4^{2-}]=6.23\times10^{-8}\ mol \cdot L^{-1}$

2. $K_b=5.0\times10^{-4}$　9.7～11.7

3. 20∶1

4. 需 100 mL 2 $mol \cdot L^{-1}$ 磷酸与 10.635 g NaOH。在磷酸溶液中加入 NaOH，混合均匀后，稀释到 1 L，以酸度计校正 pH。高渗。

第六章　分析化学概论

一、目 的 要 求

1. 了解分析化学的任务和作用。
2. 了解定量分析方法的分类。
3. 了解定量分析的过程及分析结果的表示。
4. 理解有效数字的意义，掌握它的运算规则。
5. 了解定量分析误差的产生和它的各种表示方法。
6. 掌握分析结果有限实验数据的处理方法。

二、本 章 要 点

一、定量分析方法的分类

定量分析可以用不同的方法来进行，一般将分析方法分为两大类。

1. 化学分析法

该法是以物质的化学反应为基础的分析方法，如重量分析法和滴定分析法。

2. 物理和物理化学分析法——仪器分析法

该法是借助于光学或电学仪器测量试样溶液的光学性质或电化学性质而求出被测组分含量的方法。

根据试样用量的多少，分析方法还可分为常量分析、半微量分析、微量分析与超微量分析。

二、滴定分析概论

1. 定义

滴定分析法、滴定、化学计量点或称理论终点、滴定终点，这些概念要准确掌握。

2. 分类

根据标准溶液和待测组分间的反应类型的不同，分为四类：酸碱滴定法、配位滴定法、氧化还原滴定法、沉淀滴定法。

3. 滴定方式

直接滴定法，返滴定法，置换滴定法，间接滴定法。

三、滴定分析法的计算

设 A 为待测组分，B 为标准溶液，滴定反应为：

$$aA+bB \longrightarrow cC+dD$$

当 A 与 B 按化学计量关系完全反应时，则：

$$\frac{n_A}{n_B}=\frac{a}{b}$$

四、定量分析的过程

取样，试样的储存、分解与制备，测定及消除干扰，计算分析结果。

五、定量分析的误差和分析结果的数据处理

有效数字是指在分析工作中实际上能测量到的数字。记录测量数据的位数(有效数据的位数)，必须与所使用的方法及仪器的准确程度相适应。换言之，有效数字能反映测量准确到什么程度。应掌握其运算法则及数字修约规则。

六、定量分析误差的产生

1. 误差

是指分析结果与其实值之间的数值差。产生误差的原因很多，按其性质一般可分为两类。

(1) 系统误差，也称可定误差。它产生的原因有下列几种：

(i) 方法误差：由于分析方法本身不够完善所造成的，即使操作再仔细也无法克服。

(ii) 仪器误差：仪器本身不够准确。

(iii) 试剂误差：它来源于试剂不纯和蒸馏水不纯，含有被测组分或有干扰的杂质等。

(iv) 操作误差：指在正常情况下，操作人员的主观原因所造成的误差。

(2) 偶然误差或随机误差，也称不可定误差。它是由一些偶然因素所引起的误差，往往大小不等、正负不定。分析人员在正常的操作中多次分析同一试样，测得的结果并不一致，有时相差甚大，这些都是属于偶然误差。

2. 误差的表示方法——准确度、精密度、误差和偏差

准确度表示测定结果与真实值接近的程度，它可用误差来衡量。

误差可分为绝对误差和相对误差：

绝对误差＝测定值－真实值

相对误差＝[(测定值－真实值)/真实值]×100%

精密度是指测定的重复性的好坏程度，它用偏差来表示。偏差是指个别测定值与多次分析结果的算术平均值之间的差值。偏差大，表示精密度低；偏差小，则精密度高。偏差也有绝对偏差和相对偏差：

绝对偏差(d)＝个别测定值(x)－算术平均值($\bar{x}$)

相对偏差＝[绝对偏差(d)/算术平均值($\bar{x}$)]×100%

在实际分析工作(如分析化学实验)中，对于分析结果的精密度经常用平均偏差和相对

平均偏差来表示。

$$平均偏差(\bar{d}) = \sum_{i=1}^{n} | d_i | / n$$

$$相对平均偏差 = \left(\frac{\bar{d}}{\bar{x}}\right) \times 100\%$$

数理统计方法处理数据时，常用标准偏差（又称均方根偏差）来衡量测定结果的精密度。当测量次数 $n<20$ 时，单次测定的标准偏差可按下式计算：

$$标准偏差(S) = \sqrt{\frac{d_1^2 + d_2^2 + d_3^2 + \cdots + d_n^2}{n-1}} = \sqrt{\frac{\sum_{i=1}^{n} d_i^2}{n-1}}$$

当测定次数 $n>50$ 时，则分母用 $n-1$ 或 n 都无关紧要。上式中 $n-1$ 称作自由度，用 f 表示。有时也用相对标准偏差（RSD）[又常称为变异系数（CV）]来衡量精密度的大小。

$$RSD = \frac{S}{\bar{x}} \times 100\%$$

七、提高分析结果准确度的方法

1. 减免分析误差的几种主要方法

(1) 选择恰当的分析方法。

(2) 减小测量误差。

(3) 增加平行测定次数。

2. 消除测量中系统误差的方法

(1) 校准仪器。

(2) 对照试验。

(3) 做加样回收实验。

(4) 做空白实验。

八、实验数据的统计处理

在一般的实验和科学研究中，必须对同一个试样进行多次的重复试验，获得足够的数据，然后进行统计处理。

1. 误差的正态分布

偶然误差的分布符合高斯正态分布曲线。

从图 6-1 中可知，测定结果（x）落在 $\pm 1\sigma$ 范围内的概率是 68.3%；落在 $\pm 2\sigma$ 范围内的概率是 95.5%；落在 $\pm 3\sigma$ 范围内的概率是 99.7%。此概率 P 称置信度或置信水平。而落在此范围之外的概率 $(1-P)$，叫显著性水平，可用希腊字母 α 表示。

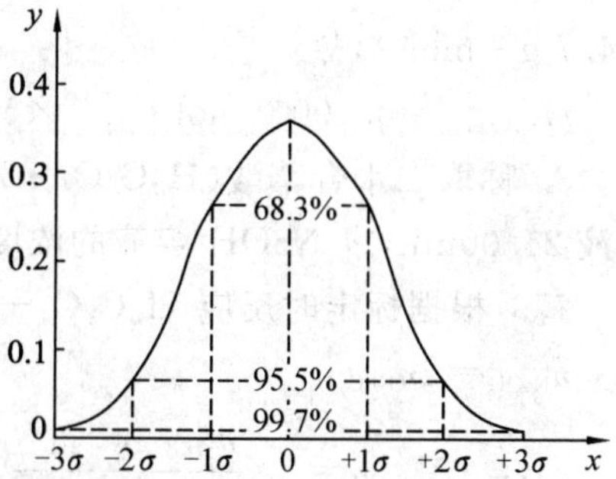

图 6-1　误差正态分布曲线

2. 平均值的置信区间

在实际工作中，通常都是进行有限次测量。有限次测量的偶然误差分布服从 t 分布。在 t 分布中，用样本标准偏差 S 代替总体标准偏差 σ 来估计测量数据的分散程度。用 S 代替 σ 时，测量值或其偏差不符合正态分布，这时需用 t 分布来表示。t 分布曲线与正态分布曲线相似，只是由于测定次数少，数据的集中程度较小，分散程度较大，分布曲线的形状将变得较矮、较钝(图 6-2)。

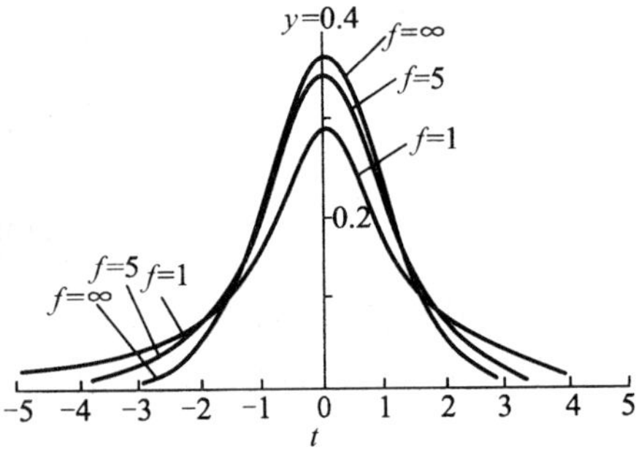

图 6-2　t **分布曲线**

九、可疑数据的取舍

Q 检验法是：先将数据按大小顺序排列，计算最大值与最小值之差(极差)，作为分母；再计算离群值与最邻近数值的差值，作为分子。该分数即为 Q 值：

$$Q=\frac{x_{可疑}-x_{紧邻}}{x_{最大}-x_{最小}}$$

查表得 90%、95%、99%置信水平时 Q 的数值。如果 Q(计算值)>Q(表值)，离群值应该舍弃；反之，则应保留。

三、例题解析

1. 已知 H_2SO_4 标准溶液的浓度为 0.100 4 $mol\cdot L^{-1}$，用此溶液滴定未知浓度的 NaOH 溶液 25.00 mL，用去 H_2SO_4 标准溶液 12.64 mL，试计算 NaOH 溶液的浓度。

解　H_2SO_4 与 NaOH 的滴定反应为：$H_2SO_4+2NaOH = Na_2SO_4+2H_2O$。

$\frac{n_{NaOH}}{n_{H_2SO_4}}=\frac{2}{1}$ 或 $n_{NaOH}=2n_{H_2SO_4}$

$c_{NaOH}\cdot V_{NaOH}=2c_{H_2SO_4}\cdot V_{H_2SO_4}$

$$c_{NaOH}=\frac{2c_{H_2SO_4}\cdot V_{H_2SO_4}}{V_{NaOH}}=\frac{2\times 0.100\ 4\ mol\cdot L^{-1}\times 12.64\ mL}{25.00\ mL}=0.101\ 5\ mol\cdot L^{-1}$$

2. 欲配制 0.100 0 $mol\cdot L^{-1}$ $K_2Cr_2O_7$ 标准溶液 500 mL，问应称取基准物质 $K_2Cr_2O_7$ 多少克？

解　由于 $m_B=c_B\cdot V_B\cdot M_B$，又已知 $c=0.100\ 0\ mol\cdot L^{-1}$，$V=500$ mL，$M_{K_2Cr_2O_7}=294.7\ g\cdot mol^{-1}$，故

$m_{K_2Cr_2O_7}=0.100\ 0\ mol\cdot L^{-1}\times 500\times 10^{-3}L\times 294.2\ g\cdot mol^{-1}=14.71\ g$

3. 称取二水合草酸($H_2C_2O_4\cdot 2H_2O$)基准物质 0.152 0g，标定 NaOH 溶液时用去此溶液 24.00mL，求 NaOH 溶液的浓度。

解　根据标定时反应 $H_2C_2O_4+2NaOH = Na_2C_2O_4+2H_2O$ 可知，计量点时，

$n_{NaOH}=2n_{H_2C_2O_4}$

$c_{NaOH}\cdot V_{NaOH}=2\times\frac{m_{H_2C_2O_4\cdot 2H_2O}}{M_{H_2C_2O_4\cdot 2H_2O}}$

已知 $m_{H_2C_2O_4\cdot 2H_2O}=0.152\ 0g$，$V_{NaOH}=24.00mL$，$M_{H_2C_2O_4\cdot 2H_2O}=126.07\ g\cdot mol^{-1}$，故

$$c_{NaOH}=\frac{2\times 0.152\ 0g}{126.07g\cdot mol^{-1}\times 24.00\times 10^{-3}L}=0.100\ 5\ mol\cdot L^{-1}$$

4. 当用 Na_2CO_3 标定 HCl 溶液时，欲使滴定时用去 0.2 mol·L^{-1} HCl 20～25 mL，问应称取分析纯 Na_2CO_3 多少克？

解　根据标定时的反应 $Na_2CO_3+2HCl = 2NaCl+H_2O+CO_2\uparrow$ 可知，计量点时，

$n_{HCl}=2n_{Na_2CO_3}$，$m_{Na_2CO_3}=\frac{1}{2}c_{HCl}\cdot V_{HCl}\cdot M_{Na_2CO_3}$

设 m 为应称取 Na_2CO_3 的质量，则

$$m_1=0.2mol\cdot L^{-1}\times 20\times 10^{-3}L\times 105.99g\cdot mol^{-1}\times\frac{1}{2}\approx 0.2g$$

$$m_2=0.2mol\cdot L^{-1}\times 25\times 10^{-3}L\times 105.99g\cdot mol^{-1}\times\frac{1}{2}\approx 0.3g$$

故应称取分析纯 Na_2CO_3 0.2～0.3g。

5. 在上例中若称取的基准物质 Na_2CO_3 为 0.25g，大约消耗 0.2mol·L^{-1} HCl 溶液多少毫升？

解　由于 $n_{HCl}=2n_{Na_2CO_3}$，得

$$2\times\frac{m_{Na_2CO_3}}{M_{Na_2CO_3}}=c_{HCl}\cdot V_{HCl}$$

$$2\times\frac{0.25\ g}{105.99\ g\cdot mol^{-1}}=0.2\ mol\cdot L^{-1}\times V_{HCl}$$

$$V_{HCl}=2\times\frac{0.25\ g\times 1\ 000\ mL\cdot L^{-1}}{105.99\ g\cdot mol^{-1}\times 0.2\ mol\cdot L^{-1}}\approx 24\ mL$$

6. 有两组实验数据的绝对偏差(d)如下：

甲：0.3，0.2，0.4，－0.2，0.4，0.0，0.1，0.3，0.2，－0.3

乙：0.0，－0.1，0.7，－0.2，0.1，0.2，－0.6，0.1，0.3，0.1

比较两组实验数据的精密度。

解　计算：第一组和第二组即甲组和乙组的 $\overline{d}$ 和 S。

第一组：$\overline{d}_1=\frac{\sum_{i=1}^{10}|d_i|}{n}=0.24$

第二组：$\overline{d}_2=\frac{\sum_{i=1}^{10}|d_i|}{n}=0.24$

第一组：$S_1=0.28$，第二组：$S_2=0.34$。

由此说明：第一组的精密度好。

7. 写出下列数字的有效数字位数。

(1) 1.000 8	(2) 43 181
(3) 0.100 0	(4) 10.98%
(5) 0.038 2	(6) 1.98×10^{-10}
(7) 54	(8) 0.004 0
(9) 0.05	(10) 2×10^{5}

解 (1)(2) 五位;(3)(4) 四位;(5)(6) 三位;(7)(8) 二位;(9)(10) 一位。

8. 测定试样中氯的含量 $w(\mathrm{Cl})$,四次重复测定为 0.476 4,0.476 9, 0.475 2, 0.475 5。计算出平均值在置信水平为 95%时的置信区间。

解 查表得 $t_{0.05,3}=3.18$,所以,平均值在置信度为 95%时的置信区间为:

$$\mu=\bar{x}\pm t_{a,f}\cdot\frac{S}{\sqrt{n}}=0.476\,0\pm3.18\times\frac{0.008}{\sqrt{4}}=0.476\,0\pm0.001\,3$$

结果表明,试样中氯的真实含量为 0.474 7~0.477 3,这一结果的可靠程度为 95%,真实值在此范围之外的可能性只有 5%。

9. 平行测定盐酸浓度($\mathrm{mol\cdot L^{-1}}$),结果为 0.101 4, 0.102 1, 0.101 6, 0.101 3。试问:0.102 1 在置信度为 90%时是否应舍去?

解 $Q=\dfrac{0.102\,1-0.101\,6}{0.102\,1-0.101\,3}=0.62$

查表,当 $n=4$ 时,$Q_{0.90}=0.76$。因 $Q<Q_{0.90}$,故 0.102 1 不能舍去。

四、习题解答

1. 在以下数值中,各数值包含多少位有效数字?

(1) 0.004 050; (2) 5.6×10^{-11}; (3) 1 000; (4) 96 500; (5) 6.20×10^{10}; (6) 23.408 2。

解 (1) 4;(2) 2;(3) 不确定;(4) 不确定;(5) 3;(6) 6

2. 进行下述运算,并给出适当位数的有效数字。

(1) $\dfrac{2.52\times4.10\times15.14}{6.16\times10^{4}}$　　(2) $\dfrac{51.0\times4.03\times10^{-4}}{2.512\times0.002\,034}$

(3) $\dfrac{2.285\,6\times2.51+5.42-1.894\,0\times7.50\times10^{-3}}{3.546\,2}$　　(4) pH=2.10,求$[\mathrm{H^+}]$

解 (1) 2.54×10^{-3};(2) 4.02;(3) 3.14;(4) $7.9\times10^{-3}\ \mathrm{mol\cdot L^{-1}}$

3. 一位气相色谱工作新手,要确定自己注射样品的精密度。他注射了 10 次,每次 0.5 μL,量得色谱峰高分别为:142.1 mm、147.0 mm、146.2 mm、145.2 mm、143.8 mm、146.2 mm、147.3 mm、150.3 mm、145.9 mm 及 151.8 mm。求标准偏差与相对标准偏差,并做出结论(有经验的色谱工作者,很容易达到 RSD=1%,或更小)。

解 $\bar{x}=\dfrac{142.1+147.0+146.2+\cdots+151.8}{10}=146.6$

$$S=\sqrt{\frac{(-4.5)^2+(0.4)^2+(-0.4)^2+\cdots+(-0.7)^2+(5.2)^2}{10-1}}=2.8$$

$$\mathrm{RSD}=\frac{S}{\bar{x}}\times100\%=\frac{2.8}{146.6}\times100\%=1.9\%$$

4. 某一操作人员在滴定时,溶液过量了 0.10mL,假如滴定的总体积为 2.10 mL,其相对误差为多少?如果滴定的总体积为 25.80 mL,其相对误差又是多少?它说明了什么问题?

解 (1) 相对误差$=\dfrac{0.10}{2.10}\times100\%=4.8\%$

(2) 相对误差$=\frac{0.10}{25.80}\times 100\%=0.39\%$

在同样过量 0.1 mL 情况下，所用溶液体积越大，相对误差越小。

5. 如果要使分析结果的准确度为 0.2%。应在灵敏度为 0.000 1 和 0.001 的分析天平上分别称取试样多少克？如果要求称取试样为 0.5g 以下，应取哪种灵敏度的天平较为合适？

解　$\frac{0.0001}{x}=\frac{0.2}{100}$　　$x=0.05000$

$\frac{0.001}{x}=\frac{0.2}{1000}$　　$x=0.5000$

要称取试样 0.5g 以下，应取灵敏度为 0.000 1g 的分析天平。

6. 测定碳的原子量所得数据：12.008 0、12.009 5、12.009 9、12.010 1、12.010 2、12.010 6、12.011 1、12.011 3、12.011 8 及 12.012 0。

求算：(1) 平均值；(2) 标准偏差。

解　(1) 平均值 $\bar{x}=\frac{12.0080+12.0095+\cdots+12.0120}{10}=12.0104$

(2) 标准偏差 $S=\sqrt{\frac{(-0.9976)^2+(-0.9991)^2+\cdots+(0.0016)^2}{10-1}}=0.0012$

7. 标定 NaOH 溶液的浓度时获得以下分析结果：0.102 1，0.102 2，0.102 3 和 0.103 0 ($mol\cdot dm^{-3}$)。问：

(1) 对于最后一个分析结果 0.103 0，按照 Q 检验法是否可以舍弃？

(2) 溶液准确浓度应该怎样表示？

解　数据由大到小排序：

0.103 0　　0.102 3　　0.102 2　　0.102 1

(1) 对于最后一个分析结果 0.103 0，$Q_{(计算值)}=\frac{0.1030-0.1023}{0.1030-0.1021}=0.78$，$n=4$，

$Q_{(表值)}=0.76$，$Q_{(计算值)}>Q_{(表值)}$，故舍去。

(2) 溶液准确浓度 $\bar{x}=\frac{0.1021+0.1022+0.1023}{3}=0.1022$。

8. 某学生测定 HCl 溶液的浓度，获得以下分析结果($mol\cdot dm^{-3}$)：0.103 1，0.103 0，0.103 8 和 0.103 2。请问按 Q 检验法，0.103 8 的分析结果可否舍弃？如果第 5 次的分析结果是 0.103 2，这时 0.103 8 的分析结果可以舍弃吗？

解　数据由大到小排序：

0.103 8　　0.103 2　　0.103 1　　0.103 0

$Q_{(计算值)}=\frac{0.1038-0.1032}{0.1038-0.1030}=0.75$

$n=4$，$Q_{(表值)}=0.76$，$Q_{(计算值)}<Q_{(表值)}$，故保留。

$n=5$，$Q_{(表值)}=0.64$，$Q_{(计算值)}>Q_{(表值)}$，故舍弃。

9. In each of the following numbers, underline all of the significant digits, and give the total number of significant digits.

(a) 0.201 8 $mol\cdot L^{-1}$

(b) 0.015 7 g

(c) 3.44×10^{-5}

(d) pH=4.11

(e) 1.030 0g·L^{-1}

Solution (a) 0.201 8 mol·L^{-1}, 4 sig figs; (b) 0.015 7 g, 3 sig figs; (c) 3.44×10^{-5}, 3 sig figs; (d) pH=4.11, 2 sig figs; (e) 1.030 0 g·L^{-1}, 5 sig figs.

10. Perform each of the following operations and round to the appropriate number of significant figures.

(a) $(5.21-4.71)\times0.250=$

(b) $45.117\div1.002+101.4604=$

(c) $0.12\times(1.76\times10^{-5})=$

Solution (a) 0.12 (b) 146.49 (c) 2.2×10^{-6}

11. Define precision. How is it related to accuracy? How does one measure precision?

Solution omitted

12. Weigh a nickel coin on the balance, remove the coin, and re-zero the balance. Repeat this process five times. Assuming the following weight results were obtained: 5.000 3 g, 5.000 7 g, 4.998 8 g, 4.999 4 g and 5.000 2 g. Please determine the average mass ($\bar{x}$), the average deviation ($\bar{d}$), the relative average deviation ($(\bar{d}/\bar{x})\times100\%$), the standard deviation (S) and the relative standard deviation (RSD).

Solution the average mass ($\bar{x}$):

$$\bar{x}=\frac{5.0003+5.0007+\cdots+5.0002}{5}=4.9999\text{g}$$

the average deviation ($\bar{d}$):

$$\bar{d}=\frac{|0.0004|+|0.0008|+|0.0011|+|-0.0005|+|0.0003|}{5}=0.0006$$

the relative average deviation ($(\bar{d}/\bar{x})\times100\%$):

$(\bar{d}/\bar{x})\times100\%=0.01\%$

the standard deviation (S):

$$S=\sqrt{\frac{(0.0004)^2+(0.0008)^2+\cdots+(0.0003)^2}{5-1}}=0.0008$$

the relative standard deviation (RSD):

$$RSD=\frac{S}{\bar{x}}\times100\%=0.02\%$$

五、自测试卷

一、选择题(每题 2 分,共 40 分)

1. 下列一组数据中,有效数字为两位的是 ( )

A. 0.120 B. $pK_a=4.75$ C. 1.40% D. 4×10^{-6}

2. 在滴定分析中,计量点与滴定终点间的关系是 ( )

A. 两者含义相同　　B. 两者越接近，滴定误差越小

C. 两者必须吻合　　D. 两者吻合程度与滴定误差无关

3. 关于基准物质，下列说法不正确的是　（　）

A. 纯度在 99.5%以上　　B. 不含结晶水

C. 在空气中稳定　　D. 有较大的摩尔质量

4. 在进行滴定分析时，滴定至溶液恰好发生颜色变化时即为　（　）

A. 计量点　　B. 滴定突跃　　C. 滴定终点　　D. 等电点

5. 滴定过程中，已知准确浓度的试剂溶液称为　（　）

A. 分析试剂　　B. 基准溶液　　C. 待测溶液　　D. 标准溶液

6. 下列数字中零作为有效数字意义是含糊的是　（　）

A. 0.001 44 cm　　B. 170 3 cm　　C. 3.20×10^{2} cm　　D. 100 cm

7. 有下列数据：(1) 3.604　(2) 3.605　(3) 3.615　(4) 3.605 1。若取三位有效数字，应分别写成　（　）

A. (1) 3.61　(2) 3.61　(3) 3.62　(4) 3.60

B. (1) 3.60　(2) 3.61　(3) 3.62　(4) 3.60

C. (1) 3.61　(2) 3.60　(3) 3.61　(4) 3.61

D. (1) 3.60　(2) 3.60　(3) 3.62　(4) 3.61

8. 用分析天平称量样品，下列称量数据中最合理的是　（　）

A. 0.223 5 g　　B. 0.102 47 g　　C. 0.11 g　　D. 112.47 mg

9. 下列关于标准溶液的配制的说法中不正确的是　（　）

A. 标定盐酸溶液时，可以用 Na_2CO_3 做基准物质

B. 标定 NaOH 溶液时，可以用邻苯二甲酸氢钾做基准物质

C. $KMnO_4$ 标准溶液可以直接配制，无须进行标定

D. $K_2Cr_2O_7$ 标准溶液可以直接配制，无须进行标定

10. 用计算器计算 $\frac{0.712\ 0\times(21.25-16.25)}{23.12\times25.00}$ 的结果为 0.006 159 169，按有效数字修约规则，应将结果修约为　（　）

A. 0.006　　B. 0.006 2　　C. 0.006 16　　D. 0.006 1

11. 按有效数字的规定，pH＝4.003 时$[H^+]$应为　（　）

A. 9.931×10^{-5} mol·L^{-1}　　B. 9.93×10^{-5} mol·L^{-1}

C. 9.9×10^{-5} mol·L^{-1}　　D. 1×10^{-4} mol·L^{-1}

12. 减少偶然误差可采用　（　）

A. 校正仪器　　B. 对照试验　　C. 空白试验　　D. 多次测定

13. 对某硫酸铜试样进行多次平行测定，测得铜的平均含量为 25.65%，其中某次测定值为 25.60%，则该测定值与平均值之差(25.60%－25.65%)为该次测定的　（　）

A. 绝对误差　　B. 相对误差　　C. 绝对偏差　　D. 相对偏差

14. 在滴定分析中，若使用的锥形瓶中沾有少量蒸馏水，使用前　（　）

A. 必须用滤纸擦干　　B. 不必处理

C. 必须用标准溶液荡洗 2～3 次　　D. 必须用被测溶液荡洗 2～3 次

15. 用 25 mL 移液管移取溶液的体积应记录为 （　　）

A. 25 mL　　B. 25.0 mL　　C. 25.00 mL　　D. 25.000 mL

16. 配制 NaOH 标准溶液时，正确的操作方法是 （　　）

A. 在托盘天平上迅速称取一定质量的 NaOH，溶解后用容量瓶定容

B. 在托盘天平上称取一定质量的 NaOH，溶解后稀释到一定体积，再进行标定

C. 在分析天平上准确称取一定质量的 NaOH，溶解后用容量瓶定容

D. 在分析天平上准确称取一定质量的 NaOH，溶解、稀释后，再进行标定

17. 使用碱式滴定管进行滴定的正确操作方法应是 （　　）

A. 左手捏于稍低于玻璃珠的近旁

B. 左手捏于稍高于玻璃珠的近旁

C. 右手捏于稍高于玻璃珠的近旁

D. 左手用力捏于玻璃珠上面的橡皮管上

18. 下列操作错误的是 （　　）

A. 配制 NaOH 标准溶液时，用量筒量取水

B. 把 $K_2Cr_2O_7$ 标准溶液装在碱式滴定管中

C. 把 $Na_2S_2O_3$ 标准溶液贮于棕色细口瓶中

D. 用 EDTA 标准溶液滴定 Ca^{2+} 时，滴定速度要慢些

19. 现需配制 0.100 0 mol·L^{-1} $K_2Cr_2O_7$ 溶液，下列量器中最合适的是 （　　）

A. 容量瓶　　B. 移液管　　C. 量筒　　D. 酸式滴定管

20. 递减称量法（差减法）最适合于称量 （　　）

A. 对天平盘有腐蚀性的物质

B. 剧毒物质

C. 易潮解、易吸收 CO_2 或易氧化的物质；多份不易潮解的样品

D. 易挥发的物质

二、填空题（每个空格 1 分，共 10 分）

1. 平行测得的测定结果中，相对平均偏差应________。

2. 滴定管的读数有 ±0.01 mL 的误差，那么在一次滴定中可能有________ mL 的误差。为使滴定分析的相对误差不超过 ±0.1%，滴定时所消耗溶液的体积应控制在________ mL 以上。

3. 不能采用直接滴定法时，可采用________、________、________滴定。

4. 根据试样用量的多少，分析方法可分为________、________、________、________。

三、简答题（每题 2.5 分，共 10 分）

1. 以 NaOH 标准溶液标定盐酸，用酚酞作指示剂，以下情况中，将使测定结果变大、变小还是不变？

（1）NaOH 标准溶液放置时间过长，吸收了空气中的 CO_2。

（2）锥形瓶用 NaOH 溶液润洗过。

（3）锥形瓶没有擦干净。

（4）清洗过的碱式滴定管没有润洗。

（5）终点时观察碱式滴定管刻度采取仰视。

(6) 碱式滴定管发生漏液。

(7) 终点时红色太深。

2. 能用于直接配制或标定标准溶液的物质,称为基准物质。基准物质应符合哪些要求?

3. 系统误差产生的原因有哪些?如何减免系统误差?

4. 下列情况各引起什么误差?如果是系统误差,应如何消除?

(1) 砝码腐蚀。

(2) 称量时试样吸收了空气中的水分。

(3) 天平零点稍有变动。

(4) 读取滴定管读数时,最后一位数字估测不准。

(5) 试剂中含有微量被测组分。

四、计算题(每题10分,共40分)

1. 滴定管的读数误差为±0.01 mL,如果滴定用去25.00 mL标准溶液,计算相对误差。

2. 实验测定某 NH_4Cl 样品中的含氮量,4次测定结果分别为26.10%,26.18%,26.89%,26.44%,试计算实验测定的平均值、平均偏差、相对平均偏差。

3. 用丁二酮肟重量法测定钢铁中Ni的百分含量,得到下列结果:10.48%,10.37%,10.47%,10.43%,10.40%。计算单次分析结果的平均偏差、相对平均偏差、标准偏差和相对标准偏差。

4. 钢中铬的含量5次测定结果是:1.12%,1.15%,1.11%,1.16%和1.12%,求平均值置信水平为95%时的置信区间。

六、自测试卷答案

一、选择题

1	2	3	4	5	6	7	8	9	10
B	B	B	C	D	D	D	A	C	C
11	12	13	14	15	16	17	18	19	20
B	D	C	B	C	B	B	B	A	C

二、填空题

1. 不大于0.2%

2. ±0.02　20

3. 返滴定法　置换滴定法　间接滴定法

4. 常量分析　半微量分析　微量分析　超微量分析

三、简答题

1. (1) 大　(2) 小　(3) 不变　(4) 大　(5) 大　(6) 大　(7) 大

2. 略
3. 原因：(1) 方法误差 (2) 仪器误差 (3) 试剂误差 (4) 操作误差
   减免方法：(1) 校准仪器 (2) 对照实验 (3) 加样回收实验 (4) 空白实验
4. (1)、(3)、(5)为系统误差。
   (2)、(4)为偶然误差。

四、计算题

1. ±0.08%
2. 26.40%；0.26%；0.99%
3. 0.03%；0.35%；0.046%；0.44%
4. 1.13±0.027%

第七章　酸碱滴定法

一、目的要求

1. 了解弱酸(碱)溶液中各种酸碱组分的分布情况。
2. 理解酸碱指示剂的主要特性及变色情况。
3. 掌握各种酸碱滴定反应中溶液 pH 的计算、滴定曲线的绘制及指示剂的选择。
4. 掌握酸碱滴定在实际工作中的应用及计算。

二、本章要点

以酸碱反应为基础,利用酸或碱标准溶液进行滴定的分析方法称为酸碱滴定法。它是重要的滴定方法之一。

酸与碱之间的反应,通常瞬时就能完成,有许多指示剂可供化学计量点的确定,因此大多数酸碱反应都能符合滴定分析的要求。一般来讲,酸碱之间直接或间接能发生反应的物质,几乎都可用酸碱滴定法来测定。

一、不同酸度溶液中各种酸碱组分的分布情况

某一组分的平衡浓度在总浓度中占有的分数称为分布系数(或称摩尔分数),以 δ 表示。根据分布系数 δ 与溶液酸度(pH)之间的关系,作 δ-pH 图,称为分布曲线。

例　一元弱酸 HAc 溶液各种组分的分布曲线见图 7-1。

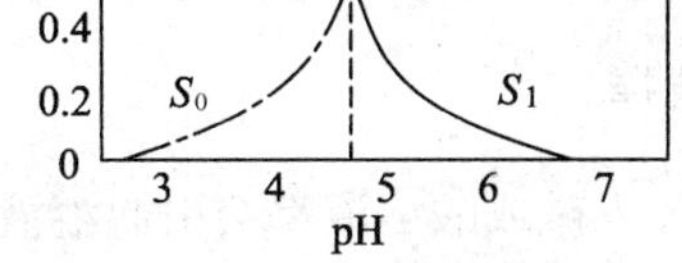

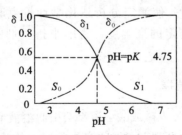

图 7-1　HAc、Ac^- 分布系数与溶液 pH 的关系曲线

二、酸碱指示剂及其变色范围

1. 酸碱指示剂

酸碱指示剂一般为有机弱酸或有机弱碱。溶液中酸度改变的时候，会使指示剂结构改变而引起颜色的变化，从而指示滴定终点。

现以 HIn 来表示弱酸，则弱酸的解离平衡为 $HIn \rightleftharpoons H^+ + In^-$。达平衡时

$$\frac{c(H^+)c(In^-)}{c(HIn)} = K_{HIn}$$

K_{HIn}称为指示剂常数，它的意义是：$\dfrac{c(In^-)}{c(HIn)} = \dfrac{\text{“碱”色}}{\text{“酸”色}} = \dfrac{K_{HIn}}{c(H^+)}$。

显然，指示剂颜色的转变依赖于 In^- 和 HIn 的浓度比，根据上面可知，In^- 和 HIn 的浓度之比取决于：① 指示剂常数 K_{HIn}，其数值与指示剂解离的强弱有关，在一定条件下，对特定的指示剂而言，是一个固定的值；② 溶液的酸度 $c(H^+)$。因此，指定指示剂的颜色完全由溶液中 $c(H^+)$决定。

2. 指示剂的变色范围

当溶液的酸度随滴定逐渐改变时，溶液中 $c(In^-)$与 $c(HIn)$的浓度比值将随之改变。因而指示剂的颜色也逐渐地在改变。若酸度以 pH 表示，则颜色在逐渐变化的过渡中的 pH 范围称为指示剂的变色范围。通常来讲，当“酸”、“碱”色浓度之比大于 10 或小于 1/10 时，人们的眼睛才能辨认出浓度大的物质的颜色。这实际就是指示剂变色范围的两个边缘。

在范围的一边：

$\dfrac{K_{HIn}}{c(H^+)} = \dfrac{c(In^-)}{c(HIn)} = \dfrac{1}{10}$，　$c(H^+)_1 = 10K_{HIn}$，　$pH_1 = pK_{HIn} - 1$，　呈“酸”色。

在范围的另一边：

$\dfrac{K_{HIn}}{c(H^+)} = \dfrac{c(In^-)}{c(HIn)} = 10$，　$c(H^+)_2 = K_{HIn}/10$，　$pH_2 = pK_{HIn} + 1$，　呈“碱”色。

综上所述可得如下结论：① 指示剂的变色范围不是恰好在 pH 为 7 的地方，而是随各指示剂的 K_{HIn}不同而不同；② 各种指示剂在变色范围内显现出来的是逐渐变化的过渡色；③ 各种指示剂的变色范围幅度各不相同，通常在 $pK_{HIn} \pm 1$ 左右。

指示剂的变色范围越窄越好，使滴定分析达化学计量点时，pH 稍有变化，就可观察出溶液的颜色改变，有利于提高滴定的准确度。为缩小指示剂的变色范围，还常常使用混合指示剂。

三、滴定曲线及指示剂的选择

在酸碱溶液的滴定过程中，加入碱或酸溶液都会引起溶液 pH 的变化，特别是在化学计量点附近，一滴酸或碱溶液的滴入，所引起的 pH 变化是很大的。根据这个变化，可选择适合的指示剂。在滴定过程中，溶液 pH 随标准溶液用量的增加而改变，所绘制的曲线称为滴定曲线。

1. 强碱滴定强酸的滴定曲线的绘制

基本反应：$OH^- + H_3O^+ = 2H_2O$。

现以 $0.100\,0\ mol \cdot L^{-1}$ NaOH 溶液滴定 20.00 mL $0.100\,0\ mol \cdot L^{-1}$ HCl 溶液为例。

滴定过程中的 pH 分四个阶段计算。

(1) 滴定前(加入 $V(NaOH)=0.00mL$),溶液的 pH 由 HCl 溶液的浓度计算。已知 $c(HCl)=0.1000\ mol\cdot L^{-1}$,所以 $c(H^{+})=0.1000\ mol\cdot L^{-1}$,pH=1.00。

(2) 滴定开始至化学计量点前由于 NaOH 的加入,部分 HCl 已被中和,此时溶液的 pH 应根据剩余 HCl 的量计算。

假定加入 $V(NaOH)=18.00mL$,则:

$$c(H^{+})=\frac{c(HCl)V(HCl)-c(NaOH)V(NaOH)}{V(HCl)+V(NaOH)}$$

$$=\frac{0.1000\times20.00-0.1000\times18.00}{20.00+18.00}$$

$$=5.26\times10^{-3}(mol\cdot L^{-1})$$

pH=2.28

加入 $V(NaOH)=19.98\ mL$,则:

$$c(H^{+})=\frac{0.1000\times20.00-0.1000\times19.98}{20.00+19.98}$$

$$=5.00\times10^{-5}(mol\cdot L^{-1})$$

pH=4.30

(3) 化学计量点时,加入 $V(NaOH)=20.00\ mL$,所加 NaOH 与溶液中的 HCl 完全中和:

$$c(H^{+})=c(OH^{-})=1.00\times10^{-7}(mol\cdot L^{-1})\quad pH=7.00$$

(4) 化学计量点后溶液的 pH 由过量 NaOH 的量计算。

假定加入 $V(NaOH)=20.02mL$,则:

$$c(OH^{-})=\frac{c(NaOH)V(NaOH)-c(HCl)V(HCl)}{V(NaOH)+V(HCl)}$$

$$=\frac{0.1000\times20.02-0.1000\times20.00}{20.02+20.00}$$

$$=5.00\times10^{-5}(mol\cdot L^{-1})$$

pOH=4.30　pH=9.70

加入 $V(NaOH)=22.00mL$,则:

$$c(OH^{-})=\frac{0.1000\times22.00-0.1000\times20.00}{22.00+20.00}$$

$$=5.00\times10^{-3}(mol\cdot L^{-1})$$

pOH=2.30　pH=11.70

用上述方法可计算出其他各点的 pH。以溶液的 pH 为纵坐标,以所加 NaOH 溶液的体积(毫升数)为横坐标,可绘制出滴定曲线(图 7-2)。

综上所述,在化学计量点前后,加入 NaOH 的体积仅 0.04 mL,溶液的 pH 就从 4.30 增加到 9.70,跃迁了 5.4 个单位,形成了曲线中"突跃"部分。我们将化学计量点前后±0.1%范围内 pH 的急剧变化称为滴定突跃。指示剂的选择以此为依据。

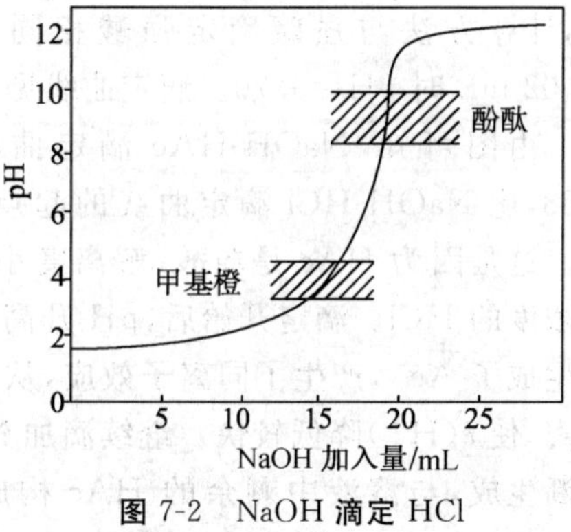

图 7-2　NaOH 滴定 HCl

显然，最理想的指示剂应该恰好在滴定反应的化学计量点变色。但实际上，凡是在突跃范围 pH4.30～9.70 内变色的指示剂均可选用。因此，甲基橙、甲基红、酚酞等都可以作这一类滴定的指示剂。从而得出选择指示剂的原则：凡是变色范围全部或一部分在滴定突跃范围的指示剂，都可认为是合适的。这时所产生的终点误差在允许范围之内。

必须指出，滴定突跃范围的宽窄与溶液浓度有关。溶液越浓，突跃范围越宽；溶液越稀，突跃范围越窄。

2. 强碱滴定弱酸

基本反应：$OH^- + HA \Longrightarrow A^- + H_2O$。

现以 0.100 0 mol·L^{-1} NaOH 溶液滴定 20.00 mL 0.100 0 mol·L^{-1} HAc 溶液为例，滴定过程中四个阶段溶液的 pH 计算如下：

(1) 滴定前(加入 $V(\text{NaOH})=0.00$ mL)，溶液的 pH 由 HAc 溶液的浓度计算，已知 pK_a 为 $10^{-4.75}$，又由于 $cK_a>20K_w$，$c/K_a>500$，可用最简式：

$c(H^+)=\sqrt{cK_a}=\sqrt{0.100\,0\times10^{-4.75}}=1.33\times10^{-3}(\text{mol}\cdot\text{L}^{-1})$，pH=2.88

(2) 滴定开始至化学计量点前，由于滴入的 NaOH 与原溶液中的 HAc 反应生成 NaAc，同时尚有剩余的 HAc，故溶液内构成了 HAc-Ac$^-$ 缓冲体系。溶液的 pH 计算公式为：

$$\text{pH}=\text{p}K_a+\lg\frac{c_b}{c_a}$$

加入 $V(\text{NaOH})=19.98$mL，则：

$$c_a=\frac{0.100\,0\times20.00-0.100\,0\times19.98}{20.00+19.98}=5.00\times10^{-5}(\text{mol}\cdot\text{L}^{-1})$$

$$c_b=\frac{0.100\,0\times19.98}{20.00+19.98}=5.00\times10^{-2}(\text{mol}\cdot\text{L}^{-1})$$

计算结果为：pH=7.76。

(3) 化学计量点时，加入 $V(\text{NaOH})=20.00$ mL，HAc 和 NaOH 全部生成了 NaAc，$c(\text{NaAC})=0.050\,00$ mol·L^{-1}。Ac$^-$ 为 HAc 的共轭碱，$\text{p}K_b=14-\text{p}K_a=9.25$。现 $c(\text{NaAC})K_b>20K_w$，$c(\text{NaAC})/K_b>500$，可用最简式计算：

$c(OH^-)=\sqrt{c(\text{NaAC})K_b}=\sqrt{0.050\,00\times10^{-9.25}}=5.30\times10^{-6}(\text{mol}\cdot\text{L}^{-1})$

pOH=5.28　pH=8.72

(4) 化学计量点后，溶液中过量的 NaOH 抑制了 NaAc 的水解，溶液的 pH 取决于过量的 NaOH 的量计算，计算方法与强碱滴定强酸相同，如加入 $V_{\text{NaOH}}=20.02$ mL 时 pH=9.70。滴定曲线见图 7-3。

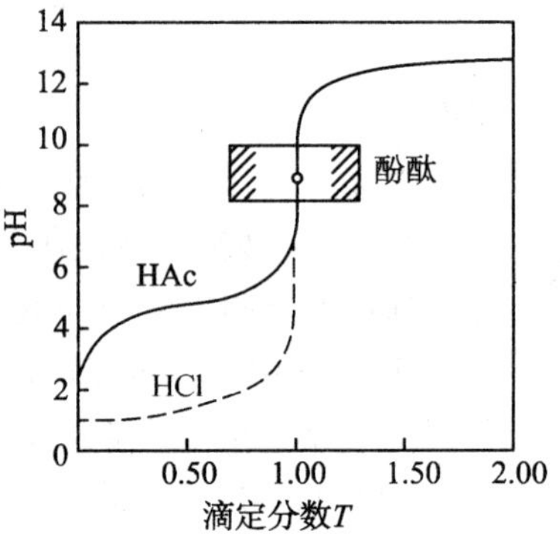

图 7-3　NaOH 滴定 HAC

由图可知，NaOH-HAc 滴定曲线起点的 pH 为 2.88，比 NaOH-HCl 滴定曲线的起点高约 2 个 pH 单位。这是因为 HAc 是弱酸，解离度小于 HCl，pH 高于同浓度的 HCl。滴定开始后，pH 升高较快，这是因为反应生成了 Ac$^-$，产生了同离子效应，从而抑制了 HAc 的解离，使 $c(H^+)$降低较快。继续滴加 NaOH 溶液，NaAc 不断生成，与溶液中剩余的 HAc 构成了缓冲体系，使

pH 的增大减缓。

用 NaOH 溶液滴定不同的弱酸，滴定突跃范围的大小与弱酸的强度（用 K_a 表征）和浓度有关。弱酸的浓度一定时，K_a 越小，滴定突跃范围越窄。当 $K_a=10^{-9}$ 时，已无明显的突跃，一般酸碱指示剂均不适用了。对同一种弱酸，浓度越大，滴定突跃范围越大，反之亦然。若要求滴定误差在 0.2%以下，滴定终点与化学计量点应有 0.3 个 pH 单位的差值（滴定突跃为 0.6 个 pH 单位），人眼才能借助指示剂判断终点。要做到这点，$cK_a \geqslant 10^{-8}$ 是必须的条件，因此，$cK_a \geqslant 10^{-8}$ 就作为判断弱酸能否被滴定的依据。

某些极弱的酸（$cK_a<10^{-8}$），不能借助指示剂直接滴定，但可采用其他方法进行滴定：

① 利用化学反应使弱酸强化。

② 使弱酸转变成其共轭碱后，再用强酸溶液滴定。

三、例 题 解 析

1. 已知碳酸的 $pK_{a_1}=6.37$，$pK_{a_2}=10.25$，计算当 pH＝7.0、10.0 时溶液中三种组分的分布系数。

解　pH＝7.0 时：

$$\delta_{H_2CO_3}=\frac{c^2(H^+)}{c^2(H^+)+c(H^+)K_{a_1}+K_{a_1}K_{a_2}}$$

$$=\frac{(10^{-7.0})^2}{(10^{-7.0})^2+10^{-7.0-6.37}+10^{-6.37-10.25}}=0.190$$

$$\delta_{HCO_3^-}=\frac{c(H^+)K_{a_1}}{c^2(H^+)+c(H^+)K_{a_1}+K_{a_1}K_{a_2}}$$

$$=\frac{10^{-7.0-6.37}}{(10^{-7.0})^2+10^{-7.0-6.37}+10^{-6.37-10.25}}=0.810$$

$$\delta_{CO_3^{2-}}=\frac{K_{a_1}K_{a_2}}{c^2(H^+)+c(H^+)K_{a_1}+K_{a_1}K_{a_2}}$$

$$=\frac{10^{-6.37-10.25}}{(10^{-7.0})^2+10^{-7.0-6.37}+10^{-6.37-10.25}}\approx 0$$

pH＝10.0 时：

$$\delta_{H_2CO_3}=\frac{(10^{-10.0})^2}{(10^{-10.0})^2+10^{-10.0-6.37}+10^{-6.37-10.25}}\approx 0$$

$$\delta_{HCO_3^-}=\frac{10^{-10.0-6.37}}{(10^{-10.0})^2+10^{-10.0-6.37}+10^{-6.37-10.25}}=0.640$$

$$\delta_{CO_3^-}=\frac{10^{-6.37-10.25}}{(10^{-10.0})^2+10^{-10.0-6.37}+10^{-6.37-10.25}}=0.360$$

2. 计算 0.100 0 mol·L^{-1} HCl 溶液滴定 0.050 00 mol·L^{-1} $Na_2B_4O_7$ 溶液在化学计量点时的 pH，并选择合适的指示剂。

解　反应有：$Na_2B_4O_7+5H_2O = 2H_3BO_3+2NaH_2BO_3$

$HCl+NaH_2BO_3 = H_3BO_3+NaCl$

化学计量点时 NaH_2BO_3 被中和成 H_3BO_3，故有 0.200 0 mol·L^{-1}的 H_3BO_3，但考虑

到溶液已稀释一倍，因此溶液中的 H_3BO_3 的浓度为 0.100 0 mol·L^{-1}，所以

$[H^+]=\sqrt{cK_a}=\sqrt{0.1000\times10^{-9.2}}=10^{-5.1}(mol\cdot L^{-1})$　pH=5.1

可选用甲基红、溴甲酚绿作指示剂。

3. 求算 0.10 mol·L^{-1} HCl 滴定 0.10 mol·L^{-1} Na_2CO_3 的化学计量点时的 pH，并选择指示剂。

解　达到第一化学计量点时生成 0.050 mol·L^{-1} $NaHCO_3$，此为两性物质，所以

$[H^+]_1=\sqrt{K_{a_1}\cdot K_{a_2}}=\sqrt{10^{-6.4}\times10^{-10.3}}=10^{-8.35}$　pH=8.35

可选酚酞作指示剂。

第二化学计量点时，溶液成为 H_2CO_3 的饱和溶液，在室温时其溶液浓度为 0.040 mol·L^{-1}，

$cK_{a_1}=0.040\times10^{-6.4}\gg20K_w$

$\frac{c}{K_{a_1}}=\frac{0.040}{10^{-6.4}}\gg500$

$[H^+]=\sqrt{cK_{a_1}}=\sqrt{0.040\times10^{-6.4}}=10^{-3.89}$

pH=3.89

可选甲基橙作指示剂。

4. 有一碱溶液，可能是 $KHCO_3$、KOH、K_2CO_3 或其混合物。今用 HCl 溶液滴定，以酚酞作指示剂时，消耗 HCl 体积为 V_1，然后用甲基橙作指示剂，又消耗 HCl 的体积为 V_2。根据下列情况，分别判断溶液的组成。

(1) $V_1=0, V_2>0$

(2) $V_2=0, V_1>0$

(3) $V_1=V_2$

(4) $V_1>0, V_1<V_2$

(5) $V_2>0, V_1>V_2$

解　以酚酞作指示剂时，会有如下反应：

$$KOH+HCl=\!=\!=KCl+H_2O$$

$$K_2CO_3+HCl=\!=\!=KHCO_3+KCl$$

以甲基橙作指示剂时，有反应：

$$KHCO_3+HCl=\!=\!=KCl+H_2CO_3$$

因此：(1) 仅含 $KHCO_3$；(2) 仅含 KOH；(3) 仅含 K_2CO_3；(4) K_2CO_3 与 $KHCO_3$；(5) KOH 与K_2CO_3。

5. 有一混合物，已知含有 HCl 和 H_3BO_3。为测其含量做如下实验：吸取该混合液 25.00 mL，用甲基红-溴甲酚绿作指示剂，以 0.200 0 mol·L^{-1} NaOH 标准溶液滴定，用去 20.56 mL。另取 25.00mL 混合液，加适量乙二醇，仍用上述 NaOH 标准溶液滴定，用去 37.23 mL，求该混合物中 HCl 和 H_3BO_3 的含量(以 g·L^{-1}计)。

解　(1) $HCl+NaOH=\!=\!=NaCl+H_2O$

$$\rho(HCl)=\frac{c(NaOH)V(NaOH)M(HCl)}{V}$$

$$=\frac{0.2000\times20.56\times36.46}{25.00}=5.997(g\cdot L^{-1})$$

(2) 乙二醇与硼酸的反应为：

$$2(RCHOH)_2 + H_3BO_3 = H[(RCHO)_2B(RCHO)_2] + 3H_2O$$

可见，生成了一元酸。

$$\rho(H_3BO_3) = \frac{c(NaOH)V(NaOH)M(H_3BO_3)}{V}$$

$$= \frac{0.2000 \times (37.23 - 20.56) \times 61.83}{25.00} = 8.246(g \cdot L^{-1})$$

四、习题解答

1. 下列物质能否用酸碱滴定法滴定？直接还是间接？选用什么标准溶液和指示剂？

(1) HCOOH　(2) H_3BO_3　(3) KF　(4) NH_4NO_3

(5) $H_2C_2O_4$　(6) 硼砂　(7) 水杨酸　(8) 乙胺

解　(1) HCOOH：查表知 $pK_a=3.75$，可以用 NaOH 溶液直接滴定，用酚酞作指示剂。

(2) H_3BO_3：查表知 $pK_{a_1}=9.24$（pK_{a_2}、pK_{a_3} 数据更大），不能用直接法滴定。可与甘油生成甘油硼酸，其 $pK_a=6.52$，再用 NaOH 溶液滴定，用酚酞作指示剂。

(3) KF：HF 的 $pK_a=3.45$，其共轭碱 F^- 的 pK_b 为 10.55，不能用直接法滴定。可转换成 HF，用 NaOH 滴定，用酚酞作指示剂。

(4) NH_4NO_3：NH_4^+ 的 $pK_a=9.25$，不能用直接法滴定，可用蒸馏法或甲醛法测定。

(5) $H_2C_2O_4$：查表知 $pK_{a_1}=1.23$，$pK_{a_2}=4.19$，能用 NaOH 直接滴定（由于 pK_{a_1}、pK_{a_2} 相差不大，只有一个突跃），可用酚酞作指示剂。

(6) 硼砂：$Na_2B_4O_7 \cdot 10H_2O$ 溶于水生成 H_3BO_4 及其共轭碱 $H_2BO_4^-$，后者的 pK_b 为 4.76，可用 HCl 直接滴定，用甲基红作指示剂。

(7) 水杨酸：查表知其 $pK_a=2.98$，可用 NaOH 溶液直接滴定，用中性红作指示剂。

(8) 乙胺：$C_2H_5NH_2$ 的 $pK_b=3.37$，可用 HCl 直接滴定，用酚酞作指示剂。

2. 某弱酸的 pK_a 为 9.21，现有其共轭碱 A^- 溶液 0.1000 mol·L⁻¹ 20.00 mL，用 0.1000 mol·L^{-1} HCl 溶液滴定时，化学计量点的 pH 为多少？滴定突跃是多少？选用何种指示剂？

解　反应为 $H^+ + A^- = HA$，已知 HA 的 pK_a 为 9.21，因此其共轭碱 A^- 的 $pK_b=4.79$。

(1) 化学计量点时，HCl 与 A^- 反应完全生成了 HA：

$$c(HA) = \frac{0.1000 \times 20.00}{20.00 + 20.00} = 0.05000(mol \cdot L^{-1})$$

$$[H^+] = \sqrt{cK_a} = \sqrt{0.05000 \times 10^{-9.21}} = 5.56 \times 10^{-6}(mol \cdot L^{-1})$$

pH＝5.26

(2) ① 滴加 HCl 19.98 mol·L^{-1}时：

$$c(碱) = \frac{c(A^-)V(A^-) - c(HCl)V(HCl)}{V(A^-) + V(HCl)}$$

$$= \frac{0.1000 \times 20.00 - 0.1000 \times 19.98}{20.00 + 19.98} = 5.00 \times 10^{-5}(mol \cdot L^{-1})$$

$$c(盐)=\frac{0.1000\times19.98}{20.00+19.98}=5.00\times10^{-2}(mol\cdot L^{-1})$$

$$[OH^-]=K_b\frac{c(碱)}{c(盐)}=10^{-4.79}\times\frac{5.00\times10^{-5}}{5.00\times10^{-2}}=10^{-7.79}(mol\cdot L^{-1})$$

pOH=7.79，所以 pH=6.21。

② 滴加 HCl 20.02 mol·L^{-1}时：

$$c(H^+)=\frac{c(HCl)V(HCl)-c(A^-)V(A^-)}{V(HCl)+V(A^-)}$$

$$=\frac{0.1000\times20.02-0.1000\times20.00}{20.02+20.00}=4.998\times10^{-5}(mol\cdot L^{-1})$$

pH=4.30

滴定突跃为 4.30～6.21，可选用甲基红作指示剂。

3. 称取一含有丙氨酸[$CH_3CH(NH_2)COOH$]和惰性物质的试样 2.2200g，处理后，蒸馏出的 NH_3 被 50.00 mL 0.1472 mol·L^{-1}的 H_2SO_4 溶液吸收，再以 0.1002 mol·L^{-1} NaOH 溶液 11.12mL 回滴。求丙氨酸的质量分数。

解 本题中各物质量的关系为 $CH_3CH(NH_2)COOH : NH_3 : \frac{1}{2}H_2SO_4 : NaOH$，所以：

$$w(丙氨酸)=\frac{[2c(H_2SO_4)V(H_2SO_4)-c(NaOH)V(NaOH)]\times M(丙氨酸)}{G(试样)}$$

$$=\frac{(2\times0.1472\times50.00-0.1002\times11.12)\times10^{-3}\times89.10}{2.2200}$$

$$=0.5461$$

丙氨酸的质量分数为 0.5461。

4. 以 0.2000 mol·L^{-1} NaOH 标准溶液滴定 0.2000 mol·L^{-1}邻苯二甲酸氢钾溶液。化学计量点的 pH 多少？滴定突跃是多少？选用何种指示剂？

解 查表知邻苯二甲酸氢钾(用 HA 表示)的 K_a 为 2.9×10^{-6}。

(1) 化学计量点时，HA 与 NaOH 完全反应，生成了 A^-，因稀释了一倍，$c(A^-)=0.1000$ mol·L^{-1}。

$$[OH^-]=\sqrt{\frac{K_w}{K_a}\cdot c(盐)}=\sqrt{\frac{10^{-14}}{2.9\times10^{-6}}\times0.1000}=1.86\times10^{-5}(mol\cdot L^{-1})$$

pOH=4.73，pH=9.27

(2) 滴定突跃的求算：以终点时滴加 NaOH 20.00 mL 计。

① 当滴加 NaOH 19.98 mL：

$$c(酸)=\frac{0.2000\times20.00-0.2000\times19.98}{20.00+19.98}=1.00\times10^{-4}(mol\cdot L^{-1})$$

$$c(盐)=\frac{0.2000\times19.98}{20.00+19.98}=1.00\times10^{-1}(mol\cdot L^{-1})$$

$$[H^+]=K_a\frac{c(酸)}{c(盐)}=2.9\times10^{-6}\times\frac{1.00\times10^{-4}}{1.00\times10^{-1}}=2.9\times10^{-9}(mol\cdot L^{-1})$$

pH=8.54

② 滴加 NaOH 20.02 mol·L^{-1}时：

$$[OH^-]=\frac{0.1000\times20.02-0.1000\times20.00}{20.02+20.00}=1.00\times10^{-4}(mol\cdot L^{-1})$$

pOH＝4.00，pH＝10.00

滴定突跃为 8.54～10.00，可选用酚酞作指示剂。

5. 称取混合碱试样 1.120 0 g，溶解后，用 0.500 0 mol·L^{-1} HCl 溶液滴定至酚酞褪色，消耗 30.00 mL，加入甲基橙，继续滴加上述 HCl 溶液至橙色，又消耗 10.00 mL。问：试样中含有哪些物质？其质量分数各为多少？

解　已知酚酞变色时用去 HCl 的 $V_1=30.00$mL，甲基橙变色时用去 HCl 的 $V_2=10.00$ mL。

$V_1>V_2$，该混合碱为 NaOH、Na_2CO_3。

$$w(NaOH)=\frac{c(HCl)\cdot(V_1-V_2)\times10^{-3}M(NaOH)}{G}$$

$$=\frac{0.5000\times(30.00-10.00)\times10^{-3}\times40.01}{1.1200}$$

$$=0.3572$$

$$w(Na_2CO_3)=\frac{c(HCl)\times V_2\times10^{-3}\times M(Na_2CO_3)}{G}$$

$$=\frac{0.5000\times10.00\times10^{-3}\times106.0}{1.1200}$$

$$=0.4732$$

试样中 NaOH 的质量分数为 0.357 2，Na_2CO_3 的质量分数为 0.473 2。

6. 称取混合碱试样 0.650 0 g，以酚酞为指示剂，用 0.180 0 mol·L^{-1} HCl 溶液滴定至终点，用去 20.00 mL，再加入甲基橙，继续滴定至终点，又用去 23.00 mL。问：试样中含有哪些物质？其质量分数各为多少？

解　已知酚酞变色时用去 HCl 的 $V_1=20.00$mL，甲基橙变色时用去 HCl 的 $V_2=23.00$ mL。

$V_1<V_2$，该混合碱为 Na_2CO_3、$NaHCO_3$。

$$w(Na_2CO_3)=\frac{c(HCl)\times V_1\times10^{-3}\times M(Na_2CO_3)}{G}$$

$$=\frac{0.1800\times20.00\times10^{-3}\times106.0}{0.6500}$$

$$=0.5871$$

$$w(NaHCO_3)=\frac{c(HCl)\cdot(V_2-V_1)\times10^{-3}M(NaHCO_3)}{G}$$

$$=\frac{0.1800\times(23.00-20.00)\times10^{-3}\times84.01}{0.6500}$$

$$=0.0698$$

7. 现有一放置时间较久的双氧水。为检测其 H_2O_2 的含量，吸取 5.00 mL 试液于一吸收瓶，加入过量 Br_2，发生下列反应：$H_2O_2+Br_2 = 2H^++2Br^-+O_2$。反应 10 min 左右，驱除过量 Br_2，以 0.318 0 mol·L^{-1} NaOH 溶液滴定，用去 17.66 mL 到达终点。计算双氧

水中 H_2O_2 的质量体积分数。

解 本题中各物质量的关系为 $H_2O_2 : 2H^+ : 2NaOH$。

$$\rho(H_2O_2)(g \cdot L^{-1}) = \frac{c(NaOH)V(NaOH)\times 10^{-3}\times \frac{1}{2}M(H_2O_2)}{V}$$

$$= \frac{0.318\,0\times 17.66\times 10^{-3}\times \frac{1}{2}\times 34.02}{\frac{5.00}{1\,000}}$$

$$= 19.11(g \cdot L^{-1})$$

双氧水中 H_2O_2 的质量体积分数为 19.11 $g \cdot L^{-1}$。

8. 以 0.010 00 $mol \cdot L^{-1}$ HCl 溶液滴定 20.00 mL 0.010 00 $mol \cdot L^{-1}$ NaOH 溶液：① 若用甲基橙作指示剂，终点为 pH=4.0；② 若用酚酞作指示剂，终点为 pH=8.0。分别计算终点误差，并请选用合适的指示剂。

解 强酸滴定强碱，化学计量点时的 pH=7.0(设反应前碱溶液体积为 20.00 mL)。

① 用甲基橙作指示剂时，pH=4.0，终点推迟到达，说明加入的 HCl 已过量，此时

$[H^+]=1.0\times 10^{-4}\ mol \cdot L^{-1}$

$$终点误差 = +\frac{[c(OH^-)_{ep} - c(OH^-)_{eq}]\times V_{总}}{c(NaOH)V(NaOH)}\times 100\%$$

$$= +\frac{1.0\times 10^{-4}\times 40.00}{0.010\,00\times 20.00}\times 100\% = +2\%$$

② 用酚酞作指示剂时，pH=8.0，终点提前到达，说明加入 HCl 的量尚不够，此时溶液仍为碱性，pOH=14.0−8.0=6.0，$[OH^-]=1.0\times 10^{-6} mol \cdot L^{-1}$。

$$终点误差 = -\frac{[c(H^+)_{ep} - c(H^+)_{eq}]\times V_{总}}{c(NaOH)V(NaOH)}\times 100\%$$

$$= -\frac{1.0\times 10^{-6}\times 40.00}{0.010\,00\times 20.00}\times 100\% = -0.02\%$$

用甲基橙作指示剂时，终点误差为+2%；用酚酞作指示剂时，终点误差为−0.02%。显然用酚酞作指示剂时，终点误差的绝对值更小，所以用酚酞作指示剂更好。

9. 250.00 mL of a standard solution of hydrochloric acid, about 0.150 0 $mol \cdot L^{-1}$, is to be prepared by diluting the concentrated acid (11 $mol \cdot L^{-1}$). The solution is to be standardized against a standard solution of sodium carbonate.

(1) Calculate the volume of concentrated hydrochloric acid required to make the solution.

The standard solution of sodium carbonate is prepared as follows: the primary standard, anhydrous sodium carbonate, is dried in an oven at 300℃ for 1 hour and then cooled in a desiccators. Exactly 1.342 3 g of sodium carbonate is weighed into a 250 mL standard (volumetric) flask, dissolved, and diluted to the mark.

(2) Why is it necessary to heat the anhydrous sodium carbonate, and why must it be cooled in a desiccators?

(3) Calculate the concentration of the sodium carbonate solution.

(4) In the titration, 25 mL of the standard sodium carbonate solution required 30.70ml of the hydrochloric acid solution. Calculate the concentration of the hydrochloric acid solution.

Solution (1) Calculate the needed volume of concentrated hydrochloric acid:

$$c_1V_1=c_2V_2,\ V=\frac{0.150\,0\times 250}{11}=3.4(\text{mL})$$

(2) Because sodium carbonate will absorb moisture from the air, the target primary standard substance must be parched in order to prevent absorbing moisture whilst cooling.

(3) Calculate the concentrations of sodium carbonate:

$$c=\frac{m}{MV}=\frac{1.342\,3}{106.0\times 0.250\,0}=0.050\,65(\text{mol}\cdot\text{L}^{-1})$$

(4) Calculate the concentrations of HCl solution which is going to be marked: Na_2CO_3 : 2HCl.

$$c=\frac{2c(\text{Na}_2\text{CO}_3)V(\text{Na}_2\text{CO}_3)}{V(\text{HCl})}=\frac{2\times 0.050\,65\times 25.00}{30.70}=0.082\,49(\text{mol}\cdot\text{L}^{-1})$$

10. A solution of an acid, HX, was prepared by dissolving exactly 5.270 2 g of the acid in water and diluting it in to 500 mL in a standard flask. In a titration, 25.00 mL of this solution required 27.32 mL of 0.122 4 $\text{mol}\cdot\text{L}^{-1}$ NaOH, calculate the molar mass of HX.

Solution The reaction is: $HX+NaOH=\!=\!=NaX+H_2O$.

$$\frac{m(\text{HX})}{M(\text{HX})}=c(\text{NaOH})V(\text{NaOH})$$

$$\frac{5.270\,2}{M}\times\frac{25.00}{500.00}=0.122\,4\times 27.32\times 10^{-3}$$

$$M=78.80$$

五、自测试卷

一、选择题(每题 2 分,共 40 分)

1. 标定 NaOH 溶液时,若采用部分风化的 $H_2C_2O_4\cdot 2H_2O$,则所得溶液浓度 ( )

A. 无影响　　B. 偏低　　C. 偏高　　D. 无法判断

2. 指示剂 HIn 的变色范围通常为下列中的 ( )

A. $pH_{HIn}\pm 1$　　B. $pH_{HIn}\pm 2$　　C. $pH_{HIn}\pm 5$　　D. $pH_{HIn}\pm 10$

3. 已知醋酸的 $pK_a=4.75$,当溶液的 pH=4 时的 δ_{Ac^-} 为 ( )

A. 0.05　　B. 0.10　　C. 0.15　　D. 0.20

4. 常见的铵盐不能用的测定方法是 ( )

A. 间接法　　B. 直接法　　C. 蒸馏法　　D. 甲醛法

5. 用氢氧化钠标准溶液可以直接滴定的物质是 ( )

A. $C_6H_5OH(pK_a=9.95)$　　B. $H_3BO_3(pK_a=9.24)$

C. $H_2O_2(pK_a=11.62)$　　D. $HCOOH(pK_a=3.75)$

6. 双指示剂法测混合碱时，以酚酞作指示剂时用去 HCl 标准溶液 V_1 mL，以甲基橙作指示剂时用去 HCl 标准溶液 V_2 mL，若 $V_1 > V_2$，则该混合碱为 (　　)

A. $Na_2CO_3 + NaHCO_3$　　B. $Na_2CO_3 + NaOH$

C. $NaHCO_3 + NaOH$　　D. $NaOH + Na_2CO_3 + NaHCO_3$

7. 用 HCl 溶液滴定 $NH_3 \cdot H_2O$($pK_b = 4.75$)，可选用的指示剂为 (　　)

A. 酚酞　　B. 甲基橙　　C. 中性红　　D. 百里酚蓝

8. 混合指示剂可以使变色范围变得 (　　)

A. 更窄　　B. 更宽　　C. 无变化　　D. 无法判断

9. 用在 110℃(应在 270℃)下烘过的 Na_2CO_3 标定 HCl 溶液，结果是 (　　)

A. 准确　　B. 偏低　　C. 偏高　　D. 无法判断

10. 已知 HAc、NH_4^+、$H_2PO_4^-$、HS^- 的 K_a 分别是 1.8×10^{-5}、5.6×10^{-10}、6.28×10^{-8} 及 1.0×10^{-14}，它们的共轭碱强度最弱的是 (　　)

A. Ac^-　　B. NH_3　　C. HPO_4^{2-}　　D. S^{2-}

11. 用 $c_{HCl} = 0.10\ mol \cdot L^{-1}$ 的盐酸滴定 $c_{NaOH} = 0.10\ mol \cdot L^{-1}$ 的氢氧化钠溶液，pH 的突跃范围是 9.7～4.3。用 $c_{HCl} = 0.010\ mol \cdot L^{-1}$ 的盐酸滴定 $c_{NaOH} = 0.010\ mol \cdot L^{-1}$ 的氢氧化钠溶液时 pH 的突跃范围是 (　　)

A. 9.7～4.3　　B. 9.7～5.3　　C. 8.7～4.3　　D. 8.7～5.3

12. 某弱酸型指示剂的理论变色范围为 4.5～6.5，此指示剂的解离常数 K_a 约为 (　　)

A. 3.2×10^{-5}　　B. 3.2×10^{-7}　　C. 3.2×10^{-6}　　D. 3.2×10^{-4}

13. 为测定 HCl 与 H_3PO_4 混合溶液中各组分的浓度，取二份此试液，每份 25.00 mL，分别用 $c_{NaOH} = 0.250\ 0\ mol \cdot L^{-1}$ 的氢氧化钠标准溶液滴定，第一份用甲基橙为指示剂，消耗 30.00 mL 氢氧化钠标准溶液；第二份用酚酞为指示剂，消耗 40.00 mL 氢氧化钠标准溶液。溶液中 HCl 与 H_3PO_4 的浓度关系是 (　　)

A. $c(H_3PO_4) = c(HCl)$　　B. $c(H_3PO_4) = 2c(HCl)$

C. $2c(H_3PO_4) = c(HCl)$　　D. $c(H_3PO_4) = 3c(HCl)$

14. 已知邻苯二甲酸氢钾($KHC_8H_4O_4$)摩尔质量为 $204.2\ g \cdot mol^{-1}$，用它来标定 $0.1\ mol \cdot L^{-1}$ NaOH 溶液，应称取邻苯二甲酸氢钾的质量为 (　　)

A. 0.25 g 左右　　B. 0.5 g 左右

C. 0.1 g 左右　　D. 1 g 左右

15. 标定 NaOH 溶液常用的基准物质有 (　　)

A. 无水 Na_2CO_3　　B. 邻苯二甲酸氢钾

C. 硼砂　　D. $CaCO_3$

16. 用同一盐酸溶液分别滴定体积相等的 NaOH 溶液和 $NH_3 \cdot H_2O$ 溶液，消耗盐酸溶液的体积相等。说明两溶液($NaOH$、$NH_3 \cdot H_2O$)中的 (　　)

A. $[OH^-]$相等

B. 两个滴定的 pH 突跃范围相同

C. 两物质的 pK_b 相等

D. NaOH 和 $NH_3 \cdot H_2O$ 的浓度(单位：$mol \cdot L^{-1}$)相等

17. 标定 HCl 溶液常用的基准物质有 (　　)

A. 硼砂（$Na_2B_4O_7 \cdot 10H_2O$）　　B. 草酸（$H_2C_2O_4 \cdot 2H_2O$）

C. 邻苯二甲酸氢钾　　D. $CaCO_3$

18. 以 NaOH 滴定 H_3PO_4（$K_{a_1}=7.5\times10^{-3}$，$K_{a_2}=6.2\times10^{-8}$，$K_{a_3}=5.0\times10^{-13}$）至生成 Na_2HPO_4 时溶液的 pH 为　（　　）

A. 10.7　　B. 9.8　　C. 8.79　　D. 7.7

19. 由于硼酸的解离常数（$K_a=5.8\times10^{-10}$）太小，为测定 H_3BO_3（其摩尔质量为 61.83 $g\cdot mol^{-1}$）含量，需加入甘露醇使硼酸转变为较强的一元络合酸（$K_a=1.0\times10^{-6}$）后，再用准确浓度为 c（单位：$mol\cdot L^{-1}$）的 NaOH 溶液滴定。若硼酸试样重为 G（单位：g），耗用 NaOH 溶液的体积为 V（单位：mL），则硼酸含量的计算式为　（　　）

A. $\frac{cV\times61.83}{G\times1\,000}\times100$　　B. $\frac{cV\times61.83}{G\times2\,000}\times100$

C. $\frac{cV\times61.83}{G\times3\,000}\times100$　　D. $\frac{cV\times2\times61.83}{G\times1\,000}\times100$

20. 强酸强碱的滴定曲线与强酸弱碱的滴定曲线相比，突跃范围　（　　）

A. 更宽　　B. 更窄　　C. 相同　　D. 无法判断

二、填空题（每个空格 1 分，共 10 分）

1. 若二元酸的 $\delta_{HA^-}\gg\delta_{A^{2-}}$、$\delta_{HA^-}\gg\delta_{H_2A}$，则溶液中 ________为主要存在形式。

2. 在测定某碱性物质的实验中，移取试液的移液管未用试液润洗，可使分析结果__________；锥形瓶未用试液润洗，使分析结果________；滴定管未用标准溶液润洗，使分析结果________。

3. 以 $KHC_8H_4O_4$ 标定 0.1 $mol\cdot L^{-1}$ NaOH 溶液（通常以 25 mL 计），应称取 $KHC_8H_4O_4$ 约为________。

4. 标定 NaOH 溶液时，使用了含有少量中性杂质的二水草酸，结果使消耗的 NaOH 体积 ________，得到的 NaOH 浓度 ________。

5. 根据下列情况判断试样中含有 KOH、K_2CO_3、$KHCO_3$ 中的哪些物质：

(1) 用酚酞作指示剂，用去 HCl 体积为 10.00 mL，用甲基橙作指示剂，用去相同浓度的 HCl 体积为 20.00 mL，则试样中含 ________。

(2) 用酚酞不显色，需用甲基橙作指示剂，以 HCl 标定之，则为________。

6. 酸碱滴定时，当指示剂刚好变色时就达到了________。

三、简答题（每题 2.5 分，共 10 分）

1. 简述指示剂的选择原则。

2. 简述什么是终点误差。

3. 为什么 $(NH_4)_2SO_4$ 不能用标准强碱溶液直接滴定？（已知 $NH_3\cdot H_2O$ 的 $K_b=1.8\times10^{-5}$）

4. 简单叙述甲醛法测定 NH_4Cl 的原理。

四、计算题（每题 10 分，共 40 分）

1. 以 0.100 0 $mol\cdot L^{-1}$ HCl 滴定 0.100 0 $mol\cdot L^{-1}$ $NH_3\cdot H_2O$ 为例，绘制滴定曲线，找出突跃范围并选择适当的指示剂。

2. 以硼砂为基准物质，用甲基红作指示剂，标定 HCl 溶液。称取硼砂 0.980 0 g，用去

HCl 22.58 mL，求 HCl 的浓度。

3. 在 0.500 0 g 含 $CaCO_3$ 及不与酸反应的杂质的试样中，加入 30.00 mL 0.150 0 $mol \cdot L^{-1}$ HCl 溶液，过量的酸用 12.00 mL NaOH 溶液回滴。已知 1.00 mL NaOH 溶液相当于 1.05 mL HCl 溶液。求试样中 $CaCO_3$ 的百分含量。

4. 硫氰酸酯试样 0.220 0 g，加 0.120 2 $mol \cdot L^{-1}$ 丁胺溶液 25.00 mL，过量的丁胺需消耗 0.119 9 $mol \cdot L^{-1}$ 高氯酸溶液 14.98 mL。计算试样中 SCN^- 的百分含量。

六、自测试卷答案

一、选择题

1	2	3	4	5	6	7	8	9	10
B	A	C	B	D	B	B	A	C	A
11	12	13	14	15	16	17	18	19	20
D	C	C	B	B	D	A	B	A	A

二、填空题

1. HA^-　2. 偏低　准确　偏高　3. 0.5g　4. 减少　增大　5. K_2CO_3　$KHCO_3$　6. 滴定终点

三、简答题

1. 指示剂的变色范围全部或部分落入滴定的 pH 突跃范围之内。

2. 滴定终点(利用指示剂颜色变化确定)与化学计量点之间的误差。

3. 因为 $NH_3 \cdot H_2O$ 的 $K_b = 1.8 \times 10^{-5}$（$pK_b = 4.74$），所以 NH_4^+ 的 $K_a = 5.5 \times 10^{-10}$（$pK_a = 14 - 4.74 = 9.26$），显然不符合 $cK_a \geqslant 10^{-8}$ 的滴定条件。

4. $4NH_4^+ + 6HCHO = (CH_2)_6N_4H^+ + 3H^+ + 6H_2O$

$(CH_2)_6N_4H^+ + 3H^+ + 4OH^- = (CH_2)_6N_4 + 4H_2O$

四、计算题

1. 曲线略。突跃范围 pH＝6.25～4.30，可用甲基红、溴甲酚绿作指示剂。

2. 0.227 6 $mol \cdot L^{-1}$

3. 26.13％

4. 31.91％

第八章　沉淀-溶解平衡及沉淀滴定

一、目的要求

1. 掌握：难溶强电解质的沉淀-溶解平衡及表达式。

2. 熟悉：溶度积与溶解度的关系，溶度积规则；并应用溶度积规则判断沉淀的生成和溶解及沉淀的次序。

3. 了解：沉淀滴定法的有关应用。

二、本章要点

在强电解质中，有一类在水中溶解度较小，但它们在水中溶解的部分是全部解离的，这类电解质称为难溶强电解质。如 $BaSO_4$、AgCl 等在水中的溶解度很小，但它们是离子型晶体，一旦溶解就完全解离。在一定温度下，当溶解速度与沉淀速度相等，溶液达到饱和时，未溶解的固体与已溶解的离子之间将形成一个动态平衡。

$K_{sp}^{\ominus}$称为**溶度积常数**，简称**溶度积**。它表明在一定温度下，难溶强电解质的饱和溶液中，有关离子浓度(按化学计量方次)的乘积是一个常数。它的大小与难溶强电解质的溶解度有关，故称为溶度积常数。

严格地讲，溶度积应以离子活度(按化学计量方次)的乘积(简称活度积 $K_{ap}^{\ominus}$)来表示。由于难溶强电解质的溶解度很小，溶液中离子强度不大，离子的活度与浓度相差甚微，故 $K_{sp}^{\ominus} \approx K_{ap}^{\ominus}$。通常在计算中为了方便，可用 $K_{sp}^{\ominus}$代替 $K_{ap}^{\ominus}$。

在一定温度下每一种难溶电解质溶度积的表达形式如下：

$$A_mB_n(s) \rightleftharpoons mA^{n+} + nB^{m-}$$

$$K_{sp}^{\ominus} = [c(A^{n+})]^m [c(B^{m-})]^n \qquad (8\text{-}1)$$

运用上式时需注意：① 上述关系式只有难溶强电解质为饱和溶液时才能成立，否则溶液中就不能建立动态平衡，也就不能导出上述关系式；② 式中是有关离子的浓度，而不是难溶强电解质的浓度，$K_{sp}^{\ominus}$与沉淀的量无关；③ 溶液中离子浓度变化只能使平衡移动，而不能改变溶度积。

与其他平衡常数一样，$K_{sp}^{\ominus}$只与物质的本性和温度有关，当温度一定时，同一物质的 $K_{sp}^{\ominus}$为一常数；温度不同时，溶解度不同，$K_{sp}^{\ominus}$也就不同。

溶度积与溶解度都可以用来表示难溶强电解质的溶解能力。当温度一定时，对于相同类型的难溶强电解质，$K_{sp}^{\ominus}$越大，其溶解度越大；反之，则越小。但对不同类型的难溶强电解质，则不能直接由 $K_{sp}^{\ominus}$来比较其溶解度的大小。

溶度积规则：

$Q=K_{sp}^{\ominus}$，此时溶液为饱和溶液，饱和溶液与未溶固体处于平衡状态。

$Q>K_{sp}^{\ominus}$，此时溶液为过饱和溶液，沉淀将从溶液中析出，直至建立平衡为止。

$Q<K_{sp}^{\ominus}$，此时溶液为未饱和溶液，无沉淀生成。若向溶液中加入固体，固体会溶解，直至建立平衡为止。

根据溶度积规则可知，要使沉淀自溶液中析出，必须增大溶液中有关离子的浓度，使难溶强电解质的离子积大于溶度积，即 $Q>K_{sp}^{\ominus}$。一般可采用加入过量沉淀剂、控制溶液的 pH 以及应用同离子效应与盐效应的方法来实现。

其中，因加入含有相同离子的强电解质而使难溶强电解质的溶解度降低的效应，称为沉淀-溶解平衡的**同离子效应**。

实际工作中，利用同离子效应降低难溶强电解质的溶解度的原理，加入适当过量沉淀剂就可使沉淀反应更趋完全。在定量分析中，如果溶液中残留的离子浓度小于 $1\times10^{-6}\ \text{mol}\cdot\text{L}^{-1}$，便可认为沉淀已经“完全”了。

若在难溶强电解质溶液中，加入一种不含相同离子的强电解质，将使难溶强电解质的溶解度略有增加，这种现象称为**盐效应**。例如，$PbSO_4$ 在 KNO_3 溶液中的溶解度就比在纯水中大一些，并且 KNO_3 的浓度愈大，溶解度也愈大。这是因为加入强电解质 KNO_3 后，溶液中离子总数剧增，使得 Pb^{2+} 和 SO_4^{2-} 的周围都吸引了大量异性电荷而形成“离子氛”，束缚了 Pb^{2+} 和 SO_4^{2-} 的自由行动，从而在单位时间里 Pb^{2+} 和 SO_4^{2-} 与沉淀结晶表面的碰撞次数减少，致使溶解的速度暂时超过了离子回到结晶上的速度，所以 $PbSO_4$ 的溶解度就增加了。

需指出的是，在加入具有相同离子的强电解质产生同离子效应的同时，也能产生盐效应。前者使沉淀的溶解度降低，后者使溶解度增大，但一般盐效应不如同离子效应所起的作用大，故在一般计算中不必考虑盐效应。

如果在溶液中有两种以上的离子可与同一试剂反应产生沉淀，由于各种沉淀的溶度积的不同，则沉淀时的先后次序不同，首先析出的是离子积最先达到溶度积的化合物。这种按先后顺序沉淀的现象，叫作分步沉淀。

可见对于同类型的难溶电解质来说，$K_{sp}^{\ominus}$ 小的先沉淀，而且溶度积差别越大，后沉淀离子的浓度越小，分离的效果越好。但应该注意的是：对于不同类型的难溶电解质，因有不同浓度幂次关系，就不能直接根据其溶度积的大小来判断沉淀的先后次序和分离效果。

分步沉淀常应用于离子的分离。当一种试剂能沉淀溶液中几种离子时，生成沉淀所需试剂离子浓度越小的越先沉淀。如果生成各种沉淀所需试剂离子的浓度相差较大，就能分步沉淀，从而达到分离目的。当然，分离效果还与溶液中被沉淀离子的最初浓度有关。

在实际工作中，常常需要将沉淀从一种形式转化为另一种形式，称为沉淀转化。例如，锅炉中锅垢含有 $CaSO_4$，不易去除，可以用 Na_2CO_3 处理，使其转化为易溶于酸的沉淀，便于清除。反应的离子方程式：

$$CaSO_4(s)+CO_3^{2-}(aq)\rightleftharpoons CaCO_3(s)+SO_4^{2-}(aq)$$

平衡常数：

$$K^{\ominus}=\frac{c(SO_4^{2-})/c^{\ominus}}{c(CO_3^{2-})/c^{\ominus}}=\frac{[c(SO_4^{2-})/c^{\ominus}][c(Ca^{2+})/c^{\ominus}]}{[c(CO_3^{2-})/c^{\ominus}][c(Ca^{2+})/c^{\ominus}]}=\frac{K_{sp}^{\ominus}(CaSO_4)}{K_{sp}^{\ominus}(CaCO_3)}$$

$$=\frac{2.45\times10^{-5}}{8.7\times10^{-9}}=2.8\times10^{3}$$

沉淀转化的平衡常数越大，转化越易实现。

应该指出，由一种难溶强电解质转化为另一种更难溶强电解质是比较容易的，反之，则比较困难，甚至不可能转化。

根据溶度积规则，沉淀溶解的必要条件是 $Q<K_{sp}^{\ominus}$，因此只需加入适当试剂，降低溶液中难溶电解质的某种离子浓度，沉淀便可溶解。常用的方法有：生成弱电解质、生成配合物、利用氧化还原反应。

沉淀滴定法是利用沉淀反应来进行的滴定分析方法，要求沉淀的溶解度小，即反应需定量、完全；沉淀的组成要固定，即被测离子与沉淀剂之间要有准确的化学计量关系；沉淀反应速率快；沉淀吸附的杂质少；要有适当的指示剂指示滴定终点。形成沉淀的反应虽然很多，但能同时满足上述要求的反应并不多。比较常用的是利用生成难溶的银盐的反应：$Ag^{+}+X^{-}=\!=\!=AgX(s)$，因此又称银量法，它可以测定 Cl^{-}，Br^{-}，I^{-}，SCN^{-} 和 Ag^{+}。

在银量法中有两类指示剂。一类是利用稍过量的滴定剂与指示剂形成的带色化合物而显示终点；另一类是利用在化学计量点时指示剂被沉淀吸附带来颜色的改变以指示滴定终点。

一、与滴定剂反应的指示剂

1. 莫尔(Mohr)法——铬酸钾作指示剂

(1) 方法原理：在含有 Cl^{-} 的中性或弱碱性溶液中，以 K_2CrO_4 作指示剂，用 $AgNO_3$ 溶液直接滴定 Cl^{-}。由于 AgCl 的溶解度小于 Ag_2CrO_4 的溶解度，根据分步沉淀原理，先析出的是 AgCl 白色沉淀，当 Ag^{+} 与 Cl^{-} 定量沉淀完全后，稍过量的 Ag^{+} 与 CrO_4^{2-} 生成 Ag_2CrO_4 砖红色沉淀，以指示滴定终点。

$$Ag^{+}+Cl^{-}=\!=\!=AgCl(s)\qquad K_{sp}^{\ominus}=1.8\times10^{-10}$$

$$2Ag^{+}+CrO_4^{2-}=\!=\!=Ag_2CrO_4(s)\qquad K_{sp}^{\ominus}=1.1\times10^{-12}$$

(2) 滴定条件：莫尔法的滴定条件主要是控制溶液中 K_2CrO_4 的浓度和溶液的酸度。

K_2CrO_4 的浓度过大或过小，会使 Ag_2CrO_4 沉淀过早或过迟地出现，影响终点的判断。应该在滴定到化学计量点时出现 Ag_2CrO_4 沉淀最为适宜。根据溶度积原理，化学计量点时：

$$c(Ag^{+})=c(Cl^{-})=\sqrt{K_{sp}^{\ominus}}$$

$$c(CrO_4^{2-})=\frac{K_{sp}^{\ominus}(Ag_2CrO_4)}{c^2(Ag^{+})}=\frac{1.1\times10^{-12}}{1.8\times10^{-10}}\ mol\cdot L^{-1}$$

计算得 $c(CrO_4^{2-})$ 为 $0.006\ mol\cdot L^{-1}$。实验证明，滴定终点时，K_2CrO_4 的浓度约为 $0.005\ mol\cdot L^{-1}$ 较为适宜。

以 K_2CrO_4 作指示剂，用 $AgNO_3$ 溶液滴定 Cl^{-} 的反应需在中性或弱碱性介质(pH 6.5 ～ 8.5)中进行。因为在酸性溶液中不生成 Ag_2CrO_4 沉淀(H_2CrO_4 的解离常数 $K_{a_2}^{\ominus}=3.2\times10^{-7}$)：

$$Ag_2CrO_4(s)+H^{+}=\!=\!=2Ag^{+}+HCrO_4^{-}$$

若在强碱性或氨性溶液中，$AgNO_3$ 会与 OH^{-} 反应生成沉淀或与氨形成配合物：

$$2Ag^{+}+2OH^{-}=\!=\!=Ag_2O+H_2O$$

$$Ag^+ + 2NH_3 = [Ag(NH_3)_2]^+$$
$$AgCl + 2NH_3 = [Ag(NH_3)_2]^+ + Cl^-$$

因此，若试液显酸性，应先用 $Na_2B_4O_7 \cdot 10H_2O$ 或 $NaHCO_3$ 中和；若试液呈碱性，应先用 HNO_3 中和，然后进行滴定。

另外，滴定时要充分振荡。因为在化学计量点前，AgCl 沉淀会吸附 Cl^-，使 Ag_2CrO_4 沉淀过早出现而被误认为终点到达。滴定中充分摇荡可使 AgCl 沉淀吸附的 Cl^- 释放出来，与 Ag^+ 反应完全。

(3) 应用范围：

① 莫尔法主要用于测定氯化物中的 Cl^- 和溴化物中的 Br^-。当 Cl^-、Br^- 共存时，测得的是它们的总量。由于 AgI 和 AgSCN 的强烈吸附性质，会使终点过早出现，故不适宜用该法测定 I^- 和 SCN^-。

② 凡能与 Ag^+ 生成沉淀的阴离子，如 PO_4^{3-}、AsO_4^{3-}、S^{2-}、CO_3^{2-}、$C_2O_4^{2-}$ 等以及能与 CrO_4^{2-} 生成沉淀的阳离子，如 Ba^{2+}、Pb^{2+}、Hg^{2+} 等和与 Ag^+ 生成配合物的物质，如 NH_3、EDTA、KCN、$S_2O_3^{2-}$ 等都对测定有干扰。在中性或弱碱性溶液中能发生水解的金属离子也不应存在。

③ 莫尔法适宜于用 Ag^+ 溶液滴定 Cl^-，而不能用 NaCl 溶液滴定 Ag^+。因为滴定前 Ag^+ 与 CrO_4^{2-} 生成 $Ag_2CrO_4(s)$，而它转化为 AgCl(s)的速率很慢。

2. 佛尔哈得(Volhard)法——铁铵矾作指示剂

(1) 方法原理：用铁铵矾($FeNH_4(SO_4)_2 \cdot 12H_2O$)作指示剂的佛尔哈得法，按滴定方式的不同，可分为直接滴定法和返滴定法。

① 直接滴定法测定 Ag^+。在含有 Ag^+ 的硝酸溶液中，以铁铵矾作指示剂，用 NH_4SCN 作滴定剂，产生 AgSCN 沉淀。在化学计量点后，稍过量的 SCN^- 与 Fe^{3+} 生成红色的 $[Fe(SCN)]^{2+}$ 配合物，以指示终点。

$$Ag^+ + SCN^- = AgSCN(s)\ (白色) \qquad K_{sp}^{\ominus} = 1.1 \times 10^{-12}$$
$$Fe^{3+} + SCN^- = [Fe(SCN)]^{2+}\ (红色) \qquad K^{\ominus} = 200$$

② 返滴定法测定 Cl^-，Br^-，I^-，SCN^-。先于试液中加入过量的 $AgNO_3$ 标准溶液，以铁铵矾作指示剂，再用 NH_4SCN 标准溶液滴定剩余的 Ag^+。

(2) 滴定条件：需注意控制指示剂浓度和溶液的酸度。实验表明，$[Fe(SCN)]^{2+}$ 的最低浓度为 6×10^{-5} mol·L^{-1}时，能观察到明显的红色，且滴定反应要在 HNO_3 介质中进行。在中性或碱性介质中，Fe^{3+} 会水解；Ag^+ 在碱性介质中会生成 Ag_2O 沉淀，在氨性溶液中会生成$[Ag(NH_3)_2]^+$。滴定反应在酸性溶液中进行还可避免许多阴离子的干扰。因此溶液酸度一般大于0.3 mol·L^{-1}。另外，用 NH_4SCN 标准溶液直接滴定 Ag^+ 时要充分摇荡，避免 AgSCN 沉淀对 Ag^+ 的吸附，防止终点过早出现。

当用返滴定法测定 Cl^- 时，溶液中有 AgCl 和 AgSCN 两种沉淀。化学计量点后，稍过量的 SCN^- 会与 Fe^{3+} 形成红色的$[Fe(SCN)]^{2+}$，也会使 AgCl 转化为溶解度更小的 AgSCN 沉淀。此时剧烈的摇荡会促使沉淀转化，而使溶液红色消失，给测定带来误差。为避免这种误差，可在加入过量 $AgNO_3$ 后，将溶液煮沸使 AgCl 沉淀凝聚，以减少 AgCl 沉淀对 Ag^+ 的吸附。然后过滤，再用 NH_4SCN 标准溶液滴定滤液中剩余的 Ag^+。也可以加入有机溶剂如硝基苯(有毒)，用力摇荡使 AgCl 沉淀进入有机层，避免 AgCl 与 SCN^- 的接触，从而消除沉淀转化的影响。

(3) 应用范围：由于佛尔哈得法在酸性介质中进行，许多弱酸根离子的存在不影响测定，因此选择性高于莫尔法。可用于测定 Cl^-，Br^-，I^-，SCN^-，Ag^+ 等。但强氧化剂、氮的氧化物、铜盐、汞盐等能与 SCN^- 作用，对测定有干扰，需预先除去。

当用返滴定法测定 Br^- 和 I^- 时，由于 AgBr 和 AgI 的溶解度小于 AgSCN 的溶解度，故不会发生沉淀的转化反应，不必采取上述措施。但在测定 I^- 时，应先加入过量的 $AgNO_3$ 溶液，后加指示剂。否则 Fe^{3+} 将与 I^- 反应析出 I_2，影响测定结果的准确度。

二、吸附指示剂法 —— 法扬司(Fajan's)法

吸附指示剂是一类有色的有机化合物。它的阴离子在溶液中容易被带电荷的胶状沉淀吸附，使分子结构发生变化而引起颜色的变化，以指示滴定终点。如荧光黄(HFl)，它是一种有机弱酸，在溶液中它的阴离子 Fl^- 呈黄绿色。当用 $AgNO_3$ 溶液滴定 Cl^- 时，在化学计量点前，AgCl 沉淀吸附过剩的 Cl^- 而带负电荷，Fl^- 不被吸附，溶液呈黄绿色。化学计量点后，AgCl 沉淀吸附稍过量的 Ag^+ 而带正电荷，就会再去吸附 Fl^-，使溶液由黄绿色转变为粉红色：

$$(AgCl)Ag^+ + Fl^- \xlongequal{\quad} \underset{(黄绿色)}{} \underset{(粉红色)}{(AgCl)Ag \cdot Fl}$$

为使终点颜色变化明显，使用吸附指示剂时，应该注意的是：

(1) 尽量使沉淀的比表面大一些，有利于加强吸附，使发生在沉淀表面的颜色变化明显，并阻止卤化银凝聚，保持其胶体状态。通常加入糊精作保护胶体。

(2) 溶液浓度不宜太稀，否则沉淀很少，难以观察终点。

(3) 溶液酸度要适当。常用的吸附指示剂多为有机弱酸，其 K_a 值各不相同，为使指示剂呈阴离子状态，必须控制适当的酸度。如荧光黄($pK_a=7$)只能在中性或弱碱性(pH 7 ～ 10)溶液中使用，若 $pH < 7$，指示剂主要以 HFl 形式存在，就不被沉淀吸附，无法指示终点。

(4) 避强光滴定。因为卤化银对光敏感，见光会分解转化为灰黑色，影响终点观察。

各种吸附指示剂的特性相差很大。滴定条件、酸度要求、适用范围等都不相同。另外，指示剂的吸附性能也不同，指示剂的吸附性能应适当，不能过大或过小，否则变色不敏锐。例如，卤化银对卤化物和几种吸附指示剂的吸附能力的次序为 $I^- > SCN^- > Br^- >$ 曙红 $> Cl^- >$ 荧光黄。因此滴定 Cl^-，应选择荧光黄，不能选曙红。

三、标准溶液的配制与标定

银量法中常用的标准溶液是 $AgNO_3$ 和 NH_4SCN 溶液。

$AgNO_3$ 标准溶液可以直接用干燥的 $AgNO_3$ 来配制，一般采用标定法。配制 $AgNO_3$ 溶液的蒸馏水中应不含 Cl^-。$AgNO_3$ 溶液见光易分解，应保存于棕色瓶中。常用基准物 NaCl 标定 $AgNO_3$ 溶液。NaCl 易吸潮，使用前将它置于瓷坩埚中，加热至 500℃ ～ 600℃ 干燥，然后放入保干器中冷却备用。标定方法应采取与测定相同的方法，可消除方法的系统误差，一般用莫尔法。

市售 NH_4SCN 不符合基准物质要求，不能直接称量配制。常用已标定好的 $AgNO_3$ 溶液按佛尔哈得法的直接滴定法进行标定。

四、应用示例

天然水中 Cl^- 含量的测定：天然水中几乎都含 Cl^-，其含量变化大，河水湖泊中 Cl^- 含量一般较低，海水、盐湖及地下水中 Cl^- 含量较高。一般用莫尔法测定 Cl^-，若水中含 PO_4^{3-}，S^{2-}，SO_3^{2-} 等，则采用佛尔哈得法测定。

固体溴化钾的测定：准确称取试样，用蒸馏水溶解后，加稀醋酸及曙红指示剂，用 $AgNO_3$ 标准溶液滴定至出现桃红色凝乳状沉淀为终点。

三、例题解析

1. (1) 已知 25℃ 时 PbI_2 在纯水中的溶解度为 1.29×10^{-3} mol·L^{-1}，求 PbI_2 的溶度积。

(2) 已知 25℃ 时 $BaCrO_4$ 在纯水中的溶解度为 2.91×10^{-3} g·L^{-1}，求 $BaCrO_4$ 的溶度积。

解 (1) $K_{sp}=1.29\times10^{-3}\times(1.29\times10^{-3}\times2)^2=8.59\times10^{-9}$

(2) $K_{sp}=\left(\dfrac{2.91\times10^{-3}}{253.32}\right)^2=1.32\times10^{-10}$

2. 由下列难溶物的溶度积求其在纯水中的溶解度 s（分别以 mol·L^{-1} 和 g·L^{-1} 为单位；忽略副反应）：

(1) $Zn(OH)_2$　　$K_{sp}=4.12\times10^{-17}$

(2) PbF_2　　$K_{sp}=7.12\times10^{-7}$

解 (1) $K_{sp}=s\times(2s)^2=4.12\times10^{-17}$，$s=2.17\times10^{-6}$ mol·L^{-1}，即 2.16×10^{-4} g·L^{-1}。

(2) $K_{sp}=s\times(2s)^2=7.12\times10^{-7}$，$s=5.63\times10^{-3}$ mol·L^{-1}，即 1.379 g·L^{-1}。

3. 已知在 298 K 时 $Mg(OH)_2$ 的 $K_{sp}=5.61\times10^{-12}$，如果在 50 mL 0.01 mol·L^{-1} 的 $MgCl_2$ 溶液中加入同样体积 0.03 mol·L^{-1} 的 NaOH 溶液，是否有 $Mg(OH)_2$ 沉淀生成？

解 由于 $MgCl_2$ 和 NaOH 都是强电解质，所以：

$$[Mg^{2+}]=\frac{0.01\times0.05}{0.1}=0.005(\text{mol}\cdot\text{L}^{-1})$$

$$[OH^-]=\frac{0.03\times0.05}{0.1}=0.015(\text{mol}\cdot\text{L}^{-1})$$

$c(Mg^{2+})\cdot[c(OH^-)]^2=0.005\times0.015^2=1.1\times10^{-6}$

$Q>K_{sp}$，所以有 $Mg(OH)_2$ 沉淀生成。

4. 若在 1.0 L Na_2CO_3 溶液中要使 0.010 mol 的 $CaSO_4$ 转化为 $CaCO_3$，则 Na_2CO_3 的最初浓度为多少？

解 25℃时，$K_{sp}^{\ominus}(CaSO_4)=7.1\times10^{-5}$，$K_{sp}^{\ominus}(CaCO_3)=4.9\times10^{-9}$，该沉淀转化反应的离子方程式为：

$$CaSO_4(s)+CO_3^{2-}(aq)\rightleftharpoons CaCO_3(s)+SO_4^{2-}(aq)$$

反应的标准平衡常数为：

$$K^{\ominus}=\frac{c_{eq}(SO_4^{2-})/c^{\ominus}}{c_{eq}(CO_3^{2-})/c^{\ominus}}=\frac{[c_{eq}(Ca^{2+})/c^{\ominus}]\cdot[c_{eq}(SO_4^{2-})/c^{\ominus}]}{[c_{eq}(Ca^{2+})/c^{\ominus}]\cdot[c_{eq}(CO_3^{2-})/c^{\ominus}]}=\frac{K_{sp}^{\ominus}(CaSO_4)}{K_{sp}^{\ominus}(CaCO_3)}=\frac{7.1\times10^{-5}}{4.9\times10^{-9}}=1.4\times10^4$$

若 Na_2CO_3 的最初浓度为 $c(Na_2CO_3)$，则 SO_4^{2-} 和 CO_3^{2-} 的平衡浓度分别为 0.01 mol·L^{-1}

和 $c(Na_2CO_3)-0.01\ mol\cdot L^{-1}$。代入平衡常数表达式中得：

$$\frac{0.010}{[c(Na_2CO_3)/c^{\ominus}]-0.010}=1.4\times10^4$$

$$c(Na_2CO_3)\approx0.010\ mol\cdot L^{-1}$$

5. 某溶液含有 Fe^{3+} 和 Fe^{2+}，其浓度均为 $0.050\ mol\cdot L^{-1}$，若要求 $Fe(OH)_3$ 完全沉淀而不生成 $Fe(OH)_2$ 沉淀，需控制 pH 在什么范围？

解　$Fe(OH)_3$ 完全沉淀：

$c_{Fe^{3+}}\leqslant10^{-6}\ mol\cdot L^{-1}$

$c_{Fe^{3+}}\cdot c_{OH^-}^3=K_{sp}=2.64\times10^{-39}\Rightarrow c_{OH^-}=1.38\times10^{-11}\ mol\cdot L^{-1}$　$pH=3.14$

要使 $Fe(OH)_2$ 不沉淀：

$c_{Fe^{2+}}\times c_{OH^-}^2=K_{sp}$，$c_{Fe^{2+}}=0.05\ mol\cdot L^{-1}$

$c_{OH^-}=3.12\times10^{-8}\ mol\cdot L^{-1}$　$pH=6.49$

即 pH 在 3.14～6.49 之间。

6. 某溶液中含有 Cl^- 和 CrO_4^{2-}，浓度分别为 $0.10\ mol\cdot L^{-1}$ 和 $0.0010\ mol\cdot L^{-1}$。通过计算说明，逐滴加入 $AgNO_3$ 溶液，哪一种沉淀首先析出？当第二种沉淀析出时，第一种沉淀是否已经完全沉淀？（忽略滴加 $AgNO_3$ 溶液时的体积变化）

解　25℃时，$K_{sp}^{\ominus}(AgCl)=1.8\times10^{-10}$，$K_{sp}^{\ominus}(Ag_2CrO_4)=1.1\times10^{-12}$。

开始生成 AgCl 沉淀和 Ag_2CrO_4 沉淀所需要的 Ag^+ 浓度分别为：

$$c_{Ag^+}(AgCl)\geqslant\frac{K_{sp}^{\ominus}(AgCl)}{c(Cl^-)}=\frac{1.8\times10^{-10}}{0.10}=1.8\times10^{-9}(mol\cdot L^{-1})$$

$$c_{Ag^+}(Ag_2CrO_4)\geqslant\sqrt{\frac{K_{sp}^{\ominus}(Ag_2CrO_4)}{c(CrO_4^{2-})}}=\sqrt{\frac{1.1\times10^{-12}}{0.0010}}=3.3\times10^{-5}(mol\cdot L^{-1})$$

生成 AgCl 所需要的 Ag^+ 浓度较小，因此首先生成 AgCl 沉淀。

当 Ag_2CrO_4 沉淀析出时，溶液中 Ag^+ 浓度为 $3.3\times10^{-5}mol\cdot L^{-1}$。此时溶液中 Cl^- 浓度为：

$$c_{eq}(Cl^-)=\frac{1.8\times10^{-10}}{3.3\times10^{-5}}=5.5\times10^{-6}(mol\cdot L^{-1})$$

一般来说，一种离子与沉淀剂生成沉淀后，其浓度不超过 $1.0\times10^{-6}\ mol\cdot L^{-1}$ 时，则认为该离子已经沉淀完全，因此，当 Ag_2CrO_4 沉淀析出时 Cl^- 还没有沉淀完全。

四、习题解答

1. 写出下列难溶强电解质 $PbCl_2$、AgBr、$Ba_3(PO_4)_2$、Ag_2S 的溶度积表示式。

解　$PbCl_2$：$K_{sp}^{\ominus}=[Pb^{2+}][Cl^-]^2$

AgBr：$K_{sp}^{\ominus}=[Ag^+][Br^-]$

$Ba_3(PO_4)_2$：$K_{sp}^{\ominus}=[Ba^{2+}]^3[PO_4^{3-}]^2$

Ag_2S：$K_{sp}^{\ominus}=[Ag^+]^2[S^{2-}]$

2. 已知 Ag_2S 的 $K_{sp}^{\ominus}=1.6\times10^{-49}$，PbS 的 $K_{sp}^{\ominus}=3.4.\times10^{-28}$。在各自的饱和溶液中，$[Ag^+]$、$[Pb^{2+}]$各是多少？

解 $Ag_2S(s) \rightleftharpoons 2Ag^+ + S^{2-}$

$$[Ag^+] \quad \frac{[Ag^+]}{2}$$

$$K_{sp}^{\ominus}=[Ag^+]^2\times[S^{2-}]=\frac{1}{2}[Ag^+]^3$$

$[Ag^+]=6.8\times10^{-17}\ mol\cdot L^{-1}$

$PbS(s) \rightleftharpoons Pb^{2+} + S^{2-}$

$$[Pb^{2+}] \quad [Pb^{2+}]$$

$K_{sp}^{\ominus}=[Pb^{2+}]\times[S^{2-}]=[Pb^{2+}]^2$

$[Pb^{2+}]=1.8\times10^{-14}\ mol\cdot L^{-1}$

3. 已知 298K 时 PbI_2 在纯水中的溶解度为 $1.35\times10^{-3}\ mol\cdot L^{-1}$，求其溶度积。

解 $PbI_2(s) \rightleftharpoons PbI_2(aq) \rightleftharpoons Pb^{2+} + S^{2-}$

$$s \qquad s \qquad 2s$$

$K_{sp}^{\ominus}=[Pb^{2+}][I^-]^2=s\times(2s)^2=4s^3$

$K_{sp}^{\ominus}=4\times(1.35\times10^{-3})^3=9.84\times10^{-9}$

4. Ag^+、Pb^{2+} 两种离子的质量浓度均为 100 mg·L^{-1}，要使之生成碘化物沉淀，问需用最低的$[I^-]$各为多少？AgI 和 PbI_2 沉淀哪个先析出？($K_{sp}^{\ominus}(AgI)=8.52\times10^{-17}$，$K_{sp}^{\ominus}(PbI_2)=9.8\times10^{-9}$)

解 Ag^+ 的物质的量浓度为：

$$\frac{\rho}{M}=\frac{100\times10^{-3}}{108}=9.26\times10^{-4}(mol\cdot L^{-1})$$

Pb^{2+} 的物质的量浓度为：

$$\frac{\rho}{M}=\frac{100\times10^{-3}}{207.2}=4.83\times10^{-4}(mol\cdot L^{-1})$$

要使 AgI 沉淀，要求 $Q=c_{Ag^+}\times c_{I^-}\geqslant K_{sp}^{\ominus}(AgI)$，

$$c_{I^-}\geqslant\frac{K_{sp}^{\ominus}(AgI)}{c_{Ag^+}}=\frac{8.52\times10^{-17}}{9.26\times10^{-4}}=9.2\times10^{-14}(mol\cdot L^{-1})$$

要使 PbI_2 沉淀，要求 $Q=c_{Pb^{2+}}\times(c_{I^-})^2\geqslant K_{sp}^{\ominus}(PbI_2)$，

$$c_{I^-}\geqslant\sqrt{\frac{K_{sp}^{\ominus}(PbI_2)}{c_{Pb^{2+}}}}=\sqrt{\frac{9.8\times10^{-9}}{4.83\times10^{-4}}}=4.5\times10^{-3}(mol\cdot L^{-1})$$

因此，先沉淀的是 AgI。

5. 一种溶液含有 Fe^{3+} 和 Fe^{2+}，它们的浓度均为 0.010 mol·L^{-1}，当 $Fe(OH)_2$ 开始沉淀时，Fe^{3+} 的浓度是多少？($K_{sp}^{\ominus}(Fe(OH)_3)=2.79\times10^{-39}$，$K_{sp}^{\ominus}(Fe(OH)_2)=4.87\times10^{-17}$)

解 先判断 Fe^{3+} 和 Fe^{2+} 中哪个先沉淀：

要使 Fe^{3+} 沉淀，要求 $Q=c_{Fe^{3+}}\times(c_{OH^-})^3\geqslant K_{sp}(Fe(OH)_3)$。

$$c_{OH^-}\geqslant\sqrt[3]{\frac{K_{sp}(Fe(OH)_3)}{c_{Fe^{3+}}}}=6.5\times10^{-13}\ mol\cdot L^{-1}$$

要使 Fe^{2+} 沉淀，要求 $Q=c_{Fe^{2+}}\times(c_{OH^-})^2\geqslant K_{sp}(Fe(OH)_2)$。

$$c_{OH^-}\geqslant\sqrt{\frac{K_{sp}(Fe(OH)_2)}{c_{Fe^{2+}}}}=7.0\times10^{-8}\ mol\cdot L^{-1}$$

所以,Fe^{3+}先沉淀。

当Fe^{2+}开始沉淀的时候,Fe^{3+}已经沉淀,所以这时微量溶解出来的$Fe(OH)_3$在水中是饱和的,即$Fe(OH)_3$处于饱和状态(达到了沉淀-溶解平衡)。所以:

$Q=K_{sp}[Fe(OH)_3]=[Fe^{3+}][OH^-]^3$

$[OH^-]=7.0\times10^{-8}\,mol\cdot L^{-1}$

$$[Fe^{3+}]=\frac{K_{sp}[Fe(OH)_3]}{[OH^-]^3}=8.1\times10^{-18}\,mol\cdot L^{-1}\leqslant10^{-6}\,mol\cdot L^{-1}$$

当$Fe(OH)_2$开始沉淀的时候,Fe^{3+}已经沉淀完全。

6. 现有0.1 $mol\cdot L^{-1}$的Fe^{2+}和Fe^{3+}溶液,问如何控制溶液的pH仅使一种离子沉淀而另一种离子留在溶液中?($K_{sp}(Fe(OH)_3)=2.79\times10^{-39}$,$K_{sp}(Fe(OH)_2)=4.87\times10^{-17}$)

解　$Fe(OH)_2$开始沉淀时:

$$[OH^-]=\sqrt{\frac{K_{sp}}{[Fe^{2+}]}}=\sqrt{\frac{4.87\times10^{-17}}{0.1}}=2.2\times10^{-8}(mol\cdot L^{-1})$$

$pOH=-\lg[OH^-]=-\lg 2.2\times10^{-8}=7.66$

$pH=14-pOH=6.34$

$Fe(OH)_3$开始沉淀时:

$$[OH^-]=\sqrt[3]{\frac{K_{sp}}{[Fe^{3+}]}}=\sqrt[3]{\frac{2.79\times10^{-39}}{0.1}}=3.0\times10^{-13}(mol\cdot L^{-1})$$

所以,Fe^{3+}先沉淀。

当Fe^{3+}沉淀完全时:

$$[OH^-]=\sqrt[3]{\frac{K_{sp}}{[Fe^{3+}]}}=\sqrt[3]{\frac{2.79\times10^{-39}}{10^{-6}}}=1.4\times10^{-11}(mol\cdot L^{-1})$$

$pOH=-\lg[OH^-]=-\lg 1.4\times10^{-11}=10.85$

$pH=14-pOH=3.15$

所以pH范围是:$3.15<pH<6.34$。

7. 欲使0.10 mol的MnS和CuS溶于1.0 L盐酸中,问所需盐酸的最低浓度各是多少?

解　$MnS+2H^+\rightleftharpoons Mn^{2+}+H_2S$

$$K=\frac{[Mn^{2+}][H_2S]}{[H^+]^2}=\frac{K_{sp}}{K_{a_1}\cdot K_{a_2}}$$

$$\frac{0.1\times0.1}{[H^+]^2}=\frac{1.40\times10^{-15}}{1.1\times10^{-21}},\ [H^+]=8.9\times10^{-5}\ mol\cdot L^{-1}$$

$c(HCl)=[H^+]+c(H^+)\approx0.2\ moL\cdot L^{-1}$

同理对CuS,得$[H^+]=3.6\times10^{10}\ mol\cdot L^{-1}$。

8. 假设溶于水中的$Mn(OH)_2$完全解离,试计算:(1) $Mn(OH)_2$在水中的溶解度;(2) $Mn(OH)_2$在0.10 $mol\cdot L^{-1}$ NaOH溶液中的溶解度。(假如$Mn(OH)_2$在NaOH溶液中不发生其他变化)

解　$K_{sp}=4.0\times10^{-14}$

(1) $Mn(OH)_2\rightleftharpoons Mn^{2+}+2OH^-$

$K_{sp}=s\times(2s)^2=4s^3$

$s=\sqrt[3]{\frac{K_{sp}}{4}}=2.2\times10^{-5}\text{ mol}\cdot\text{L}^{-1}$

(2) $Mn(OH)_2 \rightleftharpoons Mn^{2+}+2OH^-$

$\qquad\qquad s \quad 2s+0.10\approx0.10$

$K_{sp}=0.10^2 s$

$s=4.0\times10^{-12}\text{ mol}\cdot\text{L}^{-1}$

9. 某溶液中含有 $FeCl_2$ 和 $CuCl_2$，两者浓度均为 0.10 mol·L^{-1}，通入 H_2S 是否会生成 FeS 沉淀？（已知在 100 kPa、室温时，H_2S 饱和溶液浓度为 0.10 mol·L^{-1}）

解 FeS：$K_{sp}^{\ominus}=3.70\times10^{-19}$

CuS：$K_{sp}^{\ominus}=8.50\times10^{-45}$

H_2S 饱和溶液中：$[S^{2-}]=K_{a_2}^{\ominus}=1.0\times10^{-14}\text{ mol}\cdot\text{L}^{-1}$

$[Cu^{2+}][S^{2-}]=1.0\times10^{-15}>K_{sp}^{\ominus}$

CuS 先沉淀。

$Cu^{2+}+H_2S \rightleftharpoons CuS+2H^+$

$$K^{\ominus}=\frac{[H^+]^2}{[Cu^{2+}][H_2S]}=\frac{K_{a_1}^{\ominus}\cdot K_{a_2}^{\ominus}}{K_{sp}^{\ominus}(CuS)}=\frac{1.1\times10^{-21}}{8.5\times10^{-45}}=1.29\times10^{23}$$

所以反应很完全，0.1 mol·L^{-1}的 Cu^{2+} 全部生成 CuS，产生 0.2 mol·L^{-1}的 H^+。

$$[S^{2-}]=\frac{K_{a_1}^{\ominus}\cdot K_{a_2}^{\ominus}[H_2S]}{[H^+]^2}=\frac{1.1\times10^{-21}\times0.1}{0.2^2}=2.75\times10^{-21}(\text{mol}\cdot\text{L}^{-1})$$

$[Fe^{3+}][S^{2-}]=2.75\times10^{-22}<K_{sp}$

所以，FeS 不会沉淀。

10. From the solubility data given for the following compounds, calculate their solubility product constants.

(a) $SrCrO_4$, strontium chromate, 1.2 mg·mL^{-1}.

(b) $Fe(OH)_2$, iron(Ⅱ) hydroxide, 1.1×10^{-3} g·L^{-1}.

Solution $M_{SrCrO_4}=203.6\text{ g}\cdot\text{mol}^{-1}$, $M_{Fe(OH)_2}=89.9\text{ g}\cdot\text{mol}^{-1}$

From the relation of solubility product constants and solubility:

$$\text{(a) } K_{sp}^{\ominus}=s^2=\left(\frac{\rho}{M}\right)^2=\left(\frac{1.2}{203.6}\right)^2=3.5\times10^{-5}$$

$$\text{(b) } K_{sp}^{\ominus}=4s^3=4\left(\frac{\rho}{M}\right)^3=4\left(\frac{1.1\times10^{-3}}{89.9}\right)^3=7.3\times10^{-15}$$

11. Will a precipitate of $PbCl_2$ form when 5.0g of solid $Pb(NO_3)_2$ is added to 1.00 L of 0.010 mol·L^{-1}NaCl? Assume that volume change is negligible.

Solution $M_{Pb(NO_3)_2}=331.2\text{ g}\cdot\text{mol}^{-1}$

$$c_{Pb^{2+}}=\frac{\frac{5.0}{M}}{1.00}=0.015\text{ mol}\cdot\text{L}^{-1}$$

$Q=c(Pb^{2+})\times c(Cl^-)^2=1.5\times10^{-6}\leqslant K_{sp}$

No precipitate.

五、自测试卷

一、选择题(每题 2 分,共 40 分)

1. 向 500 mL 0.1 mol·L^{-1}KCl 溶液中加 500 mL 0.1 mol·L^{-1} $AgNO_3$ 溶液,形成的混合溶液中 NO_3^- 的浓度是 ( )

A. 0.05 mol·L^{-1} B. 0.1 mol·L^{-1} C. 减小到 0 D. 0.2 mol·L^{-1}

2. CaF_2 饱和溶液的浓度是 2×10^{-4} mol·L^{-1},它的溶度积常数是 ( )

A. 2.6×10^{-9} B. 4×10^{-8} C. 3.2×10^{-11} D. 8×10^{-12}

3. 如果 $HgCl_2$ 的 K_{sp} 为 4×10^{-15},则 $HgCl_2$ 饱和溶液中,Cl^- 的浓度是 ( )

A. 8×10^{-15} mol·L^{-1} B. 2×10^{-15} mol·L^{-1}

C. 1×10^{-5} mol·L^{-1} D. 2×10^{-5} mol·L^{-1}

4. 18℃时,AgCl 的溶解度为 0.024g·L^{-1},该条件下 AgCl(分子量 143.3)的溶度积为 ( )

A. 2.25×10^{-4} B. 2.8×10^{-8} C. 0.015 D. 4.5×10^{-5}

5. 如果 CaC_2O_4 的 $K_{sp}^{\ominus}$为 2.6×10^{-9},要使每升含有 0.02 mol 钙离子浓度的溶液生成沉淀,所需的草酸根离子的浓度是 ( )

A. 1.0×10^{-9} mol·L^{-1} B. 1.3×10^{-7} mol·L^{-1}

C. 2.2×10^{-5} mol·L^{-1} D. 5.2×10^{-11} mol·L^{-1}

6. $La_2(C_2O_4)_3$ 的饱和溶液中,$La_2(C_2O_4)_3$ 浓度为 1.1×10^{-6} mol·L^{-1},该化合物的溶度积常数为 ( )

A. 1.7×10^{-28} B. 1.6×10^{-30} C. 1.6×10^{-34} D. 1.2×10^{-12}

7. AgCl 的溶度积等于 1.2×10^{-10},从 Cl^- 浓度为 6×10^{-3} mol·L^{-1}的溶液中开始生成 AgCl 沉淀的 Ag^+ 浓度是 ( )

A. 2×10^{-8} mol·L^{-1} B. 2×10^{-7} mol·L^{-1}

C. 7.2×10^{-3} mol·L^{-1} D. 7.2×10^{-10} mol·L^{-1}

8. 如果 $BaSO_4$ 的溶度积为 1.5×10^{-9},那么它在水中的溶解度是 ( )

A. 1.5×10^{-9} mol·L^{-1} B. 7.5×10^{-5} mol·L^{-1}

C. 高于在稀硫酸中的溶解度 D. 1.5×10^{-5} mol·L^{-1}

9. $Ca_3(PO_4)_2$ 的溶解度为 x mol·L^{-1},其溶度积 $K_{sp}^{\ominus}$为 ( )

A. $3x^2\cdot2x^2$ B. $6x^6$ C. $36x^5$ D. $108x^5$

10. Fe_2S_3 的溶度积 $K_{sp}^{\ominus}$表达式是 ( )

A. $K_{sp}^{\ominus}=[Fe^{3+}][S^{2-}]$ B. $K_{sp}^{\ominus}=[Fe_2^{3+}][S_3^{2-}]$

C. $K_{sp}^{\ominus}=2[Fe^{3+}]\times3[S^{2-}]$ D. $K_{sp}^{\ominus}=[Fe^{3+}]^2[S^{2-}]^3$

11. 以下难溶电解质中,溶解度最大的是 ( )

A. $AgIO_3$($K_{sp}^{\ominus}=3.0\times10^{-8}$) B. $BaSO_4$($K_{sp}^{\ominus}=1.1\times10^{-10}$)

C. $Mg(OH)_2$($K_{sp}^{\ominus}=1.8\times10^{-11}$) D. PbI_2($K_{sp}^{\ominus}=7.1\times10^{-9}$)

12. 在一定温度下给饱和 $BaSO_4$ 溶液中加入少量 H_2SO_4,会发生 ( )

A. $BaSO_4$ 的 $K_{sp}^{\ominus}$减小 B. $BaSO_4$ 的 $K_{sp}^{\ominus}$增大

C. 固体 $BaSO_4$ 继续溶解　　D. 产生 $BaSO_4$ 沉淀

13. 在$[I^-]=0.1\ mol\cdot L^{-1}$的溶液中，$PbI_2$ 的溶解度(s)可表示为　(　　)

A. $s=\sqrt[3]{K_{sp}/4}$　　B. $s=\sqrt[3]{K_{sp}}$　　C. $s=100K_{sp}$　　D. $s=25K_{sp}$

14. Hg_2I_2 的摩尔溶解度为 x，则其 $K_{sp}^{\ominus}$应为　(　　)

A. $16x^4$　　B. x^2　　C. $4x^3$　　D. x^3

15. $BaSO_4$ 在适量浓度的 NaCl 溶液中的溶解度比在纯水中的溶解度　(　　)

A. 急剧增大　　B. 急剧减小　　C. 稍微增大　　D. 稍微减小

16. 25℃时，$Mg(OH)_2$ 在水中的溶解度为(已知 $Mg(OH)_2$ 的 $K_{sp}^{\ominus}$为 1.2×10^{-11})

(　　)

A. $2.3\times10^{-4}\ mol\cdot L^{-1}$　　B. $1.4\times10^{-4}\ mol\cdot L^{-1}$

C. $3.5\times10^{-6}\ mol\cdot L^{-1}$　　D. $1.4\times10^{-22}\ mol\cdot L^{-1}$

17. 下列难溶盐的饱和溶液中 Ag^+ 浓度最大的是　(　　)

($K_{sp}^{\ominus}(AgCl)=1.56\times10^{-10}$；$K_{sp}^{\ominus}(Ag_2CrO_4)=9.0\times10^{-12}$；$K_{sp}^{\ominus}(Ag_2CO_3)=8.1\times10^{-12}$；$K_{sp}^{\ominus}(AgBr)=5.0\times10^{-13}$)

A. AgCl　　B. Ag_2CO_3　　C. Ag_2CrO_4　　D. AgBr

18. $BaSO_4$ 在下列溶液中溶解度最大的是　(　　)

A. $1\ mol\cdot L^{-1}$ NaCl　　B. $1\ mol\cdot L^{-1}$ H_2SO_4

C. $2\ mol\cdot L^{-1}$ $BaCl_2$　　D. 纯水

19. 难溶硫化物如 FeS、CuS、ZnS 等有的溶于盐酸溶液，有的则不溶，主要是因为它们的　(　　)

A. 酸碱性不同　　B. 溶解速度不同　　C. $K_{sp}^{\ominus}$不同　　D. 溶解温度不同

20. 已知 AgCl、AgBr 和 $Ag_2C_2O_4$ 的溶度积各为 1.8×10^{-10}、5.0×10^{-13} 和 3.6×10^{-11}，某溶液中含有 KCl、KBr 和 $Na_2C_2O_4$ 的浓度均为 $0.01\ mol\cdot L^{-1}$，在向该溶液逐滴加入 $0.01\ mol\cdot L^{-1}$的 $AgNO_3$ 时，最先产生的沉淀是　(　　)

A. AgBr　　B. AgCl　　C. $Ag_2C_2O_4$　　D. AgCl 和 $Ag_2C_2O_4$

二、填空题(每个空格 1 分，共 10 分)

1. $K_{sp}^{\ominus}$与其他平衡常数一样，只与难溶电解质的________和________有关。

2. 难溶强电解质的同离子效应使其溶解度________，它的盐效应使溶解度________。

3. 各难溶金属的硫化物或氢氧化物的 $K_{sp}^{\ominus}$值一般差别较大，通过调节溶液的________，以控制________及________浓度，即能有效地分离各种沉淀物或金属离子。

4. 同类型的难溶强电介质的 $K_{sp}^{\ominus}$越小，其溶解度越________。

5. 所谓“沉淀完全”，指溶液中被沉淀的离子的浓度小于________。

6. $CaSO_4$ 在 $CaCl_2$ 溶液中比在纯水中溶解得________。

三、简答题(每题 5 分，共 10 分)

1. 试解释以下事实：

(1) $CaSO_4$ 在水中比在 $1\ mol\cdot L^{-1}$ H_2SO_4 中溶解得多；

(2) $CaSO_4$ 在 KNO_3 溶液中比在纯水中溶解得多；

(3) $CaSO_4$ 在 $Ca(NO_3)_2$ 溶液中比在纯水中溶解得少。

2. 试用溶度积规则解释以下事实：

(1) $CaCO_3$ 溶于稀 HCl 中；

(2) $Mg(OH)_2$ 溶于 NH_4Cl 溶液中；

(3) 往 $ZnSO_4$ 溶液中通入 H_2S，ZnS 往往沉淀不完全，但若往 $ZnSO_4$ 中先加入适量 NaAc，再通入气体 H_2S，ZnS 几乎可以完全沉淀。

四、计算题(每题 10 分，共 40 分)

1. 向 Ag_2CrO_4 饱和水溶液中加入足够量的固体 $AgNO_3$ 或固体 Na_2CrO_4，使它们的浓度为 0.10 mol·L^{-1}。试分别计算 Ag_2CrO_4 在 $AgNO_3$ 和 Na_2CrO_4 溶液中的溶解度。

(已知 $K_{sp}^{\ominus}(Ag_2CrO_4)=1.12\times10^{-12}$)

2. 已知 $Mg(OH)_2$ 的 $K_{sp}^{\ominus}=5.61\times10^{-12}$，在 10 mL 0.10 mol·$L^{-1}$ $MgCl_2$ 溶液中，加入 10 mL 0.10 mol·L^{-1} 氨水后，需加多少固体 NH_4Cl 才能阻止 $Mg(OH)_2$ 析出沉淀？

3. 已知 $Mg(OH)_2$ 在 298 K 的溶解度为 6.53×10^{-3} g·L^{-1}，计算该温度下 $Mg(OH)_2$ 的 $K_{sp}^{\ominus}$；如果在 50 mL 0.2 mol·L^{-1} 的 $MgCl_2$ 溶液中加入等体积的 0.2 mol·L^{-1} 的氨水，是否有 $Mg(OH)_2$ 沉淀生成？

(已知 $K_b(NH_3\cdot H_2O)=1.8\times10^{-5}$)

4. 设 Fe^{3+} 在溶液中的浓度为 0.01 mol·L^{-1}，计算 Fe^{3+} 开始沉淀和沉淀完全时的 pH。

(已知 $K_{sp}^{\ominus}(Fe(OH)_3)=2.79\times10^{-39}$)

六、自测试卷答案

一、选择题

1	2	3	4	5	6	7	8	9	10
A	C	D	B	B	A	A	C	D	D
11	12	13	14	15	16	17	18	19	20
D	D	C	C	C	B	C	A	C	A

二、填空题

1. 本性　温度
2. 减小　增大
3. pH　S^{2-}　OH^-
4. 小
5. 10^{-6} mol·L^{-1}
6. 少

三、简答题

1. (1) 同离子效应。(2) 盐效应。(3) 同离子效应。
2. (1) 降低了 CO_3^{2-} 的离子浓度。(2) 降低了 OH^- 的离子浓度。

(3) Ac^-与 H^+作用生成 HAc,降低了 H^+浓度,增大了 S^{2-}浓度。

四、计算题

1. 1.12×10^{-10} mol·L^{-1}, 1.67×10^{-6} mol·L^{-1}

2. 0.091 g

3. $K_{sp}^{\ominus}(Mg(OH)_2)=5.61\times10^{-12}$;$[OH^-]=1.34\times10^{-3}$ mol·L^{-1}, $Q=1.80\times10^{-7}>K_{sp}^{\ominus}$,有沉淀生成。

4. 1.8, 3.2

第九章　配位化合物和配位滴定

一、目的要求

1. 掌握配合物的组成、定义、类型、结构特点和系统命名。
2. 理解配合物价键理论和晶体场理论的主要论点，并能用以解释一些实例。
3. 理解配位解离平衡的意义及其有关计算。
4. 掌握螯合物的特点，了解其应用。
5. 掌握配位滴定法的基本原理，了解酸效应等对配位滴定的影响。

二、本章要点

一、配合物的组成

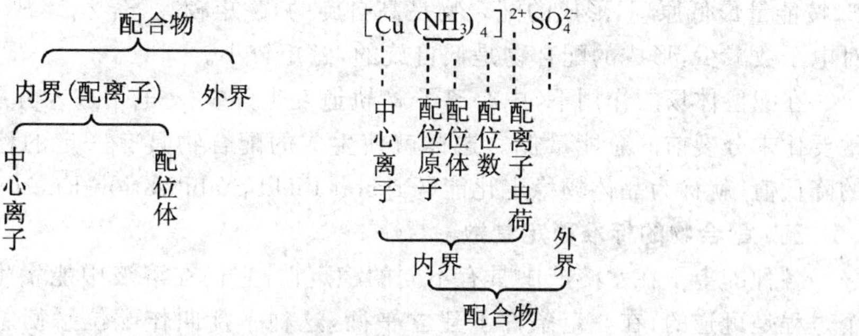

二、配合物的命名

配合物的命名服从无机化合物的命名原则，即某某酸、氢氧化某某、某酸某、某化某等。配位个体命名顺序：配体数(中文)-配体名-合-中心离子名-(中心离子氧化数(罗马数字))。配体次序，按下列规则进行：先无机，后有机；先阴离子，后阳离子，中性分子；同类配体按配位原子元素符号的英文字母顺序；同类配体配位原子相同，含较少原子数目的配体排在前面；配位原子相同，配体含原子数目相同，按结构式中与配位原子相连的原子的元素符号的字母顺序排列。

三、配合物价键理论的基本要点

价键理论的基本要点是：配位键是中心离子(或原子)提供的与配位数相同数目的空轨道，与配位体上孤电子对或 π 电子的轨道在对称性匹配时相互重叠而形成的。配合物中，配位键是一种极性共价键，因而与一切共价键一样具有方向性和饱和性。为了增加成键能力，中心离子(或原子)用能量相近的空轨道进行杂化，形成的杂化轨道与配位体的孤电子对的轨道在满足对称性匹配和最大重叠两大原则的基础上形成配位键。

根据配合物形成时中心离子轨道杂化过程中电子排布是否改变，配合物又分成内轨型和外轨型两类。在配离子的形成过程中，若中心离子的电子排布不变，配位体孤电子对仅进入外层杂化轨道，所形成的配离子称为外轨型配离子。在配离子的形成过程中，若中心离子的电子排布发生改变，未成对电子重新配对，从而使内层腾出空轨道来参与杂化，形成的配离子称为内轨型配离子。

四、晶体场理论要点

晶体场理论认为，中心离子的价电子层中的 d 电子，会受到配位体所形成的晶体场的排斥作用，造成中心离子 d 轨道的能量发生改变，有些 d 轨道的能量升高，有些则降低，这就是 d 轨道的能量分裂。而 d 轨道的能量分裂决定于配位体的空间构型，不同空间构型配位体形成不同的晶体场。中心离子的电子在不同的晶体场中所受到的排斥作用不同，结果造成不同情况的 d 轨道分裂。

影响分裂能的因素主要有中心离子的电荷和半径、配位体的性质。对八面体配合物而言，不同配位体的场强按下列顺序增大：

$I^- < Br^- < Cl^- \sim SCN^- < F^- < OH^- \sim ONO^- \sim HCOO^-$（甲酸根）$< C_2O_4^{2-}$（草酸根）$< H_2O < NCS^- < EDTA <$ en（乙二胺）$< S_2O_3^{2-} < NO_2^- < CN^- < CO$

该顺序称为光谱化学序列或分光化学序列(Spectrochemical Series)。

中心离子的 d 电子分裂后在 d 轨道中的排布，除应遵循能量最低原理和洪特规则外，还会受到分裂能的影响。我们把电子耦合成对能量称为电子成对能，用 P 表示。若 $\Delta_o < P$，按能量最低原理，形成的配合物是高自旋的，磁矩较大；若 $\Delta_o > P$，按能量最低原理，未成对电子数减少，形成的配合物是低自旋的，磁矩较小。

在配位体场的作用下，中心离子 d 轨道发生分裂，d 电子进入分裂后各轨道的总能量通常要比未分裂前的总能量低。这样就使生成的配合物具有一定的稳定性。而这一总能量的降低值，就称为晶体场稳定化能(Crystal Field Stabilization Energy，用 CFSE 表示)。

五、配合物的标准稳定常数

各种配离子在水溶液中具有不同的稳定性，它们在溶液中能发生不同程度的解离。这个过程是可逆的，在一定条件下建立平衡，这种平衡叫作配位平衡。其标准状态下的平衡常数称为**标准稳定常数**。配离子的生成和解离一般是逐级进行的，因此在溶液中存在一系列的配位平衡，各级均有对应的稳定常数。逐级稳定常数的累积也称为**累积稳定常数**，以 $\beta_n^\ominus$ 表示(n 表示累积的级数)。逐级稳定常数相差不大，因此计算时必须考虑各级配离子的存在。但在实际工作中，体系内加入过量的配体，配位平衡向着生成配合物的方向移动，配离子主要以最高配位形式存在，因而可以采用标准稳定常数 $K_f^\ominus$ 进行计算。

六、螯合物

由多齿配位体和同一中心原子形成具有环状结构的配合物，称为螯合物，也称为内配合物。能与中心离子形成螯合物的配位体称为**螯合剂(Chelating Agents)**。因成环而使配合物稳定性增大的现象称为**螯合效应**。

作为螯合剂必须具有以下两特点：螯合剂分子(或离子)具有两个或两个以上配位原子，而且这些配位原子必须能与中心金属离子 M 配位；螯合剂中每两个配位原子之间相隔 2～3个其他原子，以便与中心原子形成稳定的五元环或六元环。多于六个原子的环或少于五个原子的环都不稳定。

乙二胺四乙酸(EDTA)是"NO"型螯合剂,其结构如下:

$$\begin{array}{c} HOOCH_2C \qquad\qquad\qquad CH_2COOH \\ \diagdown\qquad\qquad\qquad\diagup \\ \ddot{N}-CH_2-CH_2-\ddot{N} \\ \diagup\qquad\qquad\qquad\diagdown \\ HOOCH_2C \qquad\qquad\qquad CH_2COOH \end{array}$$

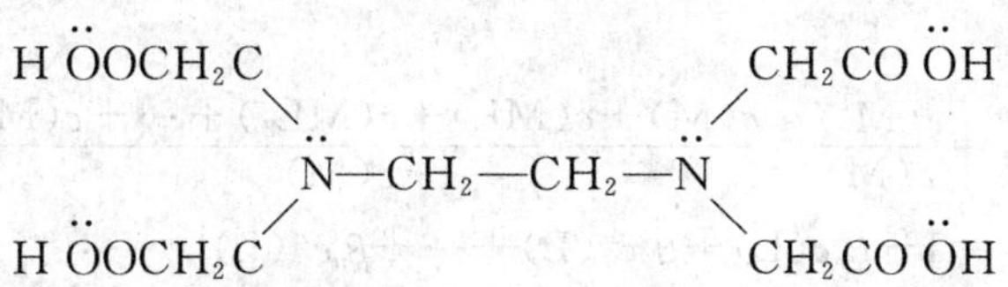

EDTA 能与许多金属离子形成稳定的螯合物。EDTA 就相当于六元酸,有六级解离平衡,在水溶液中,可以 H_6Y^{2+}, H_5Y^+, H_4Y, H_3Y^-, H_2Y^{2-}, HY^{3-} 和 Y^{4-} 七种形式存在。乙二胺四乙酸根(Y^{4-})是一种六齿配体,有很强的配位能力,形成的螯合物具有如下特点:广谱性,在溶液中它几乎能与所有金属离子形成螯合物;螯合比恒定,一般而言,EDTA 与金属离子形成的螯合物的螯合比为 1∶1;稳定性高,EDTA 与大多数金属离子形成多个五元环型的螯合物,因而稳定性较高;配合物的颜色特征,EDTA 与无色金属离子形成无色配合物,与有色金属离子一般生成颜色更深的螯合物。

七、配位滴定的副反应与副反应系数

在配位反应中,往往涉及多个化学平衡。除 EDTA 与被测金属离子 M 之间的配位反应外,溶液中还存在着 EDTA 与 H^+ 和其他金属离子的反应,被测金属离子 M 与溶液中其他共存配位剂或 OH^- 的反应,反应产物 MY 与 H^+ 或 OH^- 的作用,等等。一般将 EDTA 与被测金属离子 M 的反应称为主反应,而溶液中存在的其他反应都称为副反应,它们之间的平衡关系如下:

$$\begin{array}{ccccccc}
& M & + & Y & \rightleftharpoons & MY & \text{主反应} \\
OH^- \swarrow & \downarrow L & & H^+ \swarrow & \downarrow N & & H^+ \swarrow \downarrow OH^- \\
M(OH) & ML & & HY & NY & & MHY \quad M(OH)Y \quad \text{副反应} \\
\vdots & \vdots & & \vdots & & & \\
M(OH)_n & ML_n & & H_6Y & & &
\end{array}$$

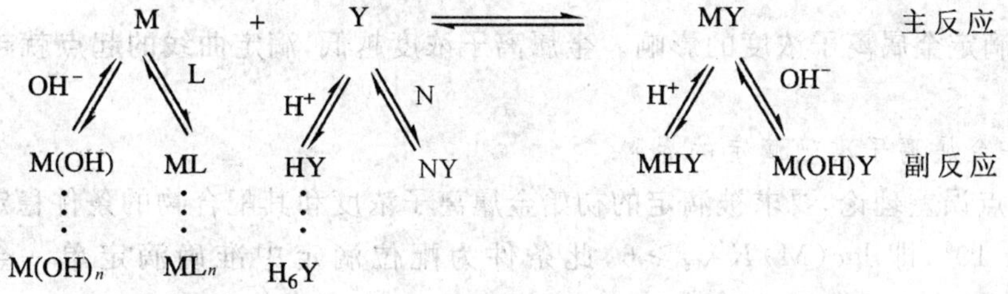

1. 酸效应和酸效应系数

当配位平衡体系中 H^+ 存在时,H^+ 与 EDTA 之间发生反应,使参与主反应的 EDTA 浓度减小,主反应化学平衡向左移动,配位反应的完全程度降低,这种现象称为 EDTA 的酸效应。酸效应的大小可用酸效应系数来表示,它是指未参与配位反应的 EDTA 各种存在形式的总浓度 $c(Y')$ 与能直接参与主反应的 $c(Y)$ 的平衡浓度之比,用符号 $\alpha_{Y(H)}$ 表示,即

$$\alpha_{Y(H)} = \frac{c(Y')}{c(Y)} = \frac{c(Y)+c(HY)+c(H_2Y)+\cdots+c(H_6Y)}{c(Y)}$$
$$= 1 + c(H^+)\beta_1 + c^2(H^+)\beta_2 + \cdots + c^6(H^+)\beta_n$$

其中,$\beta_1 \sim \beta_n$ 是 EDTA 的累积生成常数(生成常数为酸解离常数的倒数)。因此,酸效应系数仅是氢离子浓度的函数。

2. 配位效应和配位效应系数

配位平衡体系中如果存在其他配位剂,而这种配位剂能与被测金属离子形成配合物,则参与主反应的被测金属离子浓度减小,主反应平衡向左移动,EDTA 与金属离子形成的配合物的稳定性下降。这种由于共存配位剂的作用而使被测金属离子参与主反应的能力

下降的现象称为**配位效应**。配位效应的大小可用**配位效应系数**来表示，它是指未与 EDTA 配位的金属离子的各种存在形式的总浓度 $c(M')$ 与游离金属离子的浓度 $c(M)$之比，用 $\alpha_{M(L)}$ 表示，即

$$\alpha_{M(L)}=\frac{c(M')}{c(M)}=\frac{c(M)+c(ML)+c(ML_2)+\cdots+c(ML_n)}{c(M)}$$
$$=1+\beta_1 c(L)+\beta_2 c^2(L)+\cdots+\beta_n c^n(L)$$

其中，$\beta_1\sim\beta_n$是金属离子与 L 配体生成配合物的累积稳定常数。配位效应系数仅是[L]的函数。

3. 配合物的条件稳定常数

在实际操作时，如果有副反应存在，溶液中未与 EDTA 配位的金属离子的总浓度和未与金属离子配位的 EDTA 的总浓度都会发生变化，主反应的平衡会发生移动，配合物的实际稳定性下降。这时，必须采用配合物的条件稳定常数 K'_{MY}，它可表示为：

$$K'_{MY}=\frac{c(MY)}{c(M')\cdot c(Y')}=\frac{c(MY)}{\alpha_{M(L)}\cdot c(M)\cdot\alpha_{Y(H)}\cdot c(Y)}=\frac{K^{\ominus}_{MY}}{\alpha_{M(L)}\cdot\alpha_{Y(H)}}$$
$$\lg K'_{MY}=\lg K^{\ominus}_{MY}-\lg\alpha_{M(L)}-\lg\alpha_{Y(H)}$$

显然，副反应系数越大，条件稳定常数 K'_{MY}越小。

八、配位滴定

1. 影响滴定突跃的因素

(1) 条件稳定常数。配合物的条件稳定常数的大小影响滴定突跃的大小，K'_{MY} 越大，滴定突跃越大。

(2) 被滴定金属离子浓度的影响。金属离子浓度越低，滴定曲线的起点就越高，滴定突跃越小。

2. 单一金属离子准确滴定的界限

根据终点误差理论，要求被滴定的初始金属离子浓度和其配合物的条件稳定常数 K'_{MY} 的乘积大于 10^6，即 $\lg c(M)K'_{MY}\geqslant 6$，此条件为配位滴定中准确滴定单一金属离子的条件。

3. 配位滴定中最高酸度和最低酸度

假定滴定体系中不存在其他辅助配位剂，而只考虑 EDTA 的酸效应，则 $\lg K'_{MY}$主要受溶液酸度的影响。在 $c(M)$一定时，随着酸度的增强，$\lg\alpha_{Y(H)}$ 增大，$\lg K'_{MY}$减小，最后可能导致 $\lg c(M)K'_{MY}<6$，这时就不能准确滴定。因此，溶液的酸度应有一上限，超过它，便不能保证 $\lg c(M)K'_{MY}$有一定的值，会引起较大的误差(>0.1%)，这一最高允许的酸度称为**最高酸度**，与之相应的 pH 称为**最低 pH**。在配位滴定中，被测金属离子的浓度通常为 $0.01\ mol\cdot L^{-1}$，根据 $\lg c(M)K'_{MY}\geqslant 6$，得 $\lg K'_{MY}\geqslant 8$，若只考虑酸效应，在 $c(M)=0.01\ mol\cdot L^{-1}$，相对误差为 0.1%时，可以计算出 EDTA 滴定各种金属离子的最低 pH，并将其标注在酸效应曲线上，这种曲线通常又称为**林邦(Ringbom)曲线**。

在没有其他辅助配位剂存在时，准确滴定某一金属离子的**最低允许酸度**通常可粗略地由一定浓度的金属离子形成氢氧化物沉淀时的 pH 估算。配位滴定应控制在最高酸度和最低允许酸度之间进行，故将此酸度范围称为配位滴定的适宜酸度范围。

4. 缓冲溶液的作用

在配位滴定过程中，随着配合物的不断生成，不断有 H^+ 释放出来：

$$M^{n+} + H_2Y^{2-} \rightleftharpoons MY^{(n-4)} + 2H^+$$

因此，溶液酸度随着配位反应的进行不断增加，不仅降低了配合物的实际稳定性（K'_{MY}减小），使滴定突跃减小；同时也可能改变指示剂变色的适宜酸度，导致很大的误差，甚至无法滴定。因此，在配位滴定中，通常要加缓冲溶液来控制 pH。

5. 金属离子指示剂

在配位滴定中，通常利用一种能与金属离子生成有色配合物的显色剂来指示滴定的终点。这种显色剂称为金属离子指示剂，简称**金属指示剂**。

$$\underset{(B色)}{MIn} + Y = \underset{(A色)}{MY + In}$$

作为金属指示剂的主要条件：

(1) 金属指示剂配合物与指示剂有明显的颜色区别。

(2) 指示剂与金属离子形成的配合物的稳定性适当，即既要有足够的稳定性，但又要比该金属离子的 EDTA 配合物的稳定性小。即 MIn 的稳定性要略低于 M-EDTA 的稳定性。如果 MIn 的稳定性太低，就会提前出现终点，且变色不敏锐；如果 MIn 的稳定性太高，就会使终点拖后，甚至使 EDTA 不能夺取其中的金属离子，得不到滴定终点。

(3) 指示剂与金属离子的反应要快，要灵敏且有良好的变色可逆性。

(4) 指示剂应比较稳定，有利于存储和使用。

(5) 指示剂与金属离子形成的配合物要易溶于水。如果生成胶体或沉淀，会使变色不明显。

三、例题解析

1. 一种由 Cr，NH_3，Cl 组成的化合物，摩尔质量为 260 g·mol^{-1}。已知：① 重量百分组成分别是：Cr 20.0%，NH_3 39.2%，Cl 40.8%；② 25.0 mL 的 0.052 mol·L^{-1}该配合物水溶液中的 Cl^- 需用 32.5 mL 的 0.121 mol·L^{-1} $AgNO_3$ 溶液方可完全沉淀。此外，若向盛有该配合物溶液的试管中加入 NaOH 溶液，并加热，在试管口处的湿润石蕊试纸不变蓝色。根据上述情况判断该配合物的结构式。

解　由①可知　$n(Cr) = 20\% \times 260 \div 52 = 1$

$n(NH_3) = 39.2\% \times 260 \div 17 \approx 6$

$n(Cl^-) = 40.8\% \times 260 \div 35.5 \approx 3$

由②可知

$$\frac{被\ Ag^+ 沉淀的\ n(Cl^-)}{配合物的\ n_{总}} = \frac{32.5 \times 0.121}{25.0 \times 0.052} \approx 3$$

由此可知，1 mol 配合物中的 3 mol Cl^- 全部都位于配离子的外界。另根据该配合物不能与 NaOH 发生反应放出 NH_3，可知 NH_3 全在配离子的内界，因此，该配合物的结构式应为$[Cr(NH_3)_6]Cl_3$。

2. 命名下列配合物和配离子：

(1) $(NH_4)_3[SbCl_6]$　　　　(2) $[Cr(en)_3]Cl_3$

(3) $[Cr(NO_2)_6]^{3-}$　　(4) $Co(H_2O)_4Br_2]Br \cdot 2H_2O$

(5) $[Cr(Py)_2(H_2O)Cl_3]$　　(6) $NH_4[Cr(SCN)_4(NH_3)_2]$

解　(1) 六氯合锑(Ⅲ)酸铵　　(2) 三氯化三乙二胺合铬(Ⅲ)

(3) 六硝基合铬(Ⅲ)配离子　　(4) 二水合溴化二溴·四水合钴(Ⅲ)

(5) 三氯·水·二吡啶合铬(Ⅲ)　　(6) 四硫氰根·二氨合铬(Ⅲ)酸铵

3. 已知$[Ni(CN)_4]^{2-}$和$[HgI_4]^{2-}$都是抗磁性的，试分析：这两个配离子采用哪种轨道杂化成键？其空间构型是什么？是内轨型还是外轨型配合物？

解　已知$[Ni(CN)_4]^{2-}$和$[HgI_4]^{2-}$都是抗磁性的，说明没有未成对的 d 电子。Ni^{2+}外层有 8 个 d 电子，必定有一个 d 轨道填有电子，故 Ni^{2+} 采用的是 dsp^2 杂化，空间构型为正方形，内轨型。

Hg^{2+}外层有 10 个 d 电子，只能用 sp^3 杂化，形成外轨型。

4. 已知巯基(—SH)与某些重金属离子形成强配位键。下列物质中预计是重金属离子的最好的螯合剂的物质为　　(　　)

A. CH_3—SH　　B. H—SH

C. CH_3—S—S—CH_3　　D. HS—CH_2—$CH(CH_3)$—OH

解　作为螯合剂必须具有以下两特点：螯合剂分子(或离子)具有两个或两个以上配位原子，而且这些配位原子必须能与中心金属离子配位；螯合剂中每两个配位原子之间相隔2～3个其他原子，以便与中心原子形成稳定的五元环或六元环。按照这一条件，A、B 中只有一个硫原子，不能作为螯合剂。C 中有两个硫原子，但相互连在一起，不能形成稳定的五元环或六元环。只有 D 中含有硫原子和氧原子，且间隔 2 个其他原子，与金属原子作用形成五元环，故选 D。

5. 在含有 0.2 $mol \cdot L^{-1}$ $[Ag(CN)_2]^-$的溶液中，加入等体积的 0.2 $mol \cdot L^{-1}$ KI 溶液，试问：

(1) 是否有 AgI 沉淀生成？

(2) 若有沉淀析出，欲使该沉淀不生成，则溶液中至少应含有游离 CN^- 的浓度为多少？

解　(1) $Ag^+ + 2CN^- \rightleftharpoons [Ag(CN)_2]^-$

$K_{f[Ag(CN)_2]^-} = 1.3 \times 10^{21}$

设游离 Ag^+ 浓度为 $x$mol·L^{-1}，则：

$$\frac{\frac{0.2}{2} - x}{x \times (2x)^2} = 1.3 \times 10^{21},$$

因为 $0.1 - x \approx 0.1$，所以 $\frac{0.1}{4x^3} = 1.3 \times 10^{21}$，$x = 2.68 \times 10^{-8}(mol \cdot L^{-1})$，

$K^{\ominus}_{sp,AgI} = 1.50 \times 10^{-16}$

$Q = 2.68 \times 10^{-8} \times 0.1 > 5.1 \times 10^{-16}$

所以有沉淀生成。

(2) $AgI + 2CN^- \rightleftharpoons [Ag(CN)_2]^- + I^-$

$K = K^{\ominus}_{f,[Ag(CN)_2]^-} \times K^{\ominus}_{sp,AgI} = 1.3 \times 10^{21} \times 1.50 \times 10^{-16} = 1.95 \times 10^5$

$$AgI + 2CN^- \rightleftharpoons [Ag(CN)_2]^- + I^-$$

平衡：　　x　　0.1　　0.1

$K=1.95\times10^{5}=\dfrac{0.1\times0.1}{x^{2}}$

$x=2.26\times10^{-4}(\text{mol}\cdot\text{L}^{-1})$

6. 将 20 mL 0.025 mol·L^{-1}的 $AgNO_3$ 溶液与 2.0 mL 1.0 mol·L^{-1}的 NH_3 溶液混合,试计算:

(1) 混合溶液中$[Ag(NH_3)_2]^+$的浓度。

(2) 在此溶液中再加入 2 mL 1.0 mol·L^{-1}的 KCN,求得到溶液中$[Ag(NH_3)_2]^+$的浓度(忽略 CN^- 的水解)。

(3) 配合反应方向与配合物稳定性关系如何?试通过计算结果说明。

解 (1) 溶液混合后:

$c_{Ag^+}=\dfrac{0.025\times20}{22}=0.023(\text{mol}\cdot\text{L}^{-1})$

$c_{NH_3}=\dfrac{1.0\times2.0}{22}=0.091(\text{mol}\cdot\text{L}^{-1})$

NH_3 过量,可以认为全部生成了$[Ag(NH_3)_2]^+$:

$c_{[Ag(NH_3)_2]^+}\approx0.023\ \text{mol}\cdot\text{L}^{-1}$

(2) 加入 KCN 后,由于:

$K^{\ominus}_{f,[Ag(CN)_2]^-}=1.3\times10^{21}>K^{\ominus}_{f,[Ag(NH_3)_2]^+}=1.62\times10^{7}$

可以认为全部转化为$[Ag(CN)_2]^-$:

$c_{[Ag(CN)_2]^-}=\dfrac{0.025\times20}{24}=0.021(\text{mol}\cdot\text{L}^{-1})$

$c_{CN^-}=\dfrac{1.0\times2.0}{24}-(0.021\times2)=0.042(\text{mol}\cdot\text{L}^{-1})$

$c_{NH_3}=\dfrac{1.0\times2.0}{24}=0.083(\text{mol}\cdot\text{L}^{-1})$

设此溶液中$[Ag(NH_3)_2]^+$为 x mol·L^{-1}

$$[Ag(NH_3)_2]^+ + 2CN^- \rightleftharpoons [Ag(CN)_2]^- + 2NH_3$$

平衡时: x $0.042+2x$ $0.021-x$ $0.083-2x$

$$K=\frac{c_{[Ag(CN)_2]^-}\times c^2_{NH_3}}{c_{[Ag(NH_3)_2]^+}\times c^2_{CN^-}}=\frac{K^{\ominus}_{f,[Ag(CN)_2]^-}}{K^{\ominus}_{f,[Ag(NH_3)_2]^+}}=\frac{1.3\times10^{21}}{1.62\times10^{7}}=8.0\times10^{13}$$

$$=\frac{(0.021-x)(0.083-2x)^2}{x(0.042+2x)^2}=8.0\times10^{13}$$

$$\frac{0.021\times0.083^2}{0.042^2x}=8.0\times10^{13},\ x=1.0\times10^{-15}(\text{mol}\cdot\text{L}^{-1})$$

(3) 从计算结果看,配位反应向生成更稳定物质的方向进行。

7. 计算 0.1 mol·L^{-1}$[Ag(NH_3)_2]^+$在 1 mol·L^{-1}HCl 中的游离银离子浓度。已知:$K_{f,[Ag(NH_3)_2]^+}=1.62\times10^{7}$,$K_{b,NH_3}=1.76\times10^{-5}$,$K_{sp,AgCl}=1.56\times10^{-10}$。

解 $[Ag(NH_3)_2]^+ + Cl^- + 2H^+ \rightleftharpoons AgCl + 2NH_4^+$

$$K_f=\frac{c^2(NH_4^+)}{c([Ag(NH_3)_2]^-)c^2(H^+)c(Cl^-)}\times\frac{c^2(NH_3)}{c^2(NH_3)}\times\frac{c(Ag^+)}{c(Ag^+)}=\frac{(K_{b,NH_3})^2}{K_{f,[Ag(NH_3)_2]^+}\times K_{sp,AgCl}\times K_w^2}$$

$$=\frac{(1.76\times10^{-5})^2}{1.62\times10^7\times(1.56\times10^{-10}(1\times10^{-14})^2}=1.22\times10^{21}$$

反应进行非常完全，0.1 mol·L^{-1}的$[Ag(NH_3)_2]$完全转化为AgCl。平衡时$c(Cl^-)$为0.9 mol·L^{-1}。

设：平衡时Ag^+离子浓度为x，则：

$$AgCl \rightleftharpoons Ag^+ + Cl^-$$

$$\qquad\quad x \qquad 0.9$$

$K_{sp}=1.56\times10^{-10}=0.9x$

$x\approx1.73\times10^{-10}$(mol·L^{-1})

8. 查得汞(Ⅱ)氰配合物的$\lg\beta_1\sim\lg\beta_4$分别为18.0，34.7，38.5，41.5。计算：

(1) pH=10.0含有游离CN^-为0.1 mol·L^{-1}的溶液中的$\lg\alpha_{Hg(CN)}$值。

(2) 如溶液中同时存在EDTA，Hg^{2+}与EDTA是否会形成Hg(Ⅱ)-EDTA配合物？

(已知$\lg K_{HgY}=21.7$；pH=10时，$\lg\alpha_{Y(H)}=0.45$，$\lg\alpha_{Hg(OH)}=13.9$)

解　(1) $\alpha_{M(L)}=1+\beta_1c(L)+\beta_2c^2(L)+\cdots+\beta_nc^n(L)$

$\alpha_{Hg(CN)}=1+\beta_1c(CN)+\beta_2c^2(CN)+\beta_3c^3(CN)+\beta_4c^4(CN)$

$\quad=1+0.1\times10^{18}+(0.1)^2\times10^{34.7}+(0.1)^3\times10^{38.5}+(0.1)^4\times10^{41.5}$

$\quad=10^{37.5}$

$\lg\alpha_{Hg(CN)}=37.5$

(2) pH=10，　$\lg\alpha_{(H)}=0.45$，　$\lg\alpha_{(OH)}=13.9$，　$\lg K^{\ominus}_{HgY}=21.7$

$\lg K^{\ominus\prime}_{HgY}=\lg K^{\ominus}_{HgY}-\lg\alpha_{(H)}-\lg\alpha_{(CN)}-\lg\alpha_{(OH)}=21.7-0.45-13.9-37.5=-30.15$

不会形成HgY^{2-}配合物。

9. 已知$\lg K_{MgY}=8.69$，$\lg K_{ZnY}=14.69$，$K^{\ominus}_{sp,Zn(OH)_2}=5.0\times10^{-16}$。用$2.0\times10^{-2}$ mol·L^{-1} EDTA滴定浓度均为2.0×10^{-2} mol·L^{-1}的Zn^{2+}、Mg^{2+}混合溶液中的Zn^{2+}，适宜酸度范围是多少？

pH	4.0	4.4	4.8	5.1	5.4	5.8	6.0
$\lg\alpha_{Y(H)}$	8.44	7.64	6.84	6.45	5.69	4.98	4.65

解　根据条件：

$\lg cK'_f\geqslant6$，　$\lg0.01K'_f\geqslant6$，　$K'_f\geqslant1\times10^8$

$\lg K_{MgY}=8.69$

$\lg K'_{f,MgY}=\lg K_f-\lg\alpha_{Y(H)}$

查表得：pH=4.9，

$Q=c_{Zn^{2+}}c^2_{OH^-}<K^{\ominus}_{sp,Zn(OH)_2}=5.0\times10^{-16}$

$c_{OH^-}<2.23\times10^{-7}$，　$c_{H^+}>4.47\times10^{-8}$

pH<7.2

所以，EDTA测定Zn^{2+}的pH范围是4.9～7.2。

$\lg cK'_{f,MgY}=\lg cK_{f,MgY}-\lg\alpha_{H(Y)}$

$\qquad=6.69-6.9<0$

Mg^{2+}不影响滴定。

四、习题解答

1. 无水 $CrCl_3$ 和氨作用能形成两种配合物 A 和 B，组成分别为 $CrCl_3 \cdot 6NH_3$ 和 $CrCl_3 \cdot 5NH_3$。加入 $AgNO_3$，A 溶液中几乎全部的氯沉淀为 AgCl，而 B 溶液中只有 2/3 的氯沉淀出来，加入 NaOH 并加热，两种溶液均无氨味。试写出这两种配合物的化学式并命名。

解　形成配合物 A 为 $CrCl_3 \cdot 6NH_3$，加入 $AgNO_3$，A 溶液中几乎全部的氯沉淀为 AgCl，说明在配合物组成中氯离子均在外界中，因为金属离子 Cr^{3+} 一般形成配合物的配位数为 6，根据分析，配合物 A 的分子结构简式为 $[Cr(NH_3)_6]Cl_3$。

形成配合物 B 为 $CrCl_3 \cdot 5NH_3$，加入 $AgNO_3$，B 溶液中 2/3 的氯沉淀为 AgCl，说明在配合物组成中 2 个氯离子均在外界中，因为金属离子 Cr^{3+} 一般形成配合物的配位数为 6，根据分析，配合物 B 的分子结构简式为 $[Cr(NH_3)_5Cl]Cl_2$。

2. 指出下列配合物的中心离子、配体、配位数、配离子电荷数和配合物名称。

$K_2[HgI_4]$　　$[CrCl_2(H_2O)_4]Cl$　　$[Co(NH_3)_2(en)_2](NO_3)_2$

$Fe_3[Fe(CN)_6]_2$　　$K[Co(NO_2)_4(NH_3)_2]$　　$[Fe(CO)_5]$

解

配合物	中心离子	配体	配位数	配离子电荷数	名称
$K_2[HgI_4]$	Hg^{2+}	I^-	4	−2	四碘合汞(Ⅱ)酸钾
$[CrCl_2(H_2O)_4]Cl$	Cr^{3+}	Cl^-，H_2O	6	+1	氯化二氯・四水合铬(Ⅲ)
$[Co(NH_3)_2(en)_2](NO_3)_2$	Co^{2+}	NH_3，en	6	+2	硝酸二氨・二乙二胺合钴(Ⅱ)
$Fe_3[Fe(CN)_6]_2$	Fe^{3+}	CN^-	6	−3	六氰合铁(Ⅲ)酸亚铁
$K[Co(NO_2)_4(NH_3)_2]$	Co^{3+}	NO_2^-，NH_3	6	−1	四硝基・二氨合钴(Ⅲ)酸钾
$[Fe(CO)_5]$	Fe	CO	5	0	五羰合铁

3. 试用价键理论说明下列配离子的类型、空间构型和磁性。

(1) $[CoF_6]^{3-}$ 和 $[Co(CN)_6]^{3-}$

(2) $[Ni(NH_3)_4]^{2+}$ 和 $[Ni(CN)_4]^{2-}$

解

	$[CoF_6]^{3-}$	$[Co(CN)_6]^{3-}$	$[Ni(NH_3)_4]^{2+}$	$[Ni(CN)_4]^{2-}$
类型	外轨型	内轨型	外轨型	内轨型
杂化态	sp^3d^2	d^2sp^3	sp^3	dsp^2
空间构型	正八面体	正八面体	正四面体	正方形
磁性	顺磁性	逆磁性	顺磁性	逆磁性

4. 将 $0.1\ mol \cdot L^{-1}\ ZnCl_2$ 溶液与 $1.0\ mol \cdot L^{-1}\ NH_3$ 溶液等体积混合，求此溶液中 $[Zn(NH_3)_4]^{2+}$ 和 Zn^{2+} 的浓度。

解

$$Zn^{2+} + 4NH_3 \rightleftharpoons [Zn(NH_3)_4]^{2+},\ K_f^{\ominus} = 5.0\times10^8$$

起始： 0.05 0.5 0

平衡： x $0.5-4(0.05-x)$ $0.05-x$

$$K_f^{\ominus} = 5.0\times10^8 = \frac{0.05-x}{x[0.5-4(0.05-x)]^4}$$

因为：$K_f^{\ominus}=5.0\times10^8$， $0.05-x\approx0.05$， $0.5-4(0.05-x)=0.3$

$$\frac{0.05}{x(0.3)^4} = 5.0\times10^8$$

$x=1.23\times10^{-8}(mol\cdot L^{-1})$

5. 略

6. 略

7. 在 100 mL 0.05 $mol\cdot L^{-1}[Ag(NH_3)_2]^+$ 溶液中加入 1 mL 1 $mol\cdot L^{-1}$ NaCl 溶液，溶液中 NH_3 的浓度至少需多大才能阻止 AgCl 沉淀生成？

解 $[Ag(NH_3)_2]^+ + Cl^- \rightleftharpoons AgCl + 2NH_3$

$$K^{\ominus} = \frac{c_{NH_3}^2}{c_{[Ag(NH_3)_2]^+}\,c_{Cl^-}} = \frac{1}{K_{f,[Ag(NH_3)_2]^+}^{\ominus}\times K_{sp,AgCl}^{\ominus}}$$

$$= \frac{1}{1.62\times10^7\times1.56\times10^{-10}}$$

$$=396$$

要使 AgCl 不沉淀，根据平衡，设氨的平衡浓度为 x $mol\cdot L^{-1}$，则

$$[Ag(NH_3)_2]^+ + Cl^- \rightleftharpoons AgCl + 2NH_3$$

平衡时： 0.05 0.01 x

$$\frac{x^2}{0.05\times0.01} = 396,\quad x=0.445(mol\cdot L^{-1})$$

NH_3 的浓度至少要 0.445 $mol\cdot L^{-1}$，才能阻止 AgCl 沉淀生成。

8. 计算 AgCl 在 0.1 $mol\cdot L^{-1}$ NH_3 溶液中的溶解度。

解 $AgCl + 2NH_3 \rightleftharpoons [Ag(NH_3)_2]^+ + Cl^-$

$$K^{\ominus} = \frac{c_{[Ag(NH_3)_2]^+}\,c_{Cl^-}}{c_{NH_3}^2} = \frac{K_{f,[Ag(NH_3)_2]^+}^{\ominus}\times K_{sp,AgCl}^{\ominus}}{1}$$

$$= \frac{1.62\times10^7\times1.56\times10^{-10}}{1}$$

$$=2.53\times10^{-3}$$

设溶解度为 x $mol\cdot L^{-1}$，则

$$AgCl + 2NH_3 \rightleftharpoons [Ag(NH_3)_2]^+ + Cl^-$$

平衡时： $0.1-2x$ x x

$$\frac{x^2}{(0.1-2x)^2} = \frac{1}{396},\quad x=0.005(mol\cdot L^{-1})$$

AgCl 的溶解度为 0.005 $mol\cdot L^{-1}$。

9. 在 100 mL 0.15 $mol\cdot L^{-1}[Ag(CN)_2]^-$ 溶液中加入 50 mL 0.1 $mol\cdot L^{-1}$ KI 溶液，

是否有 AgI 沉淀生成？在上述溶液中再加入 50 mL 0.2 mol·L^{-1} KCN 溶液，又是否产生 AgI 沉淀？

解　(1) $Ag^+ + 2CN^- \rightleftharpoons [Ag(CN)_2]^-$

$K^{\ominus}_{f,[Ag(CN)_2]^-} = 1.3\times10^{21}$

设游离 Ag^+ 浓度为 x mol·L^{-1}，则：

$$\frac{0.15\times\frac{100}{150}-x}{x\times(2x)^2}=1.3\times10^{21}$$

因为 $0.1-x\approx0.1$，所以 $\frac{0.15\times\frac{100}{150}-x}{x\times(2x)^2}=\frac{0.1}{4x^3}=1.3\times10^{21}$，

$x=2.68\times10^{-8}(\text{mol}\cdot\text{L}^{-1})$

$K^{\ominus}_{sp,AgI}=1.50\times10^{-16}$

$Q=2.68\times10^{-8}\times0.1\times\frac{50}{150}>1.5\times10^{-16}$

有 AgI 沉淀生成。

(2) 设游离 Ag^+ 浓度为 y mol·L^{-1}，则：

$$\frac{0.15\times\frac{100}{200}-y}{y\times\left(0.2\times\frac{50}{100+50+50}+2y\right)^2}=\frac{0.075-y}{y\times(0.05+2y)^2}=1.3\times10^{21}$$

因为 $0.075-y\approx0.075$，$0.05+2y\approx0.05$，所以 $\frac{0.075-y}{y\times(0.05+2y)^2}=\frac{0.075}{y\times(0.05)^2}=1.3\times10^{21}$

$y=2.3\times10^{-20}(\text{mol}\cdot\text{L}^{-1})$

$K^{\ominus}_{sp,AgI}=1.50\times10^{-16}$

$Q=2.3\times10^{-20}\times0.1\times\frac{50}{200}<5.1\times10^{-16}$

所以，有沉淀将会溶解。

10. 0.08 mol·L^{-1} $AgNO_3$ 溶解在 1L $Na_2S_2O_3$ 溶液中形成$[Ag(S_2O_3)_2]^{3-}$，过量的 $S_2O_3^{2-}$ 浓度为 0.2 mol·L^{-1}。欲得卤化银沉淀，所需 I^- 和 Cl^- 的浓度各为多少？能否得到 AgI 和 AgCl 沉淀？

解　$Ag^+ + 2S_2O_3^{2-} \rightleftharpoons [Ag(S_2O_3)_2]^{3-}$

$K^{\ominus}_{f,[Ag(S_2O_3)_2]^{3-}}=2.38\times10^{13}$

设平衡时游离 Ag^+ 浓度为 x mol·L^{-1}，则：

$$\frac{0.08-x}{x\times(0.2)^2}=2.38\times10^{13}$$

$0.08-x\approx0.08$，$\frac{0.08}{x\times(0.2)^2}=2.38\times10^{13}$

$x=\frac{1}{1.19\times10^{13}}(\text{mol}\cdot\text{L}^{-1})$

$K^{\ominus}_{sp,AgCl}=1.56\times10^{-10}=\frac{1}{1.19\times10^{13}}\times c_{Cl^-}$

$c_{Cl^-}=1.85\times10^{3}(mol\cdot L^{-1})$，当$c_{Cl^-}>1.85\times10^{3}(mol\cdot L^{-1})$，才能生成沉淀。

$K^{\ominus}_{sp,AgI}=1.50\times10^{-16}=\dfrac{1}{1.19\times10^{13}}\times c_{I^-}$

$c_{I^-}=1.78\times10^{-3}(mol\cdot L^{-1})$，当$c_{I^-}>1.78\times10^{-3}(mol\cdot L^{-1})$，才能生成沉淀。

不能得到 AgCl 沉淀，但能得到 AgI 沉淀。

11. 50 mL 0.1 $mol\cdot L^{-1}$ $AgNO_3$ 溶液与等量的 6 $mol\cdot L^{-1}$ NH_3 混合后，向此溶液中加入 0.119 g KBr 固体，有无 AgBr 沉淀生成？如欲阻止 AgBr 沉淀析出，原混合液中氨的初浓度至少要为多少？

解

$$Ag^+ \quad + \quad 2NH_3 \quad \rightleftharpoons \quad [Ag(NH_3)_2]^+,\ K^{\ominus}_{f,[Ag(NH_3)_2]^+}=1.62\times10^{7}$$

平衡时：　c_{Ag^+}　　$3-2\times0.05+2c_{Ag^+}$　　　$0.05-c_{Ag^+}$

$$K^{\ominus}_{f,[Ag(NH_3)_2]^+}=1.62\times10^{7}=\frac{0.05-c_{Ag^+}}{c_{Ag^+}\times(2.9+2c_{Ag^+})^2}\approx\frac{0.05}{c_{Ag^+}\times(2.9)^2}$$

$$c_{Ag^+}=3.7\times10^{-10}(mol\cdot L^{-1}),\quad c_{Br^-}=\frac{0.119}{119.0\times0.1}=1.0\times10^{-2}(mol\cdot L^{-1})$$

$$Q=c_{Ag^+}c_{Br^-}=3.7\times10^{-10}\times1\times10^{-2}=3.7\times10^{-12}>K^{\ominus}_{sp,AgBr}=7.7\times10^{-13}$$

所以有 AgBr 沉淀生成。要阻止 AgBr 沉淀生成，必须满足：

$$Q=c_{Ag^+}c_{Br^-}<K^{\ominus}_{sp,AgBr}=7.7\times10^{-13}$$

$$c_{Ag^+}<\frac{K^{\ominus}_{sp,AgBr}}{c_{Br^-}}=\frac{7.7\times10^{-13}}{1\times10^{-2}}=7.7\times10^{-11}(mol\cdot L^{-1})$$

根据平衡，　$Ag^+ + 2NH_3 \rightleftharpoons [Ag(NH_3)_2]^+,\ K^{\ominus}_{f,[Ag(NH_3)_2]^+}=1.62\times10^{7}$

　　7.7×10^{-11}　　　x　　　$0.05-7.7\times10^{-11}\approx0.05$

$$K^{\ominus}_{f,[Ag(NH_3)_2]^+}=1.62\times10^{7}=\frac{0.05}{7.7\times10^{-11}x^2}$$

$x=6.3(mol\cdot L^{-1})$

氨的初始浓度至少为 $6.3+0.1=6.4(mol\cdot L^{-1})$。

12. 分别计算 $Zn(OH)_2$ 溶于氨水生成$[Zn(NH_3)_4]^{2+}$和$[Zn(OH)_4]^{2-}$时的平衡常数。若溶液中 NH_3 和 NH_4^+ 的浓度均为 0.1 $mol\cdot L^{-1}$，则 $Zn(OH)_2$ 溶于该溶液中主要生成哪一种配离子？

解　已知：$K^{\ominus}_{f,[Zn(NH_3)_4]^{2+}}=5.0\times10^{8}$，　$K^{\ominus}_{sp,Zn(OH)_2}=1.2\times10^{-17}$，

$K^{\ominus}_{f,[Zn(OH)_4]^{2-}}=3.16\times10^{15}$

$$Zn(OH)_2+4NH_3\rightleftharpoons[Zn(NH_3)_4]^{2+}+2OH^-$$

$$K^{\ominus}_i=\frac{c_{[Zn(NH_3)_4]^{2+}}c^2_{OH^-}}{c^4_{NH_3}}=\frac{c_{[Zn(NH_3)_4]^{2+}}c^2_{OH^-}\ c_{Zn^{2+}}}{c^4_{NH_3}\ c_{Zn^{2+}}}$$

$$=K^{\ominus}_{f,[Zn(NH_3)_4]^{2+}}\times K^{\ominus}_{sp,Zn(OH)_2}=6\times10^{-9}$$

$$Zn(OH)_2+2OH^-\rightleftharpoons[Zn(OH)_4]^{2-}$$

$$K^{\ominus}_i=\frac{c_{[Zn(OH)_4]^{2-}}c^2_{OH^-}}{c^4_{OH^-}}=\frac{c_{[Zn(OH)_4]^{2-}}c^2_{OH^-}\ c_{Zn^{2+}}}{c^4_{OH^-}\ c_{Zn^{2+}}}$$

$$=K^{\ominus}_{f,[Zn(OH)_4]^{2-}}\times K^{\ominus}_{sp,Zn(OH)_2}=3.8\times10^{-2}$$

$$K_b^{\ominus}=\frac{c_{(NH_4^+)}c_{OH^-}}{c_{NH_3}}=\frac{0.1\times c_{OH^-}}{0.1}$$

$c_{OH^-}=K_b^{\ominus}=1.76\times10^{-5}\,mol\cdot L^{-1}$

$$[Zn(OH)_4]^{2-}+4NH_3 \rightleftharpoons [Zn(NH_3)_4]^{2+}+4OH^-$$

$$K^{\ominus}=\frac{c_{[Zn(NH_3)_4]^{2+}}c^2_{OH^-}}{c^4_{NH_3}}=\frac{c_{[Zn(NH_3)_4]^{2+}}c^4_{OH^-}}{c_{[Zn(OH)_4]^{2-}}\ c^4_{NH_3}}=\frac{K^{\ominus}_{f,[Zn(NH_3)_4]^{2+}}}{K^{\ominus}_{f,[Zn(OH)_4]^{2-}}}$$

$$=\frac{5.0\times10^8}{3.16\times10^{15}}=1.58\times10^{-7}$$

其中，$c_{NH_3}=0.1\ mol\cdot L^{-1}$，$c_{OH^-}=1.76\times10^{-5}\ mol\cdot L^{-1}$，代入平衡式，得：

$$\frac{c_{[Zn(NH_3)_4]^{2+}}}{c_{[Zn(OH)_4]^{2-}}}=1.6\times10^8$$

主要生成$[Zn(NH_3)_4]^{2+}$。

13. 将含有 0.2 $mol\cdot L^{-1}$ NH_3 和 2 $mol\cdot L^{-1}$ NH_4^+ 的缓冲溶液与 0.2 $mol\cdot L^{-1}$ $[Cu(NH_3)_4]^{2+}$溶液等体积混合，有无 $Cu(OH)_2$ 沉淀生成？（已知 $Cu(OH)_2$ 的 $K_{sp}^{\ominus}=2.2\times10^{-20}$）

解　0.2 $mol\cdot L^{-1}$ NH_3和 1 $mol\cdot L^{-1}$ NH_4^+的缓冲溶液中，OH^-的浓度为：

$c_{OH^-}=K_b^{\ominus}\times c_{NH_3}/c_{NH_4^+}=1.76\times10^{-5}\times0.1/1=1.76\times10^{-6}(mol\cdot L^{-1})$

$$Cu^{2+}+4NH_3 \rightleftharpoons [Cu(NH_3)_4]^{2+}\quad K_f^{\ominus}=2.1\times10^{13}$$

起始：　0　　0.1　　0.1

平衡：　x　　$0.1+4x$　　$0.1-x$

$$K_f^{\ominus}=2.1\times10^{13}=\frac{0.1-x}{x(0.1+4x)^4}\approx\frac{0.1}{x(0.1)^4}$$

$x=4.76\times10^{-11}(mol\cdot L^{-1})=c_{Cu^{2+}}$

$Q=c_{Cu^{2+}}c^2_{OH^-}=4.76\times10^{-11}\times(1.76\times10^{-6})^2<K_{sp}^{\ominus}=2.2\times10^{-20}$

无 $Cu(OH)_2$ 沉淀生成。

14. 写出下列反应的方程式并计算平衡常数：

(1) AgI 溶于 KCN。

(2) AgBr 微溶于氨水中，溶液酸化后又析出沉淀（两个反应）。

解　(1) $AgI+2CN^- \rightleftharpoons [Ag(CN)_2]^-+I^-$

$K^{\ominus}_{f,[Ag(CN)_2]^-}=1.3\times10^{21}$，$K^{\ominus}_{sp,AgI}=1.50\times10^{-16}$

$$K^{\ominus}=\frac{c_{[Ag(CN)_2]^-}c_{I^-}}{c^2_{CN^-}}=\frac{c_{[Ag(CN)_2]^-}c_{I^-}c_{Ag^+}}{c^2_{CN^-}\ c_{Ag^+}}$$

$$=K^{\ominus}_{f,[Ag(CN)_2]^-}\times K^{\ominus}_{sp,AgI}$$

$$=1.95\times10^5$$

(2) $AgBr+2NH_3 \rightleftharpoons [Ag(NH_3)_2]^++Br^-$

$K^{\ominus}_{f,[Ag(NH_3)_2]^+}=1.62\times10^7$，$K^{\ominus}_{sp,AgBr}=7.7\times10^{-13}$

$$K^{\ominus}=\frac{c_{[Ag(NH_3)_2]^+}c_{Br^-}}{c^2_{NH_3}}=\frac{c_{[Ag(NH_3)_2]^+}c_{Br^-}c_{Ag^+}}{c^2_{NH_3}\ c_{Ag^+}}$$

$$=K^{\ominus}_{f,[Ag(NH_3)_2]^+}\times K^{\ominus}_{sp,AgBr}$$

$=1.24\times10^{-5}$

$[Ag(NH_3)_2]^+ + 2H^+ + Br^- \rightleftharpoons AgBr + 2NH_4^+$

$K^{\ominus}_{f,[Ag(NH_3)_2]^+}=1.62\times10^{7}, K^{\ominus}_{sp,AgBr}=7.7\times10^{-13}, K^{\ominus}_{b}=1.76\times10^{-5}$

$$K^{\ominus}=\frac{c^2_{NH_4^+}}{c_{[Ag(NH_3)_2]^+}c_{Br^-}c^2_{H^+}}=\frac{c^2_{NH_4^+}}{c_{[Ag(NH_3)_2]^+}c_{Br^-}c^2_{H^+}}\times\frac{c^2_{NH_3}}{c^2_{NH_3}}$$

$$=\left(\frac{K^{\ominus}_b}{K_w}\right)^2\frac{c^2_{NH_3}}{c_{[Ag(NH_3)_2]^+}c_{Br^-}}\times\frac{c_{Ag^+}}{c_{Ag^+}}$$

$$=\left(\frac{K^{\ominus}_b}{K_w}\right)^2\frac{1}{K^{\ominus}_{f,[Ag(NH_3)_2]^+}\times K^{\ominus}_{sp,AgBr}}=\left(\frac{1.76\times10^{-5}}{1\times10^{-14}}\right)^2\frac{1}{1.24\times10^{-5}}$$

$$=2.49\times10^{23}$$

15\. 下列化合物中哪些可作为有效的螯合剂?

(1) H_2O　　　　(2) HOOH(过氧化氢)

(3) NH_3　　　　(4) $NH_2CH_2CH_2NH_2$

解　作为螯合剂必须具有两个条件：螯合剂分子(或离子)具有两个或两个以上配位原子，而且这些配位原子必须能与中心金属离子 M 配位；螯合剂中每两个配位原子之间相隔 2～3 个其他原子，以便与中心原子形成稳定的五元环或六元环。

因此，只有 $NH_2CH_2CH_2NH_2$ 才能作为螯合剂。

16\. (1) × (2) × (3) √

17\. 在 pH＝4.0 时，能否用 EDTA 准确滴定 0.01 mol·L^{-1} Fe^{2+}? pH＝6.0 和 pH＝8.0 时呢?

解　查表知：pH＝4.0 时，$\lg\alpha=8.44$；pH＝6.0，$\lg\alpha=4.65$；pH＝8.0，$\lg\alpha=2.22$；$K^{\ominus}_{sp,Fe(OH)_2}=1.64\times10^{-14}$，　$\lg K^{\ominus}_{f,FeY}=14.3$。

(1) pH＝4，$c_{OH^-}=10^{-10}$ mol·L^{-1}

$Q=c_{Fe^{2+}}\cdot c^2_{OH^-}=0.01\cdot(10^{-10})^2<K^{\ominus}_{sp,Fe(OH)_2}=1.64\times10^{-14}$

只需考虑酸效应。

$\lg K'^{\ominus}_{f,FeY}=14.3-8.44=5.86<8$

不能准确滴定。

(2) pH＝6，$c_{OH^-}=10^{-8}$ mol·L^{-1}

$Q=c_{Fe^{2+}}\cdot c^2_{OH^-}=0.01\cdot(10^{-8})^2<K^{\ominus}_{sp,Fe(OH)_2}=1.64\times10^{-14}$

只需考虑酸效应。

$\lg K'^{\ominus}_{f,FeY}=14.3-4.65=9.65>8$

能准确滴定。

(3) pH＝8，　$c_{OH^-}=10^{-6}$ mol·L^{-1}

$Q=c_{Fe^{2+}}\cdot c^2_{OH^-}=0.01\cdot(10^{-12})^2\approx K^{\ominus}_{sp,Fe(OH)_2}=1.64\times10^{-14}$

不能准确滴定。

18\. 若配制 EDTA 溶液的水中含有 Ca^{2+}、Mg^{2+}，在 pH＝5～6 时，以二甲酚橙作指示剂，用 Zn^{2+} 标定该 EDTA 溶液，结果是偏高还是偏低? 若以此 EDTA 溶液测定 Ca^{2+}、Mg^{2+}，所得结果又如何?

解　pH＝6 时，$\lg\alpha=4.65$，$\lg K'_{CaY}=10.7-4.65=6.05$，　$\lg K'_{MgY}=8.7-4.65=4.05$，

钙、镁离子均不会有影响。

测定钙、镁离子时，必须调节 pH>10，溶液中未全结合的钙、镁离子与 EDTA 的结合完全，消耗一定 EDTA，使 EDTA 的浓度比标定浓度偏低，需要的 EDTA 体积增大，而使结果偏高。

19. 含 $0.01\ mol\cdot L^{-1}\ Pb^{2+}$、$0.01\ mol\cdot L^{-1}\ Ca^{2+}$ 的硝酸溶液，能否用 $0.1\ mol\cdot L^{-1}$ 的 EDTA 准确滴定 Pb^{2+}？若可以，应在什么 pH 下滴定而 Ca^{2+} 不干扰？

解　查表得：$\lg K_{PbY}=18.0$，$\lg K_{CaY}=10.7$。$\dfrac{K'_{PbY}}{K'_{CaY}}=10^{7.3}>10^5$，根据能够滴定的条件，需要 $\lg K'_{PbY}>10^8$，即：$18-\lg\alpha>8$，查表得：pH>3.2。

$K^{\ominus}_{sp,Pb(OH)_2}=1.6\times10^{-17}$

$Q=0.01\times c^2_{OH^-}<1.6\times10^{-17}$，$c^2_{OH^-}<1.6\times10^{-15}$

$c_{OH^-}<4\times10^{-8}$，pOH>7.4，pH<6.6

所以，在 pH3.2～6.6 范围内滴定，Ca^{2+} 不干扰。

20. 用返滴定法测定 Al^{3+} 的含量时，首先在 pH=3.0 左右加入过量的 EDTA 并加热，使 Al^{3+} 完全配位。试问为何选择此 pH？

解　pH 太大时 Al^{3+} 水解，pH 太小则酸效应太大，Al^{3+} 与 EDTA 结合不完全。

21. 量取 Bi^{3+}、Pb^{2+}、Cd^{2+} 的试液 25.00 mL，以二甲酚橙为指示剂，在 pH=1 时用 $0.020\ 15\ mol\cdot L^{-1}$ EDTA 溶液滴定，用去 20.28 mL，调节 pH 至 5.5，用此 EDTA 滴定时又消耗 28.86 mL，加入邻二氮菲，破坏 CdY^{2-}，释放出的 EDTA 用 $0.012\ 02\ mol\cdot L^{-1}$ 的 Pb^{2+} 溶液滴定，用去 18.05 mL，计算溶液中 Bi^{3+}、Pb^{2+}、Cd^{2+} 的浓度。

解　pH=1，滴定的是 Bi^{3+}：

$$c_{Bi^{3+}}=\frac{0.020\ 15\times20.28}{25.00}=0.016\ 35(mol\cdot L^{-1})$$

pH=5.5 时，滴定的是 Cd^{2+}：

$$c_{Cd^{2+}}=\frac{0.012\ 02\times18.05}{25.00}=0.008\ 678(mol\cdot L^{-1})$$

释放后滴定 Pb^{2+} 的浓度为：

$$c_{Pb^{2+}}=\frac{(0.020\ 15\times28.86-0.012\ 02\times18.05)}{25.00}=0.014\ 58(mol\cdot L^{-1})$$

22. 在 25.00 mL 含 Ni^{2+}、Zn^{2+} 的溶液中加入 50.00 mL $0.015\ 00\ mol\cdot L^{-1}$ 的 EDTA 溶液，用 $0.010\ 00\ mol\cdot L^{-1}$ 的 Mg^{2+} 返滴定过量的 EDTA，用去 17.52 mL，然后加入二巯基丙醇解蔽 Zn^{2+}，释放出 EDTA，再用去 22.00 mL Mg^{2+} 溶液滴定。计算原试液中 Ni^{2+}、Zn^{2+} 的浓度。

解　$c_{Zn^{2+}}=\dfrac{22.00\times0.01}{25.00}=0.008\ 8(mol\cdot L^{-1})$

$$c_{Ni^{2+}}=\frac{(50.00\times0.015-17.52\times0.01)-22.00\times0.01}{25.00}=0.014\ 19(mol\cdot L^{-1})$$

23. 略

24. Given the following information:

$Ag^++2NH_3 \rightleftharpoons [Ag(NH_3)_2]^+$，$K_f^{\ominus}=1\times10^7$

$Ag^+ + 2CN^- \rightleftharpoons [Ag(CN)_2]^-$, $K_f^\ominus = 1\times10^{20}$

$Ag^+ + 2Cl^- \rightleftharpoons AgCl(s)$, $K_{sp}^\ominus = 1\times10^{-10}$

$Ag^+ + 2I^- \rightleftharpoons AgI(s)$, $K_{sp}^\ominus = 1\times10^{-17}$

(a) which complex is the more stable?

(b) Which solid is the less soluble?

(c) Use this information to explain why:

The addition of NH_3(aq) dissolves AgCl but not AgI.

The addition of the cyanide ion(CN^-) dissolves AgCl and AgI.

Solution

(a) $K^\ominus_{f,[Ag(NH_3)_2]^+} = 1\times10^7 < K^\ominus_{f,[Ag(CN)_2]^-} = 1\times10^{20}$, so, the complex, $[Ag(CN)_2]^-$ is more stable than the complex, $[Ag(NH_3)_2]^+$.

(b) $K_{sp}^\ominus(AgCl(s)) > K_{sp}^\ominus(AgI(s))$, so, the solid AgI is the less soluble.

(c) $AgCl + 2NH_3 \rightleftharpoons [Ag(NH_3)_2]^+ + Cl^-$

$$K^\ominus = \frac{c_{[Ag(NH_3)_2]^+}\,c_{Cl^-}}{c^2_{NH_3}} = \frac{K^\ominus_{f,Ag[(NH_3)_2]^+}\times K^\ominus_{sp,AgCl}}{1} = \frac{1\times10^7\times1\times10^{-10}}{1} = 0.001$$

$AgI + 2NH_3 \rightleftharpoons [Ag(NH_3)_2]^+ + I^-$

$$K^\ominus = \frac{c_{[Ag(NH_3)_2]^+}\,c_{I^-}}{c^2_{NH_3}} = \frac{K^\ominus_{f,[Ag(NH_3)_2]^+}\times K^\ominus_{sp,AgI}}{1} = \frac{1\times10^7\times1\times10^{-17}}{1} = 1\times10^{-10}$$

So, the addition of NH_3(aq) dissolves AgCl but not AgI.

$AgCl + 2CN^- \rightleftharpoons [Ag(CN)_2]^- + Cl^-$

$$K^\ominus = \frac{c_{[Ag(NH_3)_2]^+}\,c_{Cl^-}}{c^2_{CN^-}} = \frac{K^\ominus_{f,[Ag(CN)_2]^-}\times K^\ominus_{sp,AgCl}}{1} = \frac{1\times10^{20}\times1\times10^{-10}}{1} = 1\times10^{10}$$

$AgI + 2CN^- \rightleftharpoons [Ag(CN)_2]^- + I^-$

$$K^\ominus = \frac{c_{[Ag(CN)_2]^-}\,c_{I^-}}{c^2_{CN^-}} = \frac{K^\ominus_{f,[Ag(CN)_2]^-}\times K^\ominus_{sp,AgI}}{1} = \frac{1\times10^{20}\times1\times10^{-17}}{1} = 1\ 000$$

So, The addition of the cyanide ion(CN^-) dissolves AgCl and AgI.

25. Calculate the concentration of free copper ion that is present in equilibrium with 1.0×10^{-3} mol · L^{-1} $[Cu(NH_3)_4]^{2+}$ and 1.0×10^{-1} mol · L^{-1} NH_3.

$$Cu^{2+} + 4NH_3 \rightleftharpoons [Cu(NH_3)_4]^{2+} \quad K_f^\ominus = 2.1\times10^{13}$$

equilibrium: x $\quad 1.0\times10^{-1}$ $\quad 1.0\times10^{-3}$

$$K_f^\ominus = 2.1\times10^{13} = \frac{1.0\times10^{-3}}{x(1.0\times10^{-1})^4}$$

$x = 4.76\times10^{-13}$ (mol · L^{-1})

So, the concentration of free copper ion is 4.76×10^{-13} mol · L^{-1}.

五、自测试卷

一、选择题(每题 2 分,共 40 分)

1. $[Ni(en)_3]^{2+}$ 中镍的价态和配位数是　(　　)

A. +2,3　　B. +3,6　　C. +2,6　　D. +3,3

2. EDTA 的酸效应系数 α_Y 在一定酸度下等于　(　　)

A. $c(Y^{4-})/c_Y$　　B. $c_Y/c(Y^{4-})$

C. $c(H^+)/c_Y$　　D. $c_Y/c(H_4Y)$

3. 在$[AlF_6]^{3-}$中,Al^{3+} 杂化轨道类型是　(　　)

A. sp^3　　B. dsp^2　　C. sp^3d^2　　D. d^2sp^3

4. 已知水的 $K_f=1.86$。0.005 $mol \cdot kg^{-1}$ 化学式为 $FeK_3C_6N_6$ 的配合物水溶液,其凝固点为−0.037℃,这个配合物在水中的解离方程式为　(　　)

A. $FeK_3C_6N_6 \longrightarrow Fe^{3+} + [K_3(CN)_6]^{3-}$

B. $FeK_3C_6N_6 \longrightarrow 3K^+ + [Fe(CN)_6]^{3-}$

C. $FeK_3C_6N_6 \longrightarrow 3KCN + [Fe(CN)_2]^+ + CN^-$

D. $FeK_3C_6N_6 \longrightarrow 3K^+ + Fe^{3+} + 6CN^-$

5. 在$[Co(C_2O_4)_2(en)]^-$中,中心离子 Co^{3+} 的配位数为　(　　)

A. 3　　B. 4　　C. 5　　D. 6

6. Al^{3+} 与 EDTA 形成　(　　)

A. 螯合物　　B. 聚合物

C. 非计量化合物　　D. 夹心化合物

7. 已知某金属离子配合物的磁矩为 4.90 B.M.,而同一氧化态的该金属离子形成的另一配合物,其磁矩为零,则此金属离子可能为　(　　)

A. Cr(Ⅲ)　　B. Mn(Ⅱ)

C. Fe(Ⅲ)　　D. Mn(Ⅲ)

8. 已知巯基(—SH)与某些重金属离子能形成强配位键,预计是重金属离子的最好的螯合剂的物质为　(　　)

A. $CH_3—SH$　　B. H—SH

C. $CH_3—S—S—CH_3$　　D. $HS—CH_2—CH(CH_3)—OH$

9. Fe^{3+} 具有 d^5 电子构型,在八面体场中要使配合物为高自旋态,则分裂能 Δ 和电子成对能 P 所要满足的条件是　(　　)

A. Δ 和 P 越大越好　　B. $\Delta > P$

C. $\Delta < P$　　D. $\Delta = P$

10. 下列几种物质中最稳定的是　(　　)

A. $Co(NO_3)_3$　　B. $[Co(NH_3)_6](NO_3)_3$

C. $[Co(NH_3)_6]Cl_2$　　D. $[Co(en)_3]Cl_3$

11. 估计下列配合物的稳定性，按从大到小的顺序排列正确的是 （ ）

A. $[HgI_4]^{2-}>[HgCl_4]^{2-}>[Hg(CN)_4]^{2-}$

B. $[Co(NH_3)_6]^{3+}>[Co(SCN)_4]^{2-}>[Co(CN)_6]^{3-}$

C. $[Ni(en)_3]^{2+}>[Ni(NH_3)_6]^{2+}>[Ni(H_2O)_6]^{2+}$

D. $[Fe(SCN)_6]^{3-}>[Fe(CN)_6]^{3-}>[Fe(CN)_6]^{4-}$

12. $[Ni(CN)_4]^{2-}$是平面四方形构型，中心离子的杂化轨道类型和 d 电子数分别是 （ ）

A. sp^2, d^7　　B. sp^3, d^8

C. d^2sp^3, d^6　　D. dsp^2, d^8

13. 下列配合物中，属于螯合物的是 （ ）

A. $[Ni(en)_2]Cl_2$　　B. $K_2[PtCl_6]$

C. $(NH_4)[Cr(NH_3)_2(SCN)_4]$　　D. $Li[AlH_4]$

14. $[Ca(EDTA)]^{2-}$配离子中，Ca^{2+}的配位数是 （ ）

A. 1　　B. 2　　C. 4　　D. 6

15. 向$[Cu(NH_3)_4]^{2+}$水溶液中通入氨气，则 （ ）

A. $K_{稳[Cu(NH_3)_4]^{2+}}$增大　　B. $[Cu^{2+}]$增大

C. $K_{稳[Cu(NH_3)_4]^{2+}}$减小　　D. $[Cu^{2+}]$减小

16. 在 EDTA 配位滴定中，下列有关酸效应的叙述正确的是 （ ）

A. 酸效应系数愈大，配合物的稳定性愈大

B. 酸效应系数愈小，配合物的稳定性愈大

C. pH 愈大，酸效应系数愈大

D. 酸效应系数愈大，配位滴定曲线的 pM 突跃范围愈大

17. 下列反应中配离子作为氧化剂的反应是 （ ）

A. $[Ag(NH_3)_2]Cl+KI \rightleftharpoons AgI\downarrow+KCl+2NH_3$

B. $2[Ag(NH_3)_2]OH+CH_3CHO \rightleftharpoons CH_3COOH+2Ag\downarrow+4NH_3+H_2O$

C. $[Cu(NH_3)_4]^{2+}+S^{2-} \rightleftharpoons CuS\downarrow+4NH_3$

D. $3[Fe(CN)_6]^{4-}+4Fe^{3+} \rightleftharpoons Fe_4[Fe(CN)_6]_3$

18. 当 0.01 mol $CrCl_3\cdot 6H_2O$ 在水溶液中用过量硝酸银处理时，有 0.02 mol 氯化银沉淀出来，此样品中最可能的配离子表示式是 （ ）

A. $[Cr(H_2O)_6]^{2+}$　　B. $[CrCl(H_2O)_5]^{2+}$

C. $[CrCl(H_2O)_3]^{2+}$　　D. $[CrCl_2(H_2O)_4]^{+}$

19. 在 Ca^{2+}、Mg^{2+} 的混合液中，用 EDTA 法测定 Ca^{2+}，要消除 Mg^{2+} 的干扰，宜用 （ ）

A. 控制酸度法　　B. 络合掩蔽法

C. 氧化还原掩蔽法　　D. 沉淀掩蔽法

20. 确定某种金属离子被滴定的最小 pH（配位滴定中，允许相对误差为±0.1%），一般根据以下计算中的 （ ）

A. $\lg c_M K_{MY}\geqslant 5, \lg\alpha_{Y(H)}=\lg K_{MY}-\lg K'_{MY}$

B. $\lg c_M K'_{MY}\geqslant 6, \lg\alpha_{Y(H)}=\lg K_{MY}-\lg K'_{MY}$

C. $c_{M}K_{MY} \geqslant 10^{8}$，$\lg\alpha_{Y(H)} = \lg K'_{MY} - \lg K_{MY}$

D. $c_{M}K'_{MY} \geqslant 10^{6}$，$\lg\alpha_{Y(H)} = \lg \dfrac{K'_{MY}}{K_{MY}}$

二、填空题(每个空格 1 分，共 10 分)

1. 配合物 $K_2[HgI_4]$在溶液中可能解离出来的阳离子有____________，阴离子有________________________。

2. 已知反应$[Cu(OH)_4]^{2-} + 4NH_3 \rightleftharpoons [Cu(NH_3)_4]^{2+} + 4OH^-$ 的 $K^{\ominus} > 1$，则 $K_f^{\ominus}([Cu(OH)_4]^{2-})$ 比 $K_f^{\ominus}([Cu(NH_3)_4]^{2+})$ __________；在标准状态下，该反应向__________进行。

3. AgCl 在氨水中的溶解是由于沉淀转化为__________而溶解。AgX 的 $K_{sp}^{\ominus}$ 愈大，则在氨水中的溶解度也愈________。

4. 在$[FeF_6]^{3-}$溶液中加入过量 KCN，则生成__________，相应取代反应的离子方程式为______________________，该反应的标准平衡常数的表达式 $K^{\ominus} =$ __________________________，$K^{\ominus}$与有关配离子的 $K_f^{\ominus}$ 间的关系式可写为 $K^{\ominus} =$ __________________________。

三、简答题(共 10 分)

1. 什么叫螯合物？螯合物有什么特点？作为螯合剂必须具备什么条件？试举例说明(2 分)

2. 有三种铂的配合物，其化学组成分别为：(a) $PtCl_4(NH_3)_6$；(b) $PtCl_4(NH_3)_4$；(c) $PtCl_4(NH_3)_2$。对这三种物质分别有下述实验结果：

(a) 的水溶液能导电，每摩尔(a)与 $AgNO_3$ 溶液反应可得 4 mol AgCl 沉淀；

(b) 的水溶液能导电，每摩尔(b)与 $AgNO_3$ 溶液反应可得 2 mol AgCl 沉淀；

(c) 的水溶液基本不导电，与 $AgNO_3$ 溶液反应基本无 AgCl 沉淀生成。

(1) 写出(a)、(b)、(c)三种配合物的化学式和名称。(1 分)

(2) 写出(a)、(b)、(c)中中心离子的配位数及空间构型。(1 分)

3. 命名下列化合物并写出结构：(6 分)

$(NH_4)_2[PtCl_5Br]$　　$[Co(NH_3)_5Cl]Cl_2$　　$K_2[NiCl_2(C_2O_4)]$

二氯化三乙二胺合镍(Ⅱ)　六氰合铁(Ⅱ)酸铵　氯化二氯・四水合铬(Ⅲ)

四、计算题(每题 10 分，共 40 分)

1. AgCl 能溶解在氨水中，AgBr 则基本不溶，但是 AgCl、AgBr 皆溶解在 $Na_2S_2O_3$ 溶液中，试简要说明之。(已知 $K_{sp}^{\ominus}(AgCl) = 1.8 \times 10^{-10}$；$K_{sp}^{\ominus}(AgBr) = 5.0 \times 10^{-13}$；$\lg K_f^{\ominus}([Ag(NH_3)_2]^+) = 7.05$；$\lg K_f^{\ominus}([Ag(S_2O_3)_2]^{3-}) = 13.46$)

2. 室温时，0.010 mol 的 AgCl 溶解在 1.0 L 氨水中，实验测得平衡时 Ag^+ 的浓度为 1.2×10^{-10} mol · L^{-1}。求原来氨水的浓度。（已知 $[Ag(NH_3)_2]^+$ 的 $K_f^\ominus=1.62\times10^7$，AgCl 的 $K_{sp}=1.56\times10^{-10}$）

3. (1) 等体积混合 0.10 mol · L^{-1} $AgNO_3$ 和 6.0 mol · L^{-1} 氨水，然后加入 NaAc 固体（忽略体积变化）。通过计算说明是否会生成 AgAc 沉淀。

（已知 $K_f^\ominus([Ag(NH_3)_2]^+)=1.1\times10^7$，$K_{sp}^\ominus(AgAc)=4.4\times10^{-3}$）

(2) 在 200 mL 0.10 mol · L^{-1} $AgNO_3$ 溶液中加入 1.0×10^{-3} mol NaBr，再向溶液中通入 NH_3(g)。试通过计算说明能否使 AgBr 沉淀溶解？

（已知 $K_f^\ominus([Ag(NH_3)_2]^+)=1.62\times10^7$，$K_{sp}^\ominus(AgBr)=5.0\times10^{-13}$）

4. 已知 $K_f^\ominus([AlF_6]^{3-})=6.9\times10^{19}$，$K_{sp}^\ominus(Al(OH)_3)=1.3\times10^{-33}$，$M_r(NaF)=42.0$。在 1.0 L 0.10 mol · L^{-1} Al^{3+} 的溶液中，若 pH=10.00 时，不生成 $Al(OH)_3$ 沉淀，需加入 NaF(s)，则其质量至少应为多少？

六、自测试卷答案

一、选择题

1	2	3	4	5	6	7	8	9	10
C	B	C	B	D	A	D	D	C	D
11	12	13	14	15	16	17	18	19	20
C	D	A	D	D	B	B	B	D	B

二、填空题

1. K^+　$[HgI_4]^{2-}$　2. 小　正方向　3. $[Ag(NH_3)_2]^+$　大　4. $[Fe(CN)_6]^{3-}$

$[FeF_6]^{3-}+6CN^- \rightleftharpoons [Fe(CN)_6]^{3-}+6F^-$　$\dfrac{[Fe(CN)_6]^{3-}[F^-]^6}{[FeF_6]^{3-}[CN^-]^6}$　$\dfrac{K_f^{\ominus}([Fe(CN)_6]^{3-})}{K_f^{\ominus}([FeF_6]^{3-})}$

三、简答题

1. 多齿配位体和同一中心原子形成具有环状结构的配合物，称为螯合物。

作为螯合剂必须具有以下两特点：

(1) 螯合剂分子(或离子)具有两个或两个以上配位原子，而且这些配位原子必须能与中心金属离子 M 配位。

(2) 螯合剂中每两个配位原子之间相隔 2～3 个其他原子，以便与中心原子形成稳定的五元环或六元环。多于六个原子的环或少于五个原子的环都不稳定。

2. (a) $[Pt(NH_3)_6]Cl_4$，氯化六氨合铂(Ⅳ)　(b) $[Pt(NH_3)_4Cl_2]Cl_2$，氯化二氯・四氨合铂(Ⅳ)　(c) $[Pt(NH_3)_2Cl_4]$，四氯・二氨合铂(Ⅳ)，(a)、(b)、(c)中心离子的配位数均为 6，八面体。

3. 一溴・五氯合铂(Ⅳ)酸铵，氯化一氯・五氨合钴(Ⅲ)，二氯・草酸根合镍(Ⅱ)酸钾

$[Ni(en)_3]Cl_2$，$(NH_4)_4[Fe(CN)_6]$，$[CrCl_2(H_2O)_4]Cl$

四、计算题

1. $AgCl+2NH_3 \rightleftharpoons [Ag(NH_3)_2]^+ + Cl^-$

$K^{\ominus}=K_f[(Ag(NH_3)_2]^+ \times K_{sp}^{\ominus}(AgCl)=1.8\times10^{-2.95}$

$AgBr+2NH_3 \rightleftharpoons [Ag(NH_3)_2]^+ + Br^-$

$K^{\ominus}=K_f[(Ag(NH_3)_2]^+ \times K_{sp}^{\ominus}(AgBr)=5.0\times10^{-5.95}$

$AgCl+2S_2O_3^{2-} \rightleftharpoons [Ag(S_2O_3)_2]^{3-} + Cl^-$

$K^{\ominus}=K_f[(Ag(S_2O_3)_2]^{3-} \times K_{sp}^{\ominus}(AgCl)=1.8\times10^{3.46}$

$AgBr+2S_2O_3^{2-} \rightleftharpoons [Ag(S_2O_3)_2]^{3-} + Br^-$

$K^{\ominus}=K_f[(Ag(S_2O_3)_2]^{3-} \times K_{sp}^{\ominus}(AgBr)=5.0\times10^{0.46}$

从平衡常数的数值，说明了反应进行的可能性。

2.	$[Ag(NH_3)_2]^+$	$\rightleftharpoons$	Ag^+	+	$2NH_3$
起始：	0.010mol		0		0
平衡时：	$0.010-1.2\times10^{-10}$		1.2×10^{-10}		x

$K_f=\frac{[Ag(NH_3)_2]^+}{[NH_3]^2[Ag^+]}=\frac{0.01}{x^2\times1.2\times10^{-10}}$

$=1.62\times10^7$

$x=2.26(mol\cdot L^{-1})$

原来氨水的浓度为：$2.26+0.01\times2=2.28(mol\cdot L^{-1})$。

3. (1) $Ag^+ \quad + \quad 2NH_3 \quad \rightleftharpoons \quad [Ag(NH_3)_2]^+$

$x \qquad 3-0.05\times2+2x \qquad 0.05-x$

$\frac{0.05-x}{x(2.9+2x)^2}=1.62\times10^7$

$x=3.7\times10^{-10}(mol\cdot L^{-1})$，

由于 $K_{sp}^{\ominus}(AgAc)=4.4\times10^{-3}$，要使有 AgAc 沉淀，必须 $c(Ac^-)\geqslant\frac{4.4\times10^{-3}}{3.7\times10^{-10}}=1.2\times10^7$ $mol\cdot L^{-1}$，根本不可能。

(2) $AgBr+2NH_3 \rightleftharpoons [Ag(NH_3)_2]^+ + Br^-$

$x \qquad 0.1 \qquad 0.005$

$K^{\ominus}=K_f[Ag(NH_3)_2]^+\times K_{sp}^{\ominus}(AgBr)=8.1\times10^{-6}=\frac{0.1\times0.005}{x^2}$

$x=7.86(mol\cdot L^{-1})$

总浓度为：$7.86+0.1\times2=8.06(mol\cdot L^{-1})$。

故只要大于 4.46 $mol\cdot L^{-1}$ 的浓氨水，沉淀即可溶解。

4. $Al(OH)_3+6F^- = [AlF_6]^{3-}+3OH^-$

$K^{\ominus}=\frac{[AlF_6]^{3-}[OH^-]^3}{[F^-]^6}=K_f([AlF_6]^{3-})\cdot K_{sp}(Al(OH)_3)=8.97\times10^{-14}$

$\frac{0.1\times1\times10^{-12}}{x^6}=8.97\times10^{-14}$，$x=1.01(mol\cdot L^{-1})$

需要加入的 F^- 的总浓度为：$1.01+0.1\times6=1.61(mol\cdot L^{-1})$，NaF(s)的量为：$1.61\times42.0=67.6(g)$。

第十章　氧化还原反应与氧化还原滴定

一、目 的 要 求

1. 掌握：氧化数，标准电极电势表及其使用，比较氧化剂或还原剂的强弱，能斯特方程及有关计算，电动势的计算，根据电池电动势判断氧化还原反应的方向，平衡常数的计算。

2. 熟悉：氧化还原反应配平，原电池的组成及表示，电极的分类，判断氧化还原反应进行的次序，元素电势图，高锰酸钾滴定法，重铬酸钾滴定法，碘量法。

3. 了解：电极电势产生的机制，电极电势的产生及测量。

二、本 章 要 点

一、氧化还原反应及原电池的基本概念

氧化数是指某元素一个原子的表观电荷数，是描述元素在化合物中表观带电状态的数目，可以根据若干经验规则来确定。氧化还原反应的基本特征是元素氧化数发生了改变，其物质基础是电子得失。失去电子的过程称为氧化半反应，得到电子的过程称为还原半反应，氧化半反应与还原半反应结合成一个完整的氧化还原反应。

同一元素的两种具有不同氧化数的物质形式，其中高氧化数的叫氧化型，低氧化数的叫还原型，两者间存在共轭关系，组成一个氧化还原电对(简称为电对)，符号记作：氧化型/还原型。氧化还原反应可以看成是发生在两个电对之间的电子转移过程。

使用氧化数法和离子电子法等方法可以配平常见的氧化还原反应。

原电池是一种通过氧化还原反应产生电流的装置。氧化剂在原电池的正极发生还原反应，还原剂在负极发生氧化反应。不同的电对可以组成不同的电极。有四种常见的电极类型。由电池组成式可以写出电池中发生的反应；另外，也可根据氧化还原反应组成原电池并写出电池组成式，即电池组成式与电池反应的“互译”。这是讨论电池热力学的前提。任一自发进行的反应，包括氧化还原反应、沉淀反应、配位反应、酸碱反应等非氧化还原反应，甚至扩散、稀释等物理变化理论上都可以组成原电池，对外做功，将体系本身具有的能量转化为电能。

等温等压下，电池反应的吉布斯自由能的降低值等于电池可以做的最大电功，即

$$-\Delta_r G_m = nF\varepsilon$$

而非自发过程不能组成原电池，只能以电解池等方式利用环境对体系做功，将环境中的能量转换为化学能。

二、电池电动势及电极电势

消除液接电势后，电池电动势等于正极和负极两者电极电势之差，即 $\varepsilon = E_+ - E_-$。自发的电池反应的 $\varepsilon > 0$，即 $E_+ > E_-$。

电极电势的产生，是由于电极反应致使电极的电子导体与电解质溶液的相界面处形成双电层而产生电势差。电极电势的取值以标准氢电极作为基准，通过比较法来确定电极电势的相对值。

电对的本性是决定电极电势的内因。处于热力学标准态下的电极电势称为标准电极电势，记作 $E^\ominus$。标准电极电势可以来表达电对的本性。按照递增的顺序排列不同电对的标准电极电势值得到标准电极电势表。

三、能斯特方程及电极电势的应用

能斯特方程：

$$E = E^\ominus + \frac{0.059\,2}{n}\lg\frac{c^a(\text{氧化型})}{c^g(\text{还原型})}$$

电对的氧化型浓度增大(或还原型浓度减小)，电极电势增大，反之亦然。氧化型或还原型物质本身浓度的变化对电极电势影响一般不显著，而改变反应介质的酸碱度，或者使电对的氧化型或还原型生成难溶盐、配离子等难解离物质，可能会导致电极电势值发生较大的改变。

利用氧化还原反应组成原电池，再根据电池电动势的正负可以判断反应自发进行的方向。$\varepsilon > 0$，$\Delta_r G_m < 0$，正向反应自发进行；$\varepsilon < 0$，$\Delta_r G_m > 0$，逆向反应自发进行。

通过电极电势可以计算标准平衡常数，研究氧化还原反应进行的限度：

$$\lg K^\ominus = \frac{n\varepsilon^\ominus}{0.059\,2} = \frac{n(E_+^\ominus - E_-^\ominus)}{0.059\,2}$$

沉淀反应、酸碱反应以及配位反应等反应也可以组成适当的原电池，计算相应的平衡常数。

四、元素电势图

元素电势图表达了有多个氧化数的元素的各个电极电势之间的关系，可以用来计算某些电极电势，也可以判断歧化反应发生的可能性。

五、氧化还原滴定法

1. 高锰酸钾法

使用高锰酸钾标准溶液滴定待测物质的方法，滴定剂为 $KMnO_4$，指示剂为 $KMnO_4$ 本身，使用 H_2SO_4 提供酸性环境，滴定终点时由无色变浅红色。间接法配制标准溶液。标定 $KMnO_4$ 标准溶液可以使用的基准物质：$H_2C_2O_4 \cdot 2H_2O$，$Na_2C_2O_4$ 等。

2. 重铬酸钾法

使用重铬酸钾标准溶液滴定待测物质的方法，滴定剂为 $K_2Cr_2O_7$，指示剂为氧化还原指示剂(如二苯胺磺酸钠)，使用 H_3PO_4 提供酸性环境。直接法配制标准溶液。

3. 直接碘量法

使用碘标准溶液直接滴定 SO_3^{2-}、As(Ⅲ)、$S_2O_3^{2-}$、维生素 C 等强还原剂测定其含量的方法，滴定剂为碘标准溶液，指示剂为淀粉，滴定终点时出现蓝色。间接法配制碘液。标定碘液可以使用基准物质：As_2O_3。

4. 间接碘量法

使用I^-与氧化性物质如$Cr_2O_7^{2-}$、MnO_4^-、BrO_3^-、H_2O_2等反应，定量析出I_2，然后用$Na_2S_2O_3$标准溶液滴定I_2，间接地测定这些氧化性物质含量的方法，滴定剂为$Na_2S_2O_3$标准溶液，指示剂为淀粉，滴定终点时蓝色消失。间接法配制$Na_2S_2O_3$标准溶液。标定$Na_2S_2O_3$标准溶液可以使用基准物质：$K_2Cr_2O_7$。

三、例题解析

1. 用氧化数法配平下列方程式：

(1) $P+KOH+H_2O \longrightarrow PH_3+KH_2PO_2$

(2) $KClO_3+NH_3 \longrightarrow KNO_3+KCl+Cl_2+H_2O$

解　(1) 从反应式可以看出，一部分 P 氧化数升高，一部分 P 氧化数降低，发生了歧化反应，从逆反应着手。

$P(PH_3)$：　$-3 \longrightarrow 0$　$\downarrow 3$　$\times 1$

$P(KH_2PO_2)$：　$+1 \longrightarrow 0$　$\uparrow 1$　$\times 3$

$$4P+KOH+H_2O \longrightarrow PH_3+3KH_2PO_2$$

配平 K：　$4P+3KOH+H_2O \longrightarrow PH_3+3KH_2PO_2$

配平 H：　$4P+3KOH+3H_2O = PH_3+3KH_2PO_2$

核对 O：每边都有 6 个氧原子，证明反应式已配平。

(2)　$N(NH_3)$：　$-3 \longrightarrow +5$　$\uparrow 8$　$\times 2$

$Cl(KClO_3)$：　$+5 \longrightarrow -1$　$\downarrow 6$　$\times 1$

$Cl(KClO_3)$：　$+5 \longrightarrow 0$　$\downarrow 5$　$\times 2$

$$3KClO_3+2NH_3 \longrightarrow 2KNO_3+KCl+Cl_2+H_2O$$

配平 H：　$3KClO_3+2NH_3 = 2KNO_3+KCl+Cl_2+3H_2O$

核对 O：每边都有 9 个氧原子，证明反应式已配平。

2. 用离子电子法配平下列方程式：

(1) $KMnO_4+KI+H_2O \longrightarrow KIO_3+MnO_2+KOH$

(2) $NH_4Cl+HCl+K_2Cr_2O_7 \longrightarrow KCl+Cr_2O_3+NO+Cl_2+H_2O$

解　(1) ① $MnO_4^- \longrightarrow MnO_2$

$I^- \longrightarrow IO_3^-$

② $MnO_4^-+2H_2O \longrightarrow MnO_2+4OH^-$

$I^-+6OH^- \longrightarrow IO_3^-+3H_2O$

③ $MnO_4^-+2H_2O+3e^- \longrightarrow MnO_2+4OH^-$

$I^-+6OH^- \longrightarrow IO_3^-+3H_2O+6e^-$

④ $2\times(MnO_4^-+2H_2O+3e^- \longrightarrow MnO_2+4OH^-)$

+)　$1\times(I^-+6OH^- \longrightarrow IO_3^-+3H_2O+6e^-)$

$$2MnO_4^-+4H_2O+I^-+6OH^- \longrightarrow 2MnO_2+8OH^-+IO_3^-+3H_2O$$

消去重复项：

$$2MnO_4^- + H_2O + I^- = 2MnO_2 + 2OH^- + IO_3^-$$

写成方程式形式：

$$2KMnO_4 + H_2O + KI = 2MnO_2 + 2KOH + KIO_3$$

(2) ① $NH_4^+ \longrightarrow NO$

$Cl^- \longrightarrow Cl_2$

$Cr_2O_7^{2-} \longrightarrow Cr_2O_3$

② $NH_4^+ + H_2O \longrightarrow NO + 6H^+$

$2Cl^- \longrightarrow Cl_2$

$Cr_2O_7^{2-} + 8H^+ \longrightarrow Cr_2O_3 + 4H_2O$

③ $NH_4^+ + H_2O \longrightarrow NO + 6H^+ + 5e^-$

$2Cl^- \longrightarrow Cl_2 + 2e^-$

$Cr_2O_7^{2-} + 8H^+ + 6e^- \longrightarrow Cr_2O_3 + 4H_2O$

④ $2\times(NH_4^+ + H_2O \longrightarrow NO + 6H^+ + 5e^-)$

$2Cl^- \longrightarrow Cl_2 + 2e^-$

+) $2\times(Cr_2O_7^{2-} + 8H^+ + 6e^- \longrightarrow Cr_2O_3 + 4H_2O)$

$2NH_4^+ + 2H_2O + 2Cl^- + 2Cr_2O_7^{2-} + 16H^+ \longrightarrow 2Cr_2O_3 + 8H_2O + Cl_2 + 2NO + 12H^+$

消去重复项：

$2NH_4^+ + 2Cl^- + 2Cr_2O_7^{2-} + 4H^+ = 2Cr_2O_3 + 6H_2O + Cl_2 + 2NO$

写成完整方程式形式：

$2NH_4Cl + 2K_2Cr_2O_7 + 4HCl = 2Cr_2O_3 + 6H_2O + Cl_2 + 2NO + 4KCl$

3. 写出下列电池的电极反应和电池反应。

(1) $(-)Pt, Cl_2 | Cl^- \parallel H^+, Mn^{2+} | MnO_2, Pt(+)$

(2) $(-)Cu, CuS | S^{2-} \parallel Cu^{2+} | Cu(+)$

解 (1) 电极反应：负极：$2Cl^- = Cl_2 + 2e^-$；正极：$MnO_2 + 4H^+ + 2e^- = Mn^{2+} + 2H_2O$。

电池反应：$MnO_2 + 4H^+ + 2Cl^- = Cl_2 + Mn^{2+} + 2H_2O$。

(2) 电极反应：负极：$Cu + S^{2-} = CuS + 2e^-$；正极：$Cu^{2+} + 2e^- = Cu$。

电池反应：$Cu^{2+} + S^{2-} = CuS$。

4. 将下列反应设计组成原电池，写出电池反应式。

(1) $H^+ + Ac^- = HAc$

(2) $Ag^+ + 2CN^- = [Ag(CN)_2]^-$

解 (1) 将反应改写成氧化还原反应形式：

$$H_2 + 2e^- + 2H^+ + 2Ac^- = 2HAc + H_2 + 2e^-$$

拆成氧化半反应和还原半反应：

氧化半反应：$H_2 + 2Ac^- = 2HAc + 2e^-$　　作负极：$Pt, H_2 | HAc, Ac^-$

还原半反应：$2H^+ + 2e^- = H_2$　　作正极：$Pt, H_2 | H^+$

组成电池：$(-)Pt, H_2 | HAc, Ac^- \parallel H^+ | H_2, Pt(+)$

(2) 将反应改写成氧化还原反应形式：

$$Ag+e^- + Ag^+ + 2CN^- = [Ag(CN)_2]^- + Ag + e^-$$

拆成氧化半反应和还原半反应：

氧化半反应：$Ag+2CN^- = [Ag(CN)_2]^- + e^-$　作负极：$Ag|[Ag(CN)_2]^-, CN^-$

还原半反应：$Ag^+ + e^- = Ag$　作正极：$Ag|Ag^+$

组成电池：$(-)Ag|[Ag(CN)_2]^-, CN^- \| Ag^+|Ag(+)$

5. 已知下列电对的标准电极电势 $E^\ominus$：Cl_2/Cl^- 1.36 V，Hg^{2+}/Hg_2^{2+} 0.91 V，Fe^{3+}/Fe^{2+} 0.77 V，Zn^{2+}/Zn −0.76 V。在标准状态下，可能发生氧化还原反应的一对物质是　(　　)

A. Fe^{3+} 和 Cl^-　B. Fe^{3+} 和 Hg_2^{2+}　C. Zn 和 Fe^{3+}　D. Zn^{2+} 和 Fe^{2+}

解　C

在标准状态下，要发生氧化还原反应的条件是：标准电极电势 $E^\ominus$ 高的氧化型物质与 $E^\ominus$ 低的还原型物质反应。$E^\ominus(Fe^{3+}/Fe^{2+}) > E^\ominus(Zn^{2+}/Zn)$，$Fe^{3+}$ 可以与 Zn 反应。

6. 已知电对 Fe^{3+}/Fe^{2+} 的 $E^\ominus=0.77$ V，电对 $Fe(OH)_3/Fe(OH)_2$ 的 $E^\ominus=-0.56$ V，$Fe(OH)_3$ 的 $K_{sp}=1.1\times10^{-36}$，试计算 $Fe(OH)_2$ 的 K_{sp}。

解　电对 $Fe(OH)_3/Fe(OH)_2$ 可以看成由电对 Fe^{3+}/Fe^{2+} 转化而来，因此其 $E^\ominus$ 之间存在关系：

$$E^\ominus(Fe(OH)_3/Fe(OH)_2) = E(Fe^{3+}/Fe^{2}) = E^\ominus(Fe^{3+}/Fe^{2}) + 0.059\,2\lg\frac{[Fe^{3+}]}{[Fe^{2+}]}$$

标准状态下的电对 $Fe(OH)_3/Fe(OH)_2$ 中，OH^- 浓度为 1 $mol\cdot L^{-1}$，Fe^{3+} 与 Fe^{2+} 的浓度均很小。

$$K_{sp,Fe(OH)_3} = [Fe^{3+}][OH^-]^3 \qquad [Fe^{3+}] = K_{sp,Fe(OH)_3}$$

$$K_{sp,Fe(OH)_2} = [Fe^{2+}][OH^-]^2 \qquad [Fe^{2+}] = K_{sp,Fe(OH)_2}$$

代入数据计算，$K_{sp,Fe(OH)_2}=3.2\times10^{-14}$。

7. 已知 $E^\ominus(I_2/I^-)=+0.535\,5$ V，$E^\ominus(IO_3^-/I_2)=+1.195$ V。

(1) 在标准状态下，由这两个电对组成的电池，其电动势等于多少？写出电池反应式。

(2) 若$[I^-]=0.001\,00$ $mol\cdot L^{-1}$，其他条件不变，通过计算说明对电池电动势有何影响。

(3) 若溶液的 pH=10，其他条件不变，通过计算说明对电池电动势及反应方向有何影响。

解　(1) 因为 $E^\ominus(IO_3^-/I_2) > E^\ominus(I_2/I^-)$，所以电对 IO_3^-/I_2 作正极，电对 I_2/I^- 作负极。

$$\varepsilon^\ominus = E^\ominus(IO_3^-/I_2) - E^\ominus(I_2/I^-) = 0.659 \text{ V}$$

正极　$2IO_3^- + 12H^+ + 10e^- \longrightarrow I_2 + 6H_2O$

负极　$2I^- \longrightarrow I_2 + 2e^-$

电池反应　$IO_3^- + 5I^- + 6H^+ = 3I_2 + 3H_2O$

(2) 若$[I^-]=0.001\,00 mol\cdot L^{-1}$，负极电极电势改变，根据能斯特方程：

$$E = E^\ominus(I_2/I^-) + \frac{0.059\,2}{2}\lg\frac{1}{[I^-]^2} = 0.713\,0 \text{ V}$$

$$\varepsilon = E^\ominus(IO_3^-/I_2) - E(I_2/I^-) = 0.482 \text{ V}$$

负极的还原型浓度下降，电动势有所下降。

(3) 若溶液的 pH=10，正极的电极电势改变，根据能斯特方程：

$$E=E^{\ominus}(IO_3^-/I_2)+\frac{0.0592}{10}\lg\frac{[H^+]^{12}}{1}=0.4851\ V$$

$$\varepsilon=E(IO_3^-/I_2)-E^{\ominus}(I_2/I^-)=-0.0504\ V$$

电动势变成负值，导致电池反应逆向自发进行。

8. 25℃时，以饱和甘汞电极作参比电极，氢电极作指示电极，测定某乳酸($CH_3CHOHCOOH$)溶液的 pH 和乳酸的解离常数 $K_a^{\ominus}$。组成如下电池：

$(-)Pt,H_2(p=100kPa)|CH_3CHOHCOOH(0.10mol\cdot L^{-1})\|SCE(+)$。

已知 $E(SCE)=0.2412\ V$，若测得电动势为 0.385 V，试求出该溶液的 pH，并计算乳酸的解离常数 $K_a^{\ominus}$。

解 $\varepsilon=E_+-E_-=E_{SCE}-\left[E^{\ominus}_{H^+/H_2}+\frac{0.0592}{2}\lg c^2(H^+)\right]$

$$=0.2412-\left[0+\frac{0.0592}{2}\lg c^2(H^+)\right]=0.2412+0.0592pH=0.385(V)$$

解得：pH=2.43，$[H^+]=3.7\times10^{-3}mol\cdot L^{-1}$。

$$K_a^{\ominus}=\frac{[H^+]^2}{c}=1.4\times10^{-4}$$

9. 已知酸性溶液中铜的元素电势图如下：

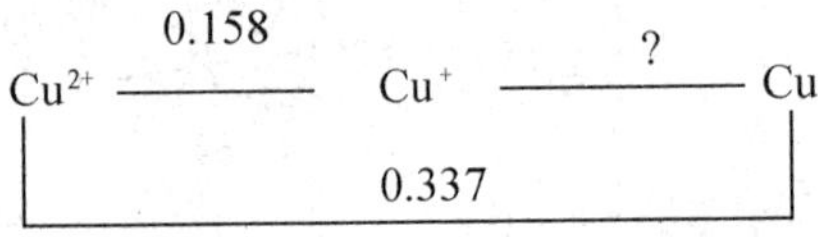

(1) 计算 $E^{\ominus}(Cu^+/Cu)$。

(2) 根据电势图数据说明酸性水溶液中 Cu^+ 的稳定性如何。

(3) 计算反应 $2Cu^+ \!=\!=\!= Cu^{2+}+Cu$ 的平衡常数。

解 (1) $E^{\ominus}(Cu^+/Cu)=E^{\ominus}(Cu^{2+}/Cu)\times2-E^{\ominus}(Cu^{2+}/Cu^+)=0.516\ V$

(2) Cu^+ 的 $E^{\ominus}$(右)$>E^{\ominus}$(左)，会发生歧化反应：$2Cu^+ \!=\!=\!= Cu^{2+}+Cu$。

(3) 反应 $2Cu^+ \!=\!=\!= Cu^{2+}+Cu$ 组成电池：

正极：$Cu^++e^- \!=\!=\!= Cu$

负极：$Cu^+ \!=\!=\!= Cu^{2+}+e^-$

$$\lg K^{\ominus}=\frac{n(E_+^{\ominus}-E_-^{\ominus})}{0.0592}=\frac{1\times(0.516-0.158)}{0.0592}=6.05,\ K^{\ominus}=1.1\times10^6$$

10. 两份已稀释的血液各 1.00 mL，一份加热 5 min，使其中过氧化氢酶破坏，然后在两份血液中各加入等量的 H_2O_2。混匀后放置 30 min，分别加 10 mL 3 $mol\cdot L^{-1}$ H_2SO_4 使未加热血液中的过氧化氢酶被破坏，用 0.018 24 $mol\cdot L^{-1}$ $KMnO_4$ 标准溶液滴定。加热过的血液用去 $KMnO_4$ 溶液 27.72 mL，未经加热的用去 22.28 mL。求在 30 min 内，100 mL 血液中过氧化氢酶能分解多少摩尔 H_2O_2。

解 $5H_2O_2+2KMnO_4+3H_2SO_4 \!=\!=\!= 2MnSO_4+K_2SO_4+5O_2\uparrow+8H_2O$

未加热的血液中被过氧化氢酶分解掉的 H_2O_2 的物质的量为：

$$\frac{5}{2}c(KMnO_4)\times(27.72-22.28)\times10^{-3}=0.0002481\ mol$$

则 100 mL 血液中过氧化氢酶可以分解 H_2O_2 的物质的量为：

$$0.000\ 248\ 1\text{mol}\times 100=0.024\ 81\ \text{mol}$$

四、习题解答

1. 指出下列物质中划线元素的氧化数：

(1) $\underline{Cr_2}O_7{}^{2-}$　(2) $\underline{N_2}O$　(3) $\underline{N}H_3$　(4) $H\underline{N_3}$　(5) $\underline{S_8}$　(6) $\underline{S_2}O_3{}^{2-}$

解　+6，+1，−3，1/3，0，+2

2. 用氧化数法或离子电子法配平方程式。

解　(1) $3As_2O_3+4HNO_3+7H_2O = 6H_3AsO_4+4NO$

(2) $K_2Cr_2O_7+3H_2S+4H_2SO_4 = K_2SO_4+Cr_2(SO_4)_3+3S+7H_2O$

(3) $6KOH+3Br_2 = KBrO_3+5KBr+3H_2O$

(4) $3K_2MnO_4+2H_2O = 2KMnO_4+MnO_2+4KOH$

(5) $4Zn+10HNO_3 = 4Zn(NO_3)_2+NH_4NO_3+3H_2O$

(6) $I_2+5Cl_2+6H_2O = 10HCl+2HIO_3$

(7) $2MnO_4^-+5H_2O_2+6H^+ = 2Mn^{2+}+5O_2+8H_2O$

(8) $2MnO_4^-+SO_3^{2-}+2OH^- = 2MnO_4^{2-}+SO_4^{2-}+H_2O$

3. 略。

4. 写出下列电池中的电极反应和电池反应。

(1) $(-)Zn|Zn^{2+}\|Br^-,Br_2(aq)|Pt(+)$

(2) $(-)Cu,Cu(OH)_2(s)|OH^-\|Cu^{2+}|Cu(+)$

解　(1) $Zn+Br_2 = Zn^{2+}+2Br^-$

(2) $Cu^{2+}+2OH^- = Cu(OH)_2$

余略。

5. 配平下列各反应方程式，并将它们设计组成原电池，写出电池组成式。

(1) $MnO_4^-+Cl^-+H^+ \longrightarrow Mn^{2+}+Cl_2+H_2O$

(2) $Ag^++I^- \longrightarrow AgI(s)$

解　(1) $(-)Pt,Cl_2|Cl^-\|MnO_4^-,Mn^{2+},H^+|Pt(+)$

(2) $(-)Ag,AgI|I^-\|Ag^+|Ag(+)$

余略。

6. 现有下列物质：$KMnO_4$、$K_2Cr_2O_7$、$CuCl_2$、$FeCl_3$、I_2、Cl_2，在酸性介质中它们都能作为氧化剂。试把这些物质按氧化能力的大小排列，并注明它们的还原产物。

解　按标准电极电势排列，氧化能力的大小次序为：$KMnO_4>Cl_2>K_2Cr_2O_7>FeCl_3>I_2>CuCl_2$，相应的还原产物为：$Mn^{2+}$，$Cl^-$，$Cr^{3+}$，$Fe^{2+}$，$I^-$，Cu。

7. 现有下列物质：$FeCl_2$、$SnCl_2$、H_2、KI、Li、Al，在酸性介质中它们都能作为还原剂。试把这些物质按还原能力的大小排列，并注明它们的氧化产物。

解　按标准电极电势排列，还原能力的大小次序为：$Li>Al>H_2>FeCl_2>KI>SnCl_2$，

相应的氧化产物为：Li^+，Al^{3+}，H^+，Fe^{3+}，I_2，Sn^{4+}。

8. 当溶液中 $c(H^+)$ 增加时，下列氧化剂的氧化能力是增强、减弱还是不变？

(1) Cl_2　(2) $Cr_2O_7^{2-}$　(3) Fe^{3+}　(4) MnO_4^-

解　(1) 不变　(2) 增强　(3) 不变　(4) 增强

9. 计算下列电极反应在 298K 时的电极电势值。

(1) $Fe^{3+}(0.100\ mol\cdot L^{-1})+e^- \rightleftharpoons Fe^{2+}(0.010\ mol\cdot L^{-1})$

(2) $Hg_2Cl_2(s)+2e^- \rightleftharpoons 2Hg(l)+2Cl^-(0.010\ mol\cdot L^{-1})$

(3) $Cr_2O_7^{2-}(0.100\ mol\cdot L^{-1})+14H^+(0.010\ mol\cdot L^{-1})+6e^- \rightleftharpoons 2Cr^{3+}(0.010\ mol\cdot L^{-1})+7H_2O$

解　(1) $E=E^{\ominus}+\frac{0.059\ 2}{1}\lg\frac{c(Fe^{3+})}{c(Fe^{2+})}=0.830\ V$

(2) $E=E^{\ominus}+\frac{0.059\ 2}{2}\lg\frac{1}{c^2(Cl^-)}=0.386\ V$

(3) $E=E^{\ominus}+\frac{0.059\ 2}{6}\lg\frac{c(Cr_2O_7^{2-})c^{14}(H^+)}{c^2(Cr^{3+})}=1.08\ V$

10. 电池(－)A|A^{2+} ‖ B^{2+}|B(＋)，当 $c(A^{2+})=c(B^{2+})$ 时测得其电动势为 0.360 V，若 $c(A^{2+})=1.00\times10^{-4}\ mol\cdot L^{-1}$，$c(B^{2+})=1.00\ mol\cdot L^{-1}$，求此时电池的电动势。

解　$\varepsilon=E_+-E_-=E_+^{\ominus}+\frac{0.059\ 2}{2}\lg c(B^{2+})-E_-^{\ominus}-\frac{0.059\ 2}{2}\lg c(A^{2+})$

$=\varepsilon^{\ominus}+\frac{0.059\ 2}{2}\lg\frac{c(B^{2+})}{c(A^{2+})}$，$c(A^{2+})=c(B^{2+})$ 时，$\varepsilon=\varepsilon^{\ominus}=0.360\ V$

$c(A^{2+})=1.00\times10^{-4}mol\cdot L^{-1}$，$c(B^{2+})=1.00\ mol\cdot L^{-1}$，

$\varepsilon=\varepsilon^{\ominus}+\frac{0.059\ 2}{2}\lg\frac{c(B^{2+})}{c(A^{2+})}=0.478\ V$

11. 已知电池(－)Cu|$Cu^{2+}(0.010\ mol\cdot L^{-1})$ ‖ $Ag^+(x\ mol\cdot L^{-1})$|Ag(＋)的电动势为0.436 V，试求 Ag^+ 的离子浓度。

解　电池总反应：$2Ag^+ + Cu = 2Ag + Cu^{2+}$

$\varepsilon=E_+-E_-=E_+^{\ominus}+0.059\ 2\lg x-E_-^{\ominus}-\frac{0.059\ 2}{2}\lg c0.01$　$x=0.04\ mol\cdot L^{-1}$

12. 根据电极电势表，计算下列反应在 298K 时的 $\Delta_rG_m^{\ominus}$。

(1) $Cl_2+2Br^- = 2Cl^- + Br_2$

(2) $I_2+Sn^{2+} = 2I^- + Sn^{4+}$

(3) $MnO_2+4H^+ +2Cl^- = Mn^{2+} + Cl_2 + 2H_2O$

解　(1) $\Delta_rG_m^{\ominus}=-nF\varepsilon^{\ominus}=-nF(E^{\ominus}_{Cl_2/Cl^-}-E^{\ominus}_{Br_2/Br^-})=-56.9\ kJ\cdot mol^{-1}$

(2) $\Delta_rG_m^{\ominus}=-nF\varepsilon^{\ominus}=-nF(E^{\ominus}_{I_2/I^-}-E^{\ominus}_{Sn^{4+}/Sn^{2+}})=-73.4\ kJ\cdot mol^{-1}$

(3) $\Delta_rG_m^{\ominus}=-nF\varepsilon^{\ominus}=-nF(E^{\ominus}_{MnO_2/Mn^{2+}}-E^{\ominus}_{Cl_2/Cl^-})=25\ kJ\cdot mol^{-1}$

13. 根据电极电势表，计算下列反应在 298K 时的标准平衡常数。

(1) $Zn+Fe^{2+} = Zn^{2+} + Fe$

(2) $2Fe^{3+} + 2Br^- = 2Fe^{2+} + Br_2$

解　(1) $\lg K^{\ominus}=\frac{n\varepsilon^{\ominus}}{0.059\ 2}=\frac{2(E^{\ominus}_{Fe^{2+}/Fe}-E^{\ominus}_{Zn^{2+}/Zn})}{0.059\ 2}=10.9$　　$K^{\ominus}=8\times10^{10}$

(2) $\lg K^{\ominus}=\frac{n\varepsilon^{\ominus}}{0.0592}=\frac{2(E^{\ominus}_{Fe^{3+}/Fe^{2+}}-E^{\ominus}_{Br_2/Br^-})}{0.0592}=-9.9$　　$K^{\ominus}=1.2\times10^{-10}$

14. 如果下列原电池的电动势为 0.500 V(298 K)：

$$Pt,H_2(100kPa)|H^+(?\ mol\cdot L^{-1})\|Cu^{2+}(1.0mol\cdot L^{-1})|Cu$$

则溶液的 H^+ 浓度应是多少？

解　$\varepsilon=E_+-E_-=E^{\ominus}_{Cu^{2+}/Cu}-E_{SHE}-\frac{0.0592}{2}\lg c^2(H^+)$

$$c(H^+)=1.8\times10^{-3}\ mol\cdot L^{-1}$$

15. 已知：

$$PbSO_4+2e^-\rightleftharpoons Pb+SO_4^{2-}\qquad E^{\ominus}=-0.359\ V$$

$$Pb^{2+}+2e^-\rightleftharpoons Pb\qquad E^{\ominus}=-0.126\ V$$

求 $PbSO_4$ 的溶度积。

解　电池表示式：(－)Pb,$PbSO_4|SO_4{}^{2-}\|Pb^{2+}|Pb$(＋)

$\lg K^{\ominus}_{sp}=\frac{n\varepsilon^{\ominus}}{0.0592}=\frac{2(-0.359+0.126)}{0.0592}=-7.9$

$K_{sp}=1.3\times10^{-8}$

16. 已知

$$Ag^++e^-\rightleftharpoons Ag\qquad E^{\ominus}=0.799\ V$$

$K^{\ominus}_{sp}(AgBr)=7.7\times10^{-13}$，求电极反应：$AgBr+e^-\rightleftharpoons Ag+Br^-$ 的 $E^{\ominus}$。

解　$E^{\ominus}(AgBr/Ag)=E(Ag^+/Ag)=E^{\ominus}(Ag^+/Ag)+0.0592\lg K_{sp}=0.082\ V$

17. 已知下列电极反应：

$H_3AsO_4+2H^++2e^-\rightleftharpoons H_3AsO_3+H_2O\qquad E^{\ominus}=0.559\ V$

$I_3^-+2e^-\rightleftharpoons 3I^-\qquad E^{\ominus}=0.535\ V$

试计算反应 $H_3AsO_4+3I^-+2H^+\rightleftharpoons H_3AsO_3+I_3^-+H_2O$ 在 25℃时的平衡常数。上述反应若在 pH＝7 的溶液中进行，自发方向如何？若溶液的 H^+ 浓度为 6 mol·L^{-1}，反应进行的自发方向又如何？

解　$\lg K^{\ominus}=\frac{n\varepsilon^{\ominus}}{0.0592}=\frac{2(0.559-0.535)}{0.0592}$　$K^{\ominus}=6.48$

pH＝7 时，$E_+=E^{\ominus}_+ +\frac{0.0592}{2}\lg c^2(H^+)=0.1446\ V$，$\varepsilon=-0.390\ V<0$，逆向进行。

$[H^+]=6\ mol\cdot L^{-1}$时，$E_+=E^{\ominus}_+ +\frac{0.0592}{2}\lg c^2(H^+)=0.605\ V$，$\varepsilon=0.070\ V>0$，正向进行。

18. 25℃时，以 Pt，$H_2(p=100\ kPa)|H^+(x\ mol\cdot L^{-1})$为负极，和另一正极组成原电池，负极溶液是由某弱酸 HA(0.150 mol·L^{-1})及其共轭碱 A^-(0.250 mol·L^{-1})组成的缓冲溶液。若测得负极的电极电势等于－0.3100 V，试求出该缓冲溶液的 pH，并计算弱酸 HA 的解离常数 $K^{\ominus}_a$。

解　$E_-=E_{SHE}+\frac{0.0592}{2}\lg c^2(H^+)=-0.0592pH=-0.3100(V)$，pH＝5.23

$pH=pK^{\ominus}_a+\lg\frac{c(A^-)}{c(HA)}=5.23$，$K^{\ominus}_a=9.54\times10^{-6}$

19. 已知 298K 时，配合物$[Cd(CN)_4]^{2-}$的稳定常数为 $K_f^\ominus=6.0\times10^{18}$，镉电极的标准电极电势 $E^\ominus_{Cd^{2+}/Cd}=-0.403$ V，试计算电对$[Cd(CN)_4]^{2-}/Cd$的标准电极电势。

解 $E^\ominus_{[Cd(CN)_4]^{2-}/Cd}=E_{Cd^{2+}/Cd}=E^\ominus_{Cd^{2+}/Cd}+\dfrac{0.0592}{2}\lg\dfrac{1}{K_f^\ominus}=-0.959$ V

20. 已知 298K 时，

$$Au^{+}+e^{-}\rightleftharpoons Au \qquad E^\ominus=1.692\ V$$

$$[Au(CN)_2]^{-}+e^{-}\rightleftharpoons Au+2CN^{-} \qquad E^\ominus=-0.574\ V$$

试求$[Au(CN)_2]^{-}$的稳定常数。

解 电池表示式：$(-)Au|Au(CN)_2^{-},CN^{-}\parallel Au^{-}|Au(+)$

$\lg K_f^\ominus=\dfrac{n\varepsilon^\ominus}{0.0592}=\dfrac{1.692+0.574}{0.0592}$ $K_f^\ominus=2.0\times10^{38}$

21. 略

22. In、Tl 在酸性介质中的电势图为：

$$In^{3+}\xrightarrow{-0.43}In^{+}\xrightarrow{-0.15}In$$

$$Tl^{3+}\xrightarrow{+1.25}Tl^{+}\xrightarrow{-0.34}Tl$$

试回答：

(1) In^{+}、Tl^{+}能否发生歧化反应？

(2) In、Tl 与 1 mol·L^{-1} HCl 反应各得到什么产物？

(3) In、Tl 与 1 mol·L^{-1} Ce^{4+}反应各得到什么产物？

解 (1) In^{+}的 $E^\ominus$(右)>$E^\ominus$(左)，可以发生歧化反应。

Tl^{+}的 $E^\ominus$(右)<$E^\ominus$(左)，不会发生歧化反应。

(2) 由电势图计算电对 In^{3+}/In 的 $E^\ominus$ 以及电对 Tl^{3+}/Tl 的 $E^\ominus$。

$$E^\ominus(In^{3+}/In)=(-0.43\times2-0.15)/3=-0.34(V)$$

$$E^\ominus(Tl^{3+}/Tl)=(1.25\times2-0.34)/3=0.72(V)$$

由于 $E^\ominus(In^{3+}/In)<E^\ominus(In^{+}/In)<0$，因此 In 与盐酸反应时生成 In^{3+}。

由于 $E^\ominus(Tl^{3+}/Tl)>0$，而 $E^\ominus(Tl^{+}/Tl)<0$，因此 Tl 与盐酸反应生成 Tl^{+}。

(3) 查表得电对 Ce^{4+}/Ce^{3+} 的 $E^\ominus=1.61$V，大于 $E^\ominus(In^{3+}/In)$、$E^\ominus(Tl^{3+}/Tl)$，因此 In 与 Ce^{4+}反应生成 In^{3+}，Tl 与 Ce^{4+}反应生成 Tl^{3+}。

23. 已知溴在酸性介质中的电势图为：

$$BrO_4^{-}\xrightarrow{1.76\ V}BrO_3^{-}\xrightarrow{1.49\ V}HBrO\xrightarrow{1.59\ V}Br_2\xrightarrow{1.07\ V}Br^{-}$$

试回答：

(1) 溴的哪些氧化态不稳定易发生歧化反应？

(2) 电对 BrO_3^{-}/Br^{-} 的 $E^\ominus$ 值为多少？

解 (1) $E^\ominus$(右)>$E^\ominus$(左)的氧化态易发生歧化反应，即 HBrO 易歧化。

(2) $E^\ominus(BrO_3^{-}/Br^{-})=(1.49\times4+1.59\times1+1.07\times1)/6=1.44(V)$

24. 称取 0.521 6 g 基准物质 $Na_2C_2O_4$ 配成 100.00 mL 溶液，吸取该溶液 25.00 mL，用 $KMnO_4$ 溶液滴定至终点，用去 $KMnO_4$ 溶液 24.84 mL，计算 $KMnO_4$ 溶液的浓度。

解　$5Na_2C_2O_4 + 2KMnO_4 + 8H_2SO_4 = 2MnSO_4 + 5Na_2SO_4 + K_2SO_4 + 8H_2O + 10CO_2$

$$c(KMnO_4)=\frac{\frac{0.521\ 6}{134.0}\times\frac{1}{4}}{24.84\times10^{-3}}\times\frac{2}{5}=0.015\ 67\ \text{mol}\cdot\text{L}^{-1}$$

25. 准确量取过氧化氢试样溶液 25.00 mL，置于 250 mL 容量瓶中，加水稀释至刻度并摇匀。吸取 25.00 mL，加硫酸酸化，用 0.026 18 $\text{mol}\cdot\text{L}^{-1}$ $KMnO_4$ 溶液滴定至终点，用去 $KMnO_4$ 溶液 25.86 mL，试计算溶液中过氧化氢的质量浓度（$\text{g}\cdot\text{L}^{-1}$）。

解　$5H_2O_2+2KMnO_4+3H_2SO_4 = 2MnSO_4+K_2SO_4+5O_2+8H_2O$

$$\rho(H_2O_2)=\frac{\frac{5}{2}\times0.026\ 18\times25.86\times10^{-3}\times34.02\times10}{25.00\times10^{-3}}=23.02(\text{g}\cdot\text{L}^{-1})$$

26. 略

27. No，Po，Ga，Co

28. We construct a cell in which identical copper electrodes are placed in two solutions. Solution A contains 0.80 $\text{mol}\cdot\text{L}^{-1}$ Cu^{2+}. Solution B contains Cu^{2+} at some concentration known to be lower than in solution A. The potential of the cell is observed to be 0.045V. What is $[Cu^{2+}]$ in solution B?

Solution: The cell including two identical copper electrodes which have different concentration of Cu^{2+} is a Concentration Cell. The electrode which has higher concentration is anode and the lower one is cathode.

From the formula $\varepsilon=E_+-E_-$ and Nernst Formula:

$$\varepsilon=E_A-E_B=E^{\ominus}_{Cu^{2+}/Cu}+\frac{0.059\ 2}{2}\lg c[Cu^{2+}]_A-E^{\ominus}_{Cu^{2+}/Cu}-\frac{0.059\ 2}{2}\lg c[Cu^{2+}]_B$$

$$=\frac{0.059\ 2}{2}\lg\frac{0.80}{[Cu^{2+}]_B}=0.045(\text{V})$$

$[Cu^{2+}]_B=0.024\ \text{mol}\cdot\text{L}^{-1}$

29. Using the following half-reactions and $E^{\ominus}$ data at 25℃:

$PbSO_4(s)+2e^-\longrightarrow Pb(s)+SO_4^{2-}$　　$E^{\ominus}=-0.356$ V

$PbI_2(s)+2e^-\longrightarrow Pb(s)+2I^-$　　$E^{\ominus}=-0.365$ V

Calculate the equilibrium constant for the reaction:

$PbSO_4(s)+2I^-\rightleftharpoons PbI_2(s)+SO_4^{2-}$

Solution: The reaction can be transferred to a cell.

(+) $PbSO_4(s)+2e^-\longrightarrow Pb(s)+SO_4^{2-}$　　$E^{\ominus}=-0.356$ V

(−) $Pb(s)+2I^-\longrightarrow PbI_2(s)+2e^-$　　$E^{\ominus}=-0.365$ V

$$\lg K^{\ominus}=\frac{n\varepsilon^{\ominus}}{0.059\ 2}=\frac{2(-0.356+0.365)}{0.059\ 2}=0.304\ \text{V}\qquad K^{\ominus}=2.01$$

五、自测试卷

一、选择题(每题 2 分,共 40 分)

1. 元素铑在化合物 $K_2Rh(OH)Cl_4$ 中的氧化数是 ( )

A. −2　　B. +3　　C. +4　　D. −4

2. 下列物质中,氢元素的氧化数为−1 的是 ( )

A. HN_3　　B. NH_3　　C. CH_4　　D. $LiAlH_4$

3. 将反应$[Ag(NH_3)_2]^+ + I^- \rightleftharpoons AgI + 2NH_3$组成原电池,电池符号为 ( )

A. $(-)Ag, AgI|Ag^+ \| Ag^+, NH_3|Ag(+)$

B. $(-)Ag|I^- \| [Ag(NH_3)_2]^+, Ag^+|Ag(+)$

C. $(-)Ag, AgI|I^- \| [Ag(NH_3)_2]^+, NH_3|Ag(+)$

D. $(-)Ag, AgI|Ag^+, I^-|[Ag(NH_3)_2]^+|Ag(+)$

4. 已知:

$Cr^{3+} + e^- \rightleftharpoons Cr^{2+}, E^\ominus = -0.41\ V$; $Cd^{2+} + 2e^- \rightleftharpoons Cd, E^\ominus = -0.403\ V$;

$Hg_2^{2+} + 2e^- \rightleftharpoons 2Hg, E^\ominus = +0.793\ V$; $Au^{3+} + 3e^- \rightleftharpoons Au, E^\ominus = +1.50\ V$。

则在标准状态下,下列氧化剂中最强的是 ( )

A. Au^{3+}　　B. Cr^{3+}　　C. Cd^{2+}　　D. Hg_2^{2+}

5. 已知 $E^\ominus(Sn^{4+}/Sn^{2+}) = +0.15\ V, E^\ominus(Sn^{2+}/Sn) = -0.14V, E^\ominus(Fe^{3+}/Fe^{2+}) = +0.771\ V, E^\ominus(Fe^{2+}/Fe) = -0.41\ V$,则在标准状态下,可以共存在同一溶液中的是 ( )

A. Fe^{3+} 和 Sn^{2+}　　B. Fe 和 Sn^{2+}

C. Fe^{2+} 和 Sn^{2+}　　D. Sn 和 Fe^{3+}

6. 在 298K 时,若反应 $Cl_2 + 2e^- \rightleftharpoons 2Cl^-$ 的 $E^\ominus = +1.358\ V$,则$\frac{1}{2}Cl_2 + e^- \rightleftharpoons Cl^-$ 的 $E^\ominus$ 为 ( )

A. +1.358 V　　B. −1.358 V　　C. +0.679 V　　D. −0.679 V

7. 下列原电池中,电动势最大的是 ( )

A. $Zn|Zn^{2+}(c^\ominus) \| Cl^-(c^\ominus)|AgCl, Ag$

B. $Zn|Zn^{2+}(0.1mol \cdot L^{-1}) \| Ag^+(c^\ominus)|Ag$

C. $Zn|Zn^{2+}(0.1mol \cdot L^{-1}) \| [Ag(NH_3)_2]^+(c^\ominus), NH_3(c^\ominus)|Ag$

D. $Zn, ZnS|S^{2-}(c^\ominus) \| Ag^+(c^\ominus)|Ag$

8. 半电池 $Pt|Cr_2O_7^{2-}, Cr^{3+}, H^+$ 中若$[H^+]$增加到原来的 10 倍,电极电势 E 比原来 ( )

A. 减少 0.138 V　　B. 增加 0.138 V

C. 减少 0.276 V　　D. 增加 0.276 V

9. 已知 $Mg^{2+} + 2e^- \rightleftharpoons Mg, E^\ominus = -2.37\ V, K_{sp,Mg(OH)_2} = 1.20 \times 10^{-11}$,则电极反应 $Mg(OH)_2 + 2e^- \rightleftharpoons Mg + 2OH^-$ 的 $E^\ominus$ 等于 ( )

A. −2.69V　　B. −2.05　　C. −3.02　　D. 无法计算

10. 将银丝插入下列溶液中组成电极,则电极电位最低的是 ( )

($K_{sp}(AgCl)=1.77\times10^{-10}$, $K_{sp}(AgBr)=5.35\times10^{-13}$, $K_{sp}(AgI)=8.52\times10^{-17}$)

A. 1L 溶液中含有 $AgNO_3$ 0.1 mol

B. 1L 溶液中含有 $AgNO_3$ 0.1 mol，含 KI 0.1 mol

C. 1L 溶液中含有 $AgNO_3$ 0.1 mol，含 KBr 0.1 mol

D. 1L 溶液中含有 $AgNO_3$ 0.1 mol，含 NaCl 0.1 mol

11. 已知 $Ag^++e^-\rightleftharpoons Ag$，$E^\ominus=+0.799$ V；$Cu^{2+}+2e^-\rightleftharpoons Cu$，$E^\ominus=0.5345$ V。关于银电极与铜电极组成的原电池，下列叙述中错误的是 (　　)

A. 两电极组成电池时，电池反应方程式中电子转移数为 2

B. 标准态下，电子从铜电极流向银电极

C. 电池的标准电动势为 0.265V

D. 根据金属活动性顺序，反应 $2Ag^++Cu = 2Ag+Cu^{2+}$ 一定正向自发

12. 标准态下丹尼尔电池(－)Zn|$Zn^{2+}(c^\ominus)$‖$Cu^{2+}(c^\ominus)$|Cu(＋)的正极溶液中加入过量 NH_3，使平衡时 NH_3 的浓度达到 5 mol·L^{-1}，电池电动势减少 0.477 V，则 $[Cu(NH_3)_4]^{2+}$ 的稳定常数 K_f 为 (　　)

A. 7.68×10^{-17}　　B. 4.76×10^{-14}

C. 2.08×10^{13}　　D. 1.30×10^{16}

13. 两个铜电极的铜离子浓度不同，将这两个铜电极用盐桥和导线连接起来组成原电池，这个电池的电动势和标准电动势 (　　)

A. $\varepsilon=0$，$\varepsilon^\ominus=0$　　B. $\varepsilon\neq0$，$\varepsilon^\ominus\neq0$

C. $\varepsilon=0$，$\varepsilon^\ominus\neq0$　　D. $\varepsilon\neq0$，$\varepsilon^\ominus=0$

14. 已知：$E^\ominus(Sn^{4+}/Sn^{2+})=+0.15$ V，$E^\ominus(I_2/I^-)=0.535$ V，$E^\ominus(Fe^{3+}/Fe^{2+})=+0.771$ V，$E^\ominus(Br_2/Br^-)=1.078$ V，$E^\ominus(Cr_2O_7^{2-}/Cr^{3+})=+1.331$ V，$E^\ominus(Cl_2/Cl^-)=1.36$ V。在含有 Cl^-，Br^-，I^- 的溶液中，要用氧化剂把 I^- 氧化为 I_2，而 Br^- 和 Cl^- 仍留在溶液中，可选用下列物质中的 (　　)

A. $K_2Cr_2O_7$　　B. $FeCl_3$　　C. $SnCl_4$　　D. $FeCl_2$

15. 298K 时，$Ag^++e^-\rightleftharpoons Ag$，$E^\ominus=+0.799$ V；$Ag_2CrO_4+2e^-\rightleftharpoons 2Ag+CrO_4^{2-}$，$E^\ominus=+0.446$ V，则 Ag_2CrO_4 的 K_{sp} 为 (　　)

A. 1.19×10^{-12}　　B. 8.42×10^{11}　　C. 1.09×10^{-6}　　D. 9.18×10^{5}

16. 298 K 时，电极 $MnO_4^-+8H^++5e^-\rightleftharpoons Mn^{2+}+4H_2O$，$E_1^\ominus=1.51$ V；$MnO_2+4H^++2e^-\rightleftharpoons Mn^{2+}+2H_2O$，$E_2^\ominus=1.23$ V；则电极 $MnO_4^-+4H^++3e\rightleftharpoons MnO_2+2H_2O$ 的 $E_3^\ominus$ 为 (　　)

A. 5.09 V　　B. 0.28 V　　C. 2.74 V　　D. 1.70 V

17. 量取 5.00 mL 血清，加入过量 $(NH_4)_2C_2O_4$ 溶液使血清中的 Ca^{2+} 沉淀为 CaC_2O_4，分离出沉淀加酸溶解后，用 0.001 00 mol·L^{-1} $KMnO_4$ 标准溶液进行滴定，消耗 4.94 mL，则血清中 Ca^{2+} 的质量浓度为 (　　)

A. 0.098 8 g·L^{-1}　B. 0.049 4 g·L^{-1}　C. 0.039 6 g·L^{-1}　D. 0.015 8 g·L^{-1}

18. 下列说法正确的是 (　　)

A. $KMnO_4$ 标准溶液采用直接法配制，不需要标定

B. 用 $KMnO_4$ 标准溶液滴定 H_2O_2 时，需进行加热

C. $KMnO_4$ 滴定法中，可以加少量 Mn^{2+} 作为催化剂

D. 用 $KMnO_4$ 标准溶液进行滴定时，可以在中性或弱酸性介质中进行

19. 用 $K_2Cr_2O_7$ 标准溶液测定铁的含量时，溶液应加酸酸化，所使用的酸为 （　　）

A. 稀盐酸　　B. 冰醋酸　　C. 磷酸　　D. 稀硫酸

20. 关于碘量法，下列说法错误的是 （　　）

A. 碘量法测定 $CuSO_4$ 中 Cu^{2+} 含量，终点颜色变化是蓝色消失

B. 测定维生素 C 时采用间接碘量法

C. 碘量法使用的指示剂都是淀粉溶液

D. 直接碘量法使用的标准溶液是碘液

二、填空题（每个空格 1 分，共 10 分）

1. 氧化数是指____________________。氧化数降低的反应是________反应（填"氧化"或"还原"）。

2. 原电池是一种________________________________的装置，自发进行的原电池的电动势 ε ________ 0（填"＞"或"＜"）。

3. 标准氢电极的电极组成式是____________________________，电极反应是__________________________。

4. 重铬酸根电极 $Pt|Cr_2O_7^{2-}, Cr^{3+}, H^+$ 中，氧化型物质包括____________________，还原型物质包括________________________。

5. 碘量法中使用的碘液是将碘溶解于________配制而成的，碘液可以使用已知准确浓度的 $Na_2S_2O_3$ 溶液标定，其反应是____________________________。

三、简答题（每题 2.5 分，共 10 分）

1. 配平下列方程式：

(1) $MnO_4^- + HCOOH + H^+ \longrightarrow Mn^{2+} + CO_2 + H_2O$

(2) $As_2O_3 + S + HNO_3 + H_2O \longrightarrow H_3AsO_4 + H_2SO_4 + NO$

2. 试把以下 2 个化学反应组成原电池，写出电池符号：

(1) $Fe^{3+} + Ag = Fe^{2+} + Ag^+$

(2) $Pb^{2+} + 2Cl^- = PbCl_2$

3. 举例说明电极的各种类型。

4. 以金属电极为例简述电极电势的产生。

四、计算题（每题 10 分，共 40 分）

1. 已知：

$MnO_2 + 4H^+ + 2e^- \rightleftharpoons Mn^{2+} + 2H_2O, E^{\ominus} = +1.23\ V$

$Cl_2 + 2e^- \rightleftharpoons 2Cl^-, E^{\ominus} = +1.358\,3\ V$

则下列氧化还原反应在标准状态时的反应方向和当 HCl 浓度为 $10\ mol \cdot L^{-1}$，$c(Mn^{2+}) = 1\ mol \cdot L^{-1}$ 时的反应方向有何不同（设 $p_{Cl_2} = 100\ kPa$）？通过计算说明。

$$MnO_2 + 2Cl^- + 4H^+ \rightleftharpoons Cl_2 + Mn^{2+} + 2H_2O$$

2. 已知下列电极反应：

$2HAc + 2e^- \rightleftharpoons H_2 + 2Ac^-, E^{\ominus} = -0.281\ V$。

求 HAc 的 $K_a^{\ominus}$ 值。(298K)

3. 在标准状态下，以下两个歧化反应能否发生？

(1) $2Cu^{+} \rightleftharpoons Cu^{2+} + Cu$

(2) $2[Cu(NH_3)_2]^{+} \rightleftharpoons Cu + [Cu(NH_3)_4]^{2+}$

已知：$E^{\ominus}_{Cu^{2+}/Cu^{+}} = 0.153V$；$E^{\ominus}_{Cu^{+}/Cu} = 0.522\ V$

$K_{f,[Cu(NH_3)_4]^{2+}} = 2.1\times10^{13}$；$K_{f,[Cu(NH_3)_2]^{+}} = 7.2\times10^{10}$

4. 以重铬酸钾法测定硫酸亚铁铵($FeSO_4 \cdot (NH_4)_2SO_4 \cdot 6H_2O$)中铁的含量。称取重铬酸钾 1.127 7 g，溶解，定容于 250 mL 容量瓶。称取待测试样 3.876 6 g，溶解后定容于 100 mL 容量瓶。量取 25.00 mL 试样溶液，以重铬酸钾标准溶液滴定到终点，消耗重铬酸钾溶液 24.33 mL，试计算硫酸亚铁铵中铁元素的含量。已知 $M_r(K_2Cr_2O_7) = 294.19$。

六、自测试卷答案

一、选择题

1	2	3	4	5	6	7	8	9	10
B	D	C	A	C	A	D	B	A	B
11	12	13	14	15	16	17	18	19	20
D	C	D	B	A	D	A	C	C	B

二、填空题

1. 元素原子的表观电荷数　还原
2. 将化学能直接变成电能　>
3. $Pt, H_2(100kPa)|H^{+}(1\ mol\cdot L^{-1})$　$2H^{+} + 2e^{-} \rightleftharpoons H_2$
4. $Cr_2O_7^{2-}, H^{+}$　Cr^{3+}
5. KI 溶液　$2S_2O_3^{2-} + I_2 = S_4O_6^{2-} + 2I^{-}$

三、简答题

1. (1) $2MnO_4^{-} + 5HCOOH + 6H^{+} = 2Mn^{2+} + 5CO_2 + 8H_2O$

   (2) $3As_2O_3 + 3S + 10HNO_3 + 7H_2O \longrightarrow 6H_3AsO_4 + 3H_2SO_4 + 10NO$

2. (1) $(-)Ag|Ag^{+} \| Fe^{3+}, Fe^{2+}|Pt(+)$

   (2) $(-)Pb, PbCl_2|Cl^{-} \| Pb^{2+}|Pb(+)$

3. (1) 金属电极：$Zn|Zn^{2+}$　　$Zn^{2+} + 2e^{-} = Zn$

   (2) 气体电极：$Pt, Cl_2|Cl^{-}$　　$Cl_2 + 2e^{-} = 2Cl^{-}$

   (3) 金属-金属难溶盐电极：$Ag, AgCl|Cl^{-}$　　$AgCl + e^{-} = Ag + Cl^{-}$

   (4) 氧化还原电极：$Pt|Fe^{3+}, Fe^{2+}$　　$Fe^{3+} + e^{-} = Fe^{2+}$

4. 以金属电极为例，一方面金属离子进入溶液中，电子留在金属表面上，使金属带负电而溶液带正电；另一方面，溶液中离子从金属表面获得电子，沉积在金属表面，使金属带正电而溶液带负电。综合两种倾向，在金属与溶液的相界面处形成双电层结构，从而在金属与溶液两相之间产生电势差，即金属电极的电极电势。

四、计算题

1. 标准态下，反应逆向进行。

HCl 浓度为 10 mol · L^{-1}时，$E_{MnO_2/Mn^{2+}}=1.348$ V，$E_{Cl_2/Cl^-}=1.299$ V，反应正向进行。

2. 1.76×10^{-5}

3. (1) 可以发生

(2) $E^{\ominus}_{[Cu(NH_3)_4]^{2+}/[Cu(NH_3)_2]^+}=0.007$ V，$E^{\ominus}_{[Cu(NH_3)_2]^+/Cu}=-0.121$ V，不能发生。

4. 12.90%

第十一章　紫外-可见吸光光度法

一、目的要求

1. 理解紫外-可见吸收光谱的产生及其影响因素。
2. 理解朗伯-比耳定律用于紫外-可见吸收光谱法的条件及其偏离因素。
3. 了解紫外-可见吸收光谱仪的基本构成部分及其作用。
4. 理解紫外-可见吸收光谱仪的误差及其与仪器方法和浓度的关系。
5. 掌握紫外-可见吸收光谱法的定性分析和定量分析方法及其应用。

二、本章要点

一、物质对光的吸收

如果两种颜色的光按适当的强度比例混合后组成白光，则这两种颜色称为互补色。

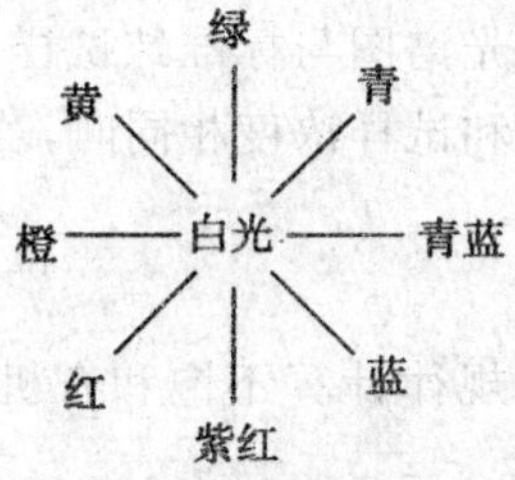

二、跃迁类型

1. 有机化合物

分子内各种电子的能级高低的次序为：

$$\sigma^* > \pi^* > n > \pi > \sigma$$

在大多数有机化合物分子中，价电子总是处在 n 轨道以下的各个轨道中，当受到光照射时，处在较低能级的电子将跃迁至较高能级。可能的跃迁有 $\sigma\rightarrow\sigma^*$，$n\rightarrow\sigma^*$，$\pi\rightarrow\pi^*$ 和 $n\rightarrow\pi^*$ 等六种。其中 $\sigma\rightarrow\sigma^*$ 跃迁需要的能量最大，而 $n\rightarrow\pi^*$ 跃迁需要的能量最小。

2. 无机化合物

电荷转移吸收带是指外来辐射照射到某些无机或有机化合物时，可能发生一个电子从体系的电子给予体的部分转移到该体系的另一部分，即电子接受体时，所产生的吸收带。

配位体场吸收带包括 d-d 和 f-f 跃迁产生的吸收带，这两种跃迁必须在配位体的配位场作用下才有可能发生。配位体场吸收带主要用于配合物结构的研究。

三、朗伯-比耳定律

当一束平行的单色光通过均匀的吸光物质溶液时，吸光物质吸收了光能，光的强度将减弱，其减弱的程度与入射光的强度、溶液液层的厚度、溶液的浓度有关。表示它们之间的定量关系的定律称为朗伯-比耳定律，这是各类吸光光度法定量测定的依据。

$$A=\lg\frac{I_0}{I}=abc$$

A 为吸光度；I_0 为入射光强度；I 为透射光强度；b 为液层厚度（光程长度）；a 为比例常数，它与吸光物质性质、入射光波长及温度等因素有关，该常数称吸光系数。如果 c 以 $\mathrm{mol\cdot L^{-1}}$ 为单位，此时的吸光系数称为摩尔吸光系数，用 ε 表示，它的单位为 $\mathrm{L\cdot mol^{-1}\cdot cm^{-1}}$。则上式可改写为：

$$A=\varepsilon bc$$

其物质意义为：当一束平行的单色光通过一均匀的、非散射的吸光物质溶液时，其吸光度与溶液液层厚度和浓度的乘积成正比。它不仅适用于溶液，也适用于均匀的气体和固体状态的吸光物质。这是各类吸光光度法定量测定的依据。

朗伯-比耳定律用于互相不作用的多组分体系测定时，总吸光度是各组分吸光度之和：

$$A_{总}=\varepsilon_1 bc_1+\varepsilon_2 bc_2+\cdots+\varepsilon_i bc_i$$

四、定性分析

1. 比较法

即通过未知纯试样的紫外吸收光谱图与标准纯试样的紫外吸收光谱图，或与标准紫外吸收光谱图比较进行定性。当溶剂和试样浓度相同时，若两紫外吸收光谱图的 λ_{max} 和 ε_{max} 相同，表明它们是同一有机化合物。

2. 计算最大吸收波长

即利用紫外吸收光谱中的经验规律计算不饱和有机化合物的最大吸收波长 λ_{max}，并与实验值比较，从而推断其结构。

五、定量分析

对单组分或多组分体系，若溶液对光的吸收服从朗伯-比耳定律，那么可用紫外-可见吸收光谱法进行定量测定。

1. 单组分定量分析

对试样中某种组分的测定，常常采用标准曲线法。配制一系列不同浓度的被测组分的标准溶液，在选定的波长和最佳的实验条件下分别测定其吸光度 A，以吸光度对浓度作图得一条直线。在相同条件下，再测量样品溶液的吸光度，然后可以从标准曲线上查得样品溶液的浓度。也可以采用目视比色法，它是用眼睛比较溶液颜色的深浅来确定试样中被测组分的含量。

2. 多组分定量分析

若试样中需要测定 n(2～5)个组分的吸收峰重叠,但不严重时,若服从朗伯-比耳定律,则根据吸光度的加和性,可不经分离,在 n 个指定的波长处测量样品混合组分的吸光度,然后解 n 个联立方程,求出各组分的含量。含被测组分 A 和 B 的试样的吸收曲线,两吸收曲线互相重叠,但服从朗伯-比耳定律。若选定二个波长 λ_1 和 λ_2,测得试液的吸光度为 A_1 和 A_2,则

$$A_1=\varepsilon_{A_1} bc_A+\varepsilon_{B_1} bc_B(在\ \lambda_1\ 处)$$

$$A_2=\varepsilon_{A_2} bc_A+\varepsilon_{B_2} bc_B(在\ \lambda_2\ 处)$$

式中,四个摩尔吸光系数可以分别在 λ_1 和 λ_2 处,从纯物质 A 和 B 求得。解此方程组即可求出混合物中两组分的浓度 c_A 和 c_B。

六、吸光光度法的误差

由透光度的读数误差而引起的浓度的相对误差可按以下方法求得:

$$\frac{\Delta c}{c}=\frac{0.434}{T\lg T}\Delta T$$

三、例 题 解 析

1. 符合吸收定律的溶液稀释时,其最大吸收峰波长位置将如何变化?

解　虽然溶液稀释,溶液浓度降低,但是分子本身的结构没有发生改变,对化合物的最大吸收峰波长没有影响,所以最大吸收峰波长的位置不变。

2. 已知某化合物萃取物为紫红色配位化合物,其吸收最大光的颜色是什么?

解　紫红色和绿色为互补色,物质呈现的颜色与其吸收的颜色是互补色的关系,所以该萃取物吸收光的颜色应该为绿色。

3. 一化合物在已烷中的最大吸收波长 $\lambda_{max}=305$ nm,在乙醇中的最大吸收波长 $\lambda_{max}=317$ nm,则引起该吸收的类型是什么?

解　由于溶剂极性的增加,物质的最大吸收波长增加,则该吸收的类型为 $\pi\rightarrow\pi^*$。

4. 用新亚铜灵光度法测定铜含量时,50 mL 的溶液中含有 2.55×10^{-4} g Cu^{2+},在一定波长下,用 2 cm 的比色皿测得透光率为 50.5%,那么该配合物的摩尔吸光系数是多少?(已知 $M_{Cu}=63.55\ g\cdot mol^{-1}$)

解　$A=-\lg T=\varepsilon bc$

$c=\dfrac{m}{MV}$

$\varepsilon=\dfrac{-\lg T\cdot M\cdot V}{b\cdot m}=\dfrac{-\lg 0.505\times63.55\times50}{2\times2.55\times10^{-4}}=1.85\times10^6(L\cdot mol^{-1}\cdot cm^{-1})$

5. 用邻二氮菲法测定铁含量时,测得其在浓度 c 时的透光率为 T,当铁浓度为 $1.5c$ 时,在同样实验条件下,测定其透光率应该为多少?

解　$A=-\lg T=\varepsilon bc$

$-\lg T'=\varepsilon\times b\times1.5c=-1.5\lg T$

$T' = T^{1.5}$

6. 有甲、乙两种同一物质的溶液，甲用 2 cm 的比色皿、乙用 1 cm 的比色皿测定，所得的吸光度相等，那么两者的浓度之间是什么关系？

解 $A = \varepsilon bc$

$\varepsilon \times 2 \times c_{甲} = \varepsilon \times 1 \times c_{乙}$

$c_{乙} = 2c_{甲}$

7. 某金属离子 A 与试剂 R 形成有色配合物，若 A 的浓度为 1.0×10^{-4} mol·L^{-1}，用 1 cm的比色皿测得 435 nm 处的吸光度为 0.826，则此化合物在 435 nm 处的的摩尔吸光系数为多少？

解 $A = -\lg T = \varepsilon bc$

$0.826 = \varepsilon \times 1 \times 1.0 \times 10^{-4}$

$\varepsilon = 8.26 \times 10^{3}$ (L·mol^{-1}·cm^{-1})

8. 试样中微量锰含量的测定通常用 $KMnO_4$ 法，已知 M(Mn) = 55.00 g·mol^{-1}。称取含锰合金 0.500 0 g，经溶解氧化后稀释至 500.0 mL，在 525 nm 处测得吸光度为 0.400，另取锰含量为 1.0×10^{-4} mol·L^{-1}的溶液，在同样的条件下测得吸光度为 0.585，已知它们的测量符合吸收定律，则合金中锰的百分含量为多少？

解 $A = \varepsilon bc$

$A_1/A_2 = c_1/c_2 = 0.585/0.400 = 1.462\ 5$

$c_2 = 6.84 \times 10^{-5}$ (mol·L^{-1})

锰的百分含量：$w = \dfrac{6.84 \times 10^{-5} \times 500 \times 10^{-3} \times 55.00}{0.500} \times 100\% = 0.376\%$

9. 已知溴百里酚蓝水溶液在一定波长下的摩尔吸收系数 $\varepsilon = 1.2 \times 10^{4}$ L·mol^{-1}·cm^{-1}，若测定其吸光度时，采用 2 cm 的比色皿，要求吸光度落在 0.2～0.8，则应使其浓度在什么范围之内？

解 $A = \varepsilon bc$

$c = \dfrac{A}{\varepsilon b}$

$A_1 = 0.2, c_1 = 8.33 \times 10^{-6}$ mol·L^{-1}

$A_2 = 0.8, c_2 = 3.33 \times 10^{-5}$ mol·L^{-1}

浓度在 $8.33 \times 10^{-6} \sim 3.33 \times 10^{-5}$ mol·L^{-1}范围内。

10. Fe 和 Cd 的摩尔质量分别为 55.85 g·mol^{-1}以及 112.4 g·mol^{-1}，各用一种显色剂用吸光光度法进行测定，同样质量的两物质配制成同体积的溶液，前者采用 2 cm 的吸收池，后者采用 1 cm 的吸收池，所得吸光度相等，则两物质的摩尔吸光系数 ε 之间的关系是什么？

解 $A = \varepsilon bc \qquad c = \dfrac{m}{MV}$

$\dfrac{\varepsilon_1}{\varepsilon_2} = \dfrac{M_1 b_2}{M_2 b_1} = \dfrac{55.85 \times 1}{112.4 \times 2} = 0.248$

四、习题解答

1. 将下列百分透光度值换算为吸光度：

(1) 1%　(2) 10%　(3) 50%　(4) 75%　(5) 99%

解　$A=-\lg T$

(1) $A=-\lg 1\%=2$

(2) $A=-\lg 10\%=1$

(3) $A=-\lg 50\%=0.30$

(4) $A=-\lg 75\%=0.12$

(5) $A=-\lg 99\%=0.0044$

2. 将下列吸光度值换算为百分透光度：

(1) 0.01　(2) 0.10　(3) 0.50　(4) 1.00

解　$A=-\lg T$

$T_1=0.97, T_2=0.79, T_3=0.31, T_4=0.10$

3. 有两种不同浓度的 $KMnO_4$ 溶液，当液层厚度相同时，在 527 nm 处测得其透光度 T 分别为(1) 65.0%，(2) 41.8%。求它们的吸光度 A。若已知溶液(1)的浓度为 $6.51\times10^{-4}\ mol\cdot L^{-1}$，求出溶液(2)的浓度。

解　$A=-\lg T$

$A_1=-\lg 65.0\%=0.187$

$A_2=-\lg 41.8\%=0.379$

$A_1/A_2=c_1/c_2$

$c_2=1.32\times10^{-3}\ mol\cdot L^{-1}$

溶液(2)的浓度为 $1.32\times10^{-3}\ mol\cdot L^{-1}$。

4. 有一含 0.088 mg Fe^{3+} 的溶液用 SCN^- 显色后，用水稀释到 50.00 mL，以 1.0 cm 的吸收池在 480 nm 处测得吸光度为 0.740，计算配合物 $[Fe(SCN)]^{2+}$ 的摩尔吸光系数。

解　$A=-\lg T=\varepsilon bc$

$$\varepsilon=\frac{A}{bc}=\frac{0.740}{1\cdot\dfrac{0.088\times10^{-3}}{65\times50\times10^{-3}}}=2.35\times10^{4}(L\cdot mol^{-1}\cdot cm^{-1})$$

配合物 $[Fe(SCN)]^{2+}$ 的摩尔吸光系数为 $2.35\times10^{4}\ L\cdot mol^{-1}\cdot cm^{-1}$。

5. 在 pH=3 时，于 655 nm 处测定得到偶氮砷(Ⅲ)与镧的紫蓝色配合物的摩尔吸光系数为 $4.5\times10^{-4}\ L\cdot mol^{-1}\cdot cm^{-1}$。如果在 25 mL 的容量瓶中有 30 μg La^{3+}，用偶氮砷显色，用 2.0 cm 的吸收池在 655 nm 处测量，其吸光度应该为多少？

解　$$A=\varepsilon bc=4.5\times10^{-4}\times2\times\frac{\dfrac{0.00003}{138.9}}{25\times10^{-3}}=7.78\times10^{-9}$$

吸光度应该为 7.78×10^{-9}。

6. 设有 X 和 Y 两种组分的混合物，X 组分在波长 λ_1 和 λ_2 处的摩尔吸光系数分别为 $1.98\times10^{3}\ L\cdot mol^{-1}\cdot cm^{-1}$ 和 $2.80\times10^{4}\ L\cdot mol^{-1}\cdot cm^{-1}$，Y 组分在波长 λ_1 和 λ_2 处的摩

尔吸光系数分别为 $2.04\times10^4\ L\cdot mol^{-1}\cdot cm^{-1}$ 和 $3.13\times10^2\ L\cdot mol^{-1}\cdot cm^{-1}$。液层厚度相同，在 λ_1 处测得总吸光度为 0.301，在 λ_2 处为 0.398。求算：X 和 Y 两组分的浓度是多少？

解 $\begin{cases} A_1=\varepsilon_{x_1}bc_x+\varepsilon_{y_1}bc_y（在\ \lambda_1\ 处） \\ A_2=\varepsilon_{x_2}bc_x+\varepsilon_{y_2}bc_y（在\ \lambda_2\ 处） \end{cases}$

假设 $b=1$ cm，则

$\begin{cases} c_x=1.34\times10^{-5}\,mol\cdot L^{-1} \\ c_y=1.38\times10^{-5}\,mol\cdot L^{-1} \end{cases}$

X 和 Y 两组分的浓度是 $1.34\times10^{-5}\ mol\cdot L^{-1}$，$1.38\times10^{-5}\ mol\cdot L^{-1}$。

7. 某试液用 2.0 cm 的吸收池测量时 $T=60\%$，若用 1.0 cm 和 4.0 cm 的吸收池测量，则透光率各是多少？

解 $A=-\lg T=\varepsilon bc$

ε、c 均不变，所以 $-\lg T\propto b$：

$T_1=77\%$；$T_2=36\%$

透光率各是 77%，36%。

8. 有一标准 Fe^{3+} 溶液，浓度为 $6\ \mu g\cdot mL^{-1}$，其吸光度为 0.304，而样品溶液在同一条件下测得吸光度为 0.510，求样品溶液中 Fe^{3+} 的含量（$mg\cdot L^{-1}$）。

解 $A=-\lg T=\varepsilon bc$

ε，b 均不变，所以 $A\propto c$：

$A_1/A_2=c_1/c_2$

$0.304/0.510=6.00/c_2$

$c_2=10.1(mg\cdot L^{-1})$

样品溶液中 Fe^{3+} 的含量为 $10.1\ mg\cdot L^{-1}$。

9. K_2CrO_4 的碱性溶液在 372 nm 处有最大吸收。将已知浓度为 $3.00\times10^{-5}\ mol\cdot L^{-1}$ 的 K_2CrO_4 碱性溶液置于 1 cm 的吸收池中，在 372 nm 处测得 $T=71.6\%$，求：(1) 该溶液的吸光度；(2) K_2CrO_4 溶液的 ε；(3) 当吸收池为 3 cm 时该溶液的 T。

解 根据 $A=-\lg T=\varepsilon bc$：

(1) $A=-\lg 0.716=0.145$

(2) $A=\varepsilon\times1\times3.00\times10^{-5}$

$\varepsilon=4.83\times10^3\ L\cdot mol^{-1}\cdot cm^{-1}$

(3) $-\lg T=4.83\times10^3\times3\times3.00\times10^{-5}$

$T=36.7\%$

(1) 该溶液的吸光度为 0.145；(2) K_2CrO_4 溶液的 ε 为 $4.83\times10^3\ L\cdot mol^{-1}\cdot cm^{-1}$；(3) 当吸收池为 3 cm 时该溶液的 T 为 36.7%。

10. 安络血的分子量为 236，将其配制成每 100 mL 含 0.496 2 mg 的溶液，盛于 1 cm 的吸收池中，在 λ_{max} 为 355 nm 处测得 A 值为 0.557，试求安络血的 ε 值。

解 $A=-\lg T=\varepsilon bc$

$0.557=\varepsilon\times1\times2.1\times10^{-5}$

$\varepsilon=2.64\times10^4(L\cdot mol^{-1}\cdot cm^{-1})$

安络血的 ε 值为 $2.64\times10^4\ L\cdot mol^{-1}\cdot cm^{-1}$。

11. Fe(Ⅱ)-2,2′,2′-三联吡啶在波长 522 nm 处的摩尔吸光系数 ε 为 $1.11\times10^4\ L\cdot mol^{-1}\cdot cm^{-1}$，用 1 cm 的吸收池在该波长处测得其百分透光度为 38.5%。试计算铁的浓度。

解　根据 $A=-\lg T=\varepsilon bc$

$-\lg 0.385=1.11\times10^4\times1\times c$

$c=3.74\times10^{-5}(mol\cdot L^{-1})$

铁的浓度为 $3.74\times10^{-5}\ mol\cdot L^{-1}$。

12. 输铁蛋白是血液中发现的输送铁的蛋白，它的相对分子质量为 81 000，并携带两个 Fe(Ⅲ)离子。脱铁草氨酸是铁的有效螯合剂，常用于治疗铁过量的病人，它的相对分子质量为 650，并能螯合一个 Fe(Ⅲ)离子。脱铁草氨酸能从人体的许多部位摄取铁，通过肾脏与铁一起排出体外。被铁饱和的输铁蛋白(T)和脱铁草氨酸(D)在波长 λ_{max} 为 428 nm 和 470 nm处的摩尔吸光系数分别如下表所示：

λ_{max}/nm	$\varepsilon/L\cdot mol^{-1}\cdot cm^{-1}$	
	T	D
428	3 540	2 730
470	4 170	2 290

铁不存在时，两个化合物均为无色。含有 T 和 D 的试液在波长 470 nm 处，用 1.00 cm 的吸收池测得的吸光度为 0.424；在 428 nm 处测得吸光度为 0.401，试计算被铁饱和的输铁蛋白(T)和脱铁草氨酸(D)中铁各占多少分数。

解　根据吸光度具有加和性：$A=\varepsilon_1bc_1+\varepsilon_2bc_2$，得方程组如下：

$$\begin{cases}0.424=4\ 170\times1\times c_T+2\ 290\times1\times c_D\\0.401=3\ 540\times1\times c_T+2\ 730\times1\times c_D\end{cases}$$

解得：

$$\begin{cases}c_T=7.30\times10^{-5}(mol\cdot L^{-1})\\c_D=5.22\times10^{-5}(mol\cdot L^{-1})\end{cases}$$

由于输铁蛋白携带两个 Fe(Ⅲ)离子，而脱铁草氨酸螯合一个 Fe(Ⅲ)离子，假设溶液体积为 1 L，则：

$$Fe\%_T=\frac{7.30\times10^{-5}}{7.30\times10^{-5}+\frac{5.22\times10^{-5}}{2}}=73.7\%$$

$Fe\%_D=26.3\%$

被铁饱和的输铁蛋白(T)和脱铁草氨酸(D)中铁分别占 0.737，0.263。

13. 有一有色溶液，用 1.0 cm 的吸收池在 527 nm 处测得其透光度 $T=60\%$，如果浓度加倍，则：

(1) T 值为多少？

(2) A 值为多少？

解 $A=-\lg T=\varepsilon bc$

$-\lg 0.6=\varepsilon\times 1\times c$

$\varepsilon\times c=0.222$

$-\lg T'=2\varepsilon bc$

$T'=36\%$

$A=-\lg T'=0.44$

(1) T 值为 36%；(2) A 值为 0.44。

14. 请将下列化合物的紫外吸收波长 λ_{max} 值按由长到短排列，并解释原因。

(1) $CH_2=CHCH_2CH=CHNH_2$

(2) $CH_3CH=CHCH=CHNH_2$

(3) $CH_3CH_2CH_2CH_2CH_2NH_2$

解 在简单不饱和有机化合物分子中，若含有几个双键，但它们被 2 个以上的 σ 单键隔开，这种有机化合物的吸收带位置不变，而吸收带强度略有增加。如果是具有共轭体系的化合物，则原吸收带消失而产生新的吸收带。根据分子轨道理论，共轭效应使 π 电子进一步离域，在整个共轭体系内流动。这种离域效应使轨道具有更大的成键性，从而降低了能量，使 π 电子易激发，吸收带最大波长向长波方向移动，颜色加深（红移），摩尔吸光系数增大。排列顺序为：(2)，(1)，(3)。

15. 某化合物在正己烷和乙醇中分别测得最大吸收波长 $\lambda_{max}=305$ nm 和 $\lambda_{max}=307$ nm，试指出该吸收是由哪一种跃迁类型所引起？为什么？

解 溶剂的极性不同，对由 $\pi\rightarrow\pi^*$ 和 $n\rightarrow\pi^*$ 跃迁产生的吸收带的影响不同。通常，极性大的溶剂使 $\pi\rightarrow\pi^*$ 跃迁的吸收带向长波方向移动，对 $n\rightarrow\pi^*$ 跃迁的吸收带则向短波方向移动。由于溶剂极性增加，最大吸收波长往长波方向移动，则该吸收是由 $\pi\rightarrow\pi^*$ 跃迁引起的。

16. 在分子 $(CH_3)_2NCH=CH_2$ 中，预计发生的跃迁类型有哪些？

解 该分子中含有杂原子 N，含有非成键的 n 电子；同时分子中还含有不饱和键"="，具有 π 电子，可以提供 π、π* 轨道，所以该分子可能发生的跃迁类型有 $\sigma\rightarrow\sigma^*$、$n\rightarrow\pi^*$、$n\rightarrow\sigma^*$、$\pi\rightarrow\pi^*$ 四种。

17. 配制某弱酸的 HCl 0.5 $mol\cdot L^{-1}$、NaOH 0.5 $mol\cdot L^{-1}$ 和邻苯二甲酸氢钾缓冲液（pH=4.00）三种溶液，其均含该弱酸 0.001 g/100 mL，在 $\lambda_{max}=590$ nm 处分别测出其吸光度如下表。求该弱酸的 pK_a。

pH	$A(\lambda_{max}=590$ nm)	主要存在形式
4	0.430	HIn、In^-
碱	1.024	In^-
酸	0.002	HIn

解 根据：$A=-\lg T=\varepsilon bc$，得

$$\begin{cases}1.024=a_{In^-}\times b\times c_{In^-}\\ \qquad\;\;=a_{In^-}\times b\times 0.01\\ 0.002=a_{HIn}\times b\times c_{HIn}\\ \qquad\;\;=a_{HIn}\times b\times 0.01\end{cases}$$

$$\begin{cases} a_{In^-} \times b = 102.4 \\ a_{HIn} \times b = 0.2 \end{cases}$$

$$0.43 = a_{HIn} \times b \times c_{HIn} + a_{In^-} \times b \times c_{In^-}$$

$$= 0.2 \times c \times \frac{H^+}{H^+ + K_a} + 102.4 \times c \times \frac{K_a}{H^+ + K_a}$$

$$= 0.2 \times 0.01 \times \frac{10^{-4}}{10^{-4} + K_a} + 102.4 \times 0.01 \times \frac{K_a}{10^{-4} + K_a}$$

$K_a = 7.2 \times 10^{-5}$

$pK_a = 4.14$

该弱酸的 pK_a 为 4.14。

18. 当光度计的透光度的读数误差 $\Delta T = 0.01$ 时，测得不同浓度的某吸光溶液的吸光度为：0.010，0.100，0.200，0.434。计算由仪器误差引起的浓度测量相对误差。

解　$A = -\lg T$

$$\frac{\Delta c}{c} = \frac{0.434}{T\lg T}\Delta T$$

$$\left(\frac{\Delta c}{c}\right)_1 = -0.217$$

$$\left(\frac{\Delta c}{c}\right)_2 = -0.0434$$

$$\left(\frac{\Delta c}{c}\right)_3 = -0.031$$

$$\left(\frac{\Delta c}{c}\right)_4 = -0.0278$$

19. Try to find the kinds of transition in the following molecules:

(a) CH_3OH　(b) $CH_2{=}CH{-}CH{=}CH_2$　(c) 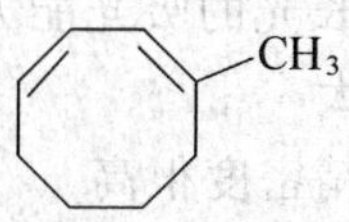

Solution (a) $\sigma \rightarrow \sigma^*$; $n \rightarrow \sigma^*$.

(b) $\sigma \rightarrow \sigma^*$; $\pi \rightarrow \pi^*$.

(c) $\sigma \rightarrow \sigma^*$; $\pi \rightarrow \pi^*$.

20. Whose λ_{max} is bigger? Discuss.

A　$H_3C{-}HC{=}CH{-}CH{=}CH{-}CH{=}O$ (aldehyde, $-\overset{O}{\overset{\|}{C}}H$)

B　$H_3C{-}CH{=}CH{-}CH{=}CH{-}CH{=}CH{-}CH{=}O$ (aldehyde, $-\overset{O}{\overset{\|}{C}}H$)

Solution　According to theory of Molecular Orbit, conjugate effect make the π electrons flow in the molecular to decrease the energe which make the π electrons easy to excitate and λ_{max} shift to the bigger area.

21. Attempt to seperate $n \rightarrow \pi^*$ from $\pi \rightarrow \pi^*$?

Solution　If the property of the solution is changed, $n \rightarrow \pi^*$ and $\pi \rightarrow \pi^*$ would shift to different directions. So changing the property of the solutions is a good means to separate two transitions.

五、自测试卷

一、选择题（每题4分，共40分）

1. 所谓可见光区，所指的波长范围是 （　　）

A. 200～400 nm　B. 400～780 nm　C. 780～1 000 nm　D. 100～200 nm

2. 通过有色溶液时，溶液的吸光度与溶液浓度和液层厚度的乘积成正比的光是（　　）

A. 平行可见光　B. 平行单色光　C. 白光　D. 紫外光

3. 下列说法正确的是 （　　）

A. 朗伯-比耳定律中浓度 c 与吸光度 A 之间的关系是一条通过原点的直线

B. 朗伯-比耳定律成立的条件是稀溶液，与是否单色光无关

C. 最大吸收波长 λ_{max} 是指物质能对光产生吸收所对应的最大波长

D. 同一物质在不同波长处吸光系数不同，不同物质在同一波长处的吸光系数相同

4. 符合朗伯-比耳定律的有色溶液稀释时，其最大的吸收峰的波长位置 （　　）

A. 向长波方向移动　B. 向短波方向移动

C. 不移动，但峰高降低　D. 无任何变化

5. 标准工作曲线不过原点的可能原因是 （　　）

A. 显色反应的酸度控制不当　B. 显色剂的浓度过高

C. 吸收波长选择不当　D. 参比溶液选择不当

6. 某物质摩尔吸光系数很大，则表明 （　　）

A. 该物质对某波长光的吸光能力很强

B. 该物质浓度很大

C. 测定该物质的精密度很高

D. 测量该物质产生的吸光度很大

7. 吸光性物质的摩尔吸光系数与下列因素中有关的是 （　　）

A. 比色皿厚度　B. 该物质浓度

C. 吸收池材料　D. 入射光波长

8. 对显色反应产生影响的因素是下列中的 （　　）

A. 显色酸度　B. 比色皿　C. 测量波长　D. 仪器精密度

9. 有A、B两份不同浓度的有色溶液，A溶液用1.0 cm的吸收池，B溶液用3.0 cm的吸收池，在同一波长下测得的吸光度值相等，则它们的浓度关系为 （　　）

A. A是B的1/3　B. A等于B

C. B是A的3倍　D. B是A的1/3

10. 在分光光度法中浓度测量的相对误差较小（＜4%）的吸光度范围是 （　　）

A. 0.01%～0.09%　B. 0.1～0.2　C. 0.2～0.7　D. 0.8～1.0

二、填空题（每个空格1分，共10分）

1. 当温度和溶剂种类一定时，溶液的吸光度与__________和__________成正比，这称

为＿＿＿＿＿＿定律。

2. ε 是物质的＿＿＿＿＿＿＿＿＿＿＿＿＿。

3. 已知紫色和绿色是一对互补色光，则 $KMnO_4$ 溶液吸收的是＿＿＿＿＿色光。

4. 分光光度计基本上由＿＿＿＿＿、＿＿＿＿、＿＿＿＿＿及＿＿＿＿＿四大部分组成。

5. 当试液中多组分共存，且吸收曲线可能相互间产生重叠而发生干扰时，＿＿＿＿＿不经分离直接测定（填“可以”或“不可以”）。

三、简答题（共 10 分）

某化合物在正己烷和乙醇中分别测得最大吸收波长 $\lambda_{max}=305$ nm 和 $\lambda_{max}=307$ nm，该吸收是由哪一种跃迁类型所引起的？为什么？

四、计算题（每题 20 分，共 40 分）

1. 已知某 Fe^{3+} 配合物，其中铁的浓度为 0.5 $\mu g \cdot mL^{-1}$，当吸收池的厚度为 1 cm 时，百分透光率为 80%。试计算：(1) 该溶液的吸光度；(2) 该配合物的摩尔吸光系数；(3) 溶液浓度增大一倍时的百分透光率。

2. 某一有色溶液在吸收池的厚度为 2 cm 时，测定得其透光率为 60%，若在相同的试验条件下，改用 1 cm 的比色皿或 3 cm 的比色皿，则测定得到的吸光度分别为多少？

六、自测试卷答案

一、选择题

1	2	3	4	5	6	7	8	9	10
B	B	A	C	D	A	D	A	D	C

二、填空题

1. 吸光物质的浓度　吸光物质的摩尔吸光系数　朗伯-比耳定律

2. 摩尔吸光系数　3. 绿　4. 光源　单色器　吸收池　检测器　5. 不可以

三、简答题

因溶剂极性增大，λ_{max} 红移，所以由 $\pi \rightarrow \pi^*$ 跃迁引起。

四、计算题

1. 解：(1) $A=-\lg T=\varepsilon bc=0.0969$

(2) $\varepsilon=\dfrac{A}{bc}=\dfrac{0.0969}{1\times\dfrac{0.5\times10^{-3}}{55.85}}=1.08\times10^4(L \cdot mol^{-1} \cdot cm^{-1})$

(3) $A=-\lg T=\varepsilon bc$，浓度增大一倍，则：$A_2=2A_1$　$\lg T_2=2\lg T_1$　$T_2={T_1}^2=64\%$

2. 当 $b=1$ cm 时，令吸光度为 A_1；$b=2$ cm 时，令吸光度为 A_2；$b=3$ cm 时，令吸光度为 A_3。

$A=-\lg T=\varepsilon bc$，$A_2=-\lg 60\%=2\varepsilon c$

$A_1=1\varepsilon c=A_2/2=-\lg 60\%/2=0.11$

同理，$A_3=0.33$。

第十二章　现代仪器分析

一、目 的 要 求

1. 了解仪器分析方法的分类、特点。
2. 掌握各种分析方法的基本原理。
3. 了解各种分析方法相对应的仪器。
4. 掌握各种定性和定量分析方法及其应用。

二、本 章 要 点

一、仪器分析方法的分类

仪器分析是测量物质的某些物理或物理化学性质的参数来确定其化学组成、含量或结构的分析方法。习惯上，仪器分析法可以分为以下几类：

(1) 电化学分析法，是建立在溶液电化学性质基础上的一类分析方法，包括电位分析法、电重量分析和库仑分析法、伏安法和极谱分析法以及电导分析法等。

(2) 色谱法，是利用混合物中各组分不同的物理或化学性质来达到分离的目的，从而进一步确定其组成或含量的分析方法。色谱法包括气相色谱法、液相色谱法和超临界流体色谱法等。

(3) 光学分析法，是建立在物质与电磁辐射互相作用的基础上的一类分析方法，包括原子发射光谱法、原子吸收光谱法、紫外-可见吸收光谱法、红外吸收光谱法、核磁共振波谱法和荧光光谱法等。

(4) 质谱分析法，是利用物质的质谱图进行成分与结构分析。

二、电化学分析中的电极

1. 指示电极

指示电极是能对溶液中待测离子的活度产生灵敏的能斯特响应的电极，而且响应速度快，并且很快地达到平衡，干扰物质少，且较易消除。

2. 参比电极

凡是提供标准电位的辅助电极称为参比电极。它是测量电池电动势和计算指示电极电势必不可少的基准。电化学分析中常用的参比电极是甘汞电极（尤其是饱和甘汞电极）以及银-氯化银电极。

三、玻璃电极的构造和原理

pH 玻璃电极是最早出现的离子选择电极。pH 玻璃电极的关键部分是敏感玻璃膜，内充 0.1 $mol \cdot L^{-1}$ HCl 溶液作为内参比溶液，内参比电极是 Ag|AgCl。

1：敏感玻璃膜
2：内参比溶液
3：内参比电极
4：外部玻璃管
5：电极帽
6：电极导线

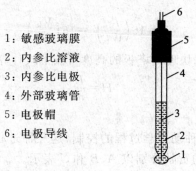

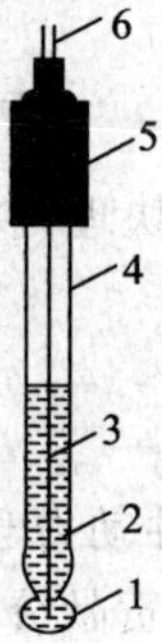

图 12-1

pH 玻璃电极电位可表示为：

$$E_g = k - 0.0592\ pH \quad (k\ 在一定温度下为常数)$$

测定溶液的 pH 时，组成如下测量电池：

pH 玻璃电极|试液($a_{H^+} = x$) ‖ 饱和甘汞电极

电池电动势：

$$\varepsilon = E_{SCE} - E_g$$

E_{SCE}是定值，得：

$$\varepsilon = b + 0.0592\ pH \quad (b\ 在一定温度下为常数)$$

在实际测定未知溶液的 pH 时，需先用 pH 标准缓冲溶液定位校准：

$$pH_x = pH_s + \frac{\varepsilon_x - \varepsilon_s}{0.0592}$$

四、色谱法

色谱法是一种分离分析方法。它是利用各物质在两相中具有不同的分配系数，当两相做相对运动时，这些物质在两相中进行多次反复地分配来达到分离的目的。

根据流动相状态，流动相是气体的，称为气相色谱法；流动相是液体的，称为液相色谱法。若流动相为超临界流体，则称为超临界流体色谱法。

根据固定相状态，是活性固体(吸附剂)还是不挥发液体或在操作温度下呈液体(此液体称固定液，它预先固定在一种载体上)，气相色谱法又可分为气固色谱法和气液色谱法；同理，液相色谱法也可分为液固色谱法和液液色谱法。

五、色谱法作用原理

1. 塔板理论

塔板理论假定：(1) 塔板与塔板之间不连续。(2) 塔板之间无分子扩散。(3) 组分在每块塔板的两相间的分配平衡瞬时达到，达到一次分配平衡所需的最小柱长称为理论塔板高度。(4) 一个组分在每块塔板上的分配系数相同。(5) 流动相以不连续的形式加入,即以一个一个的塔板体积加入。理论塔板数可按下式计算:

$$n=5.54\left(\frac{t_R}{W_{\frac{1}{2}}}\right)^2=5.54\left(\frac{V_R}{W_{\frac{1}{2}}}\right)^2$$

或

$$n=16\left(\frac{t_R}{W_b}\right)^2=16\left(\frac{V_R}{W_b}\right)^2$$

假设色谱柱长为 L,则每块理论塔板的高度可按下式计算:

$$H=\frac{L}{n}$$

2. 速率理论

组分在柱内的展宽受三种动力学过程的控制,这三种过程是:涡流扩散、纵向分子扩散和传质阻力,它们对峰展宽的贡献分别以 A、B 和 C 表示。

$$H=A+B/u+C_m u+C_s u=A+B/u+Cu$$

常数 A 为涡流扩散项系数;B 为纵向分子扩散项系数;C 为流动相传质阻力和固定相传质阻力项系数之和。

六、分离度

分离度又称分辨率或总分离效能指标,它定义为相邻两组分的色谱峰保留值之差与峰底宽总和的一半的比值:

$$R=\frac{t_{R(2)}-t_{R(1)}}{\frac{W_{b(1)}+W_{b(2)}}{2}}$$

七、基本分离方程

$$R=\frac{\sqrt{n_2}}{4}\cdot\frac{a-1}{a}\cdot\frac{k_2}{1+k_2}$$

式中下标 2 为相邻两组分中的第二组分。该方程可视为三个因素的函数:柱效因子 n、柱选择性因子 α 和容量因子 k,这三个参数可以直接从色谱图上计算得到。

三、例题解析

1. 分析乙苯及二甲苯三个异构体的样品,用归一化法定量结果如下:

组分	乙苯(1)	对二甲苯(2)	间二甲苯(3)	邻二甲苯(4)
f	0.97	1.00	0.96	0.98
A/mm^2	120	75	140	105

用归一化法求出各组分的百分含量。

解　由

$$P_i=\frac{m_i}{m}=\frac{m_i}{m_1+m_2+\cdots+m_n}=\frac{A_i f_i}{A_1 f_1+A_2 f_2+\cdots+A_n f_n}$$

得：

$$P_1=\frac{m_1}{m}=\frac{120\times0.97}{120\times0.97+75\times1.00+140\times0.96+105\times0.98}\times100\%=27.15\%$$

$$P_2=\frac{m_2}{m}=\frac{75\times1.00}{120\times0.97+75\times1.00+140\times0.96+105\times0.98}\times100\%=17.49\%$$

$$P_3=\frac{m_3}{m}=31.35\%$$

$$P_4=\frac{m_4}{m}=24.01\%$$

2. 在一根 1 m 长的色谱柱上测得两组分的分离度为 0.68，要使它们完全分离，则柱长应为多少？

解　根据公式，有

$$\left(\frac{R_1}{R_2}\right)^2=\frac{n_1}{n_2}=\frac{L_1}{L_2}$$

则：

$$L_2=L_1\left(\frac{R_2}{R_1}\right)^2=1\times\left(\frac{1.5}{0.68}\right)^2=4.87(\text{m})$$

3. 用 pNa 玻璃膜电极（$K_{Na^+,K^+}=0.001$）测定 pNa=3 的试液时，如试液中含有 pK=2 的钾离子，则产生的误差是多少？

解　误差 $=(K_{Na^+,K^+}\cdot a_{K^+})/a_{Na^+}\times100\%$

$=(0.001\times10^{-2})/10^{-3}\times100\%$

$=1\%$

4. 在 CH_3CN 中 C≡N 键的力常数 $K=1.75\times10^3\ \text{N}\cdot\text{m}^{-1}$，光速 $c=2.998\times10^{10}\ \text{cm}\cdot\text{s}^{-1}$，当发生红外吸收时，其吸收带的频率是多少？（以波数表示）

（阿伏加德罗常数 $6.022\times10^{23}\ \text{mol}^{-1}$，$A_r(\text{C})=12.0$，$A_r(\text{N})=14.0$）

解　首先计算折合质量：

$$M=\frac{12\times14}{12+14}=6.46$$

再计算吸收峰的波数：

其中：$K=1.75\times10^3\ \text{N}\cdot\text{m}^{-1}=1.75\times10^1\ \text{N}\cdot\text{cm}^{-1}$

$$\sigma=1\,307\sqrt{\frac{17.50}{6.46}}=2\,144(\text{cm}^{-1})$$

5. 计算 C—H 伸缩振动基本吸收峰的频率（已知：$K_{C-H}=5.0\ \text{N}\cdot\text{cm}^{-1}$）。

解　首先计算折合质量：

$$M=\frac{12\times1}{12+1}=0.923\,1$$

再计算吸收峰的波数：

$$\sigma=1\ 307\sqrt{\frac{5}{0.923\ 1}}=3\ 042(cm^{-1})$$

6. 有一经验式为 C_3H_6O 的液体，其红外光谱图如下。试分析可能是哪种结构的化合物。

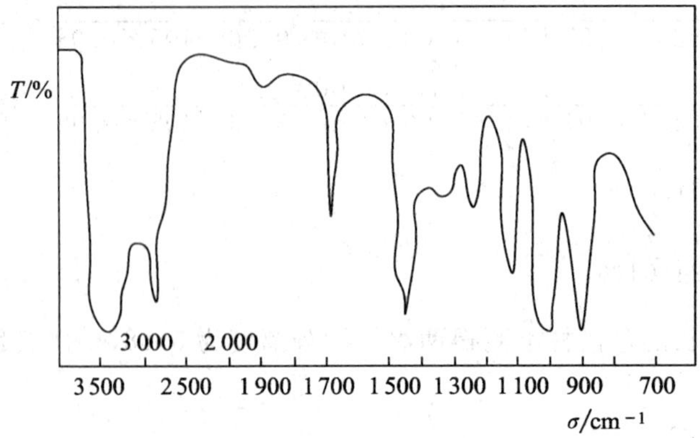

解 (1) 先分析不饱和度，说明有双键存在。

$$\Omega=\frac{1}{2}[3(4-2)+6(1-2)+1(2-2)+2]=1$$

(2) 分析特征吸收峰：

A. 3 650～3 100 cm^{-1}有一宽峰，说明有 O—H 伸缩振动。

B. 2 900 cm^{-1}有一强吸收峰，说明有饱和 C—H 伸缩振动。

C. 1 680 cm^{-1}有一中强峰，说明有 C═C 伸缩振动。

D. 1 450 cm^{-1}有一大且强吸收峰，说明有 CH_3 或 CH_2 存在。

E. 1 300～1 000 cm^{-1}有三个峰，说明有 C—O 伸缩振动。

F. 900 cm^{-1}左右有峰，为═CH_2 面外摇摆吸收峰。

(3) 据上面分析得出这是 CH_2 ═CH—CH_2OH(烯丙醇)。(不会是丙烯醇，因为乙烯式醇均不稳定)

7. 有一每毫米 1 200 条刻线的光栅，其宽度为 5 cm，在一级光谱中，该光栅的分辨率为多少？要将一级光谱中波长为 742.2 nm 和 742.4 nm 的两条光谱线分开，则需多少刻线的光栅？

解 (1) 设光栅的分辨率为：

$$R=nN=1\times(5\times10\times1\ 200)=60\ 000$$

(2) 需如下刻线的光栅：

$$R'=\frac{\lambda}{\Delta\lambda}\frac{(742.2+742.4)/2}{742.4-742.2}=3\ 711$$

$N=R'/n=3\ 711/1=3\ 711$(条)

8. $CH_3COC_3H_7$ 进入质谱仪离子源受到电子轰击时，可以形成哪些类型的离子？写出具体裂分过程。

解

(1) $CH_3-\overset{O}{\underset{\|}{C}}-C_3H_7 \xrightarrow{-e^-} CH_3-\overset{O}{\underset{\|}{C}}-C_3H_7^{+\cdot}$ ($\frac{m}{z}=86$)

(2) $CH_3-\overset{O^+}{\underset{\|}{C}}-C_3H_7 \xrightarrow{-\cdot C_3H_7} CH_3-C\equiv O^+$ ($\frac{m}{z}=43$)

(3) $CH_3-\overset{O^+}{\underset{\|}{C}}-C_3H_7 \xrightarrow{-\cdot CH_3} C_3H_7-C\equiv O^+$ ($\frac{m}{z}=71$)

(4) $C_3H_7-C\equiv O^+ \xrightarrow{-CO} C_3H_7^+$ ($\frac{m}{z}=43$)

(5) 麦氏重排 → $CH_2=CH_2 + CH_2=C(CH_3)OH^+$ ($\frac{m}{z}=58$)

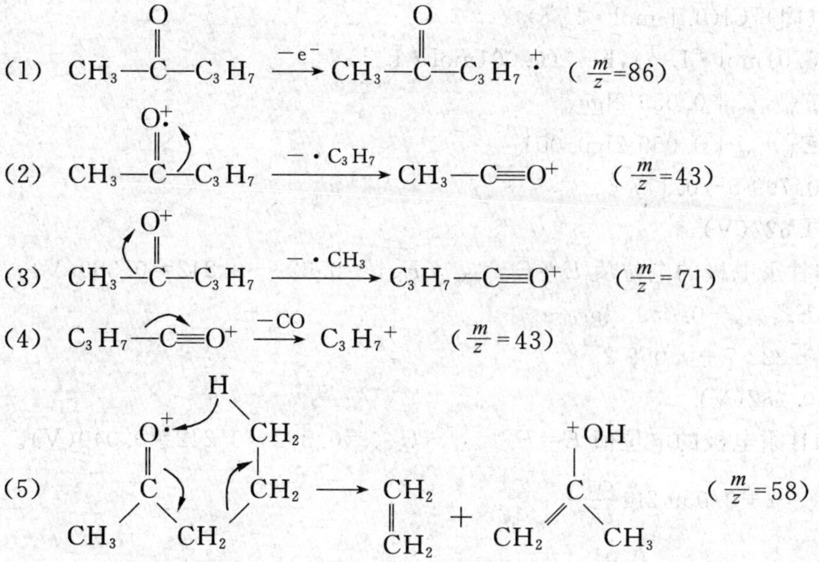

因此该化合物质谱图上出现 $\frac{m}{z}$ 为 86(分子离子峰), $\frac{m}{z}$ 为 43、71、58(重排离子峰)等离子峰。

9. 化合物 $C_6H_5CH_2C(CH_3)_3$ 在 ^1HNMR 谱图上有几组峰?

解 3组H分别有不同的化学环境,所以 ^1HNMR 图上有3个单峰。

10. ^1HNMR 谱图通常选用什么物质作为参比,为什么?

解 选用TMS作标准的原因:

(1) TMS中12个质子处于完全相同的化学环境中,只有一个尖峰;

(2) TMS中质子外围的电子云密度和一般有机物相比是最密的,因此氢核受到最强烈的屏蔽,共振时需要外加磁场强度最强(实际 δ 值最大),不会和其他化合物的峰重叠;

(3) TMS是化学惰性的,不会和试样反应;

(4) 易溶于有机溶剂,沸点低,回收试样容易。

11. 原子吸收的背景有哪几种方法可以校正?

解 在原子吸收光谱分析过程中,分子吸收、光散射作用以及基体效应等均可造成背景,可以用以下几种方法校正背景:

(1) 用非吸收线扣除背景。

(2) 用空白溶液校正背景。

(3) 用氘灯或卤素灯扣除背景。

(4) 利用塞曼效应扣除背景。

四、习 题 解 答

1. 计算下列电极的电极电位(25℃),并将其换算为相对于饱和甘汞电极的电位值。

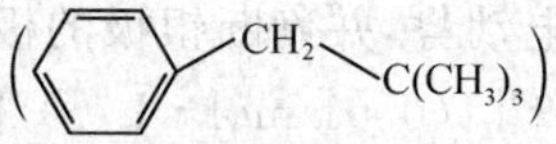

(1) $Ag|Ag^{+}(0.001\ mol \cdot L^{-1})$

(2) $Ag|AgCl$(固)$|Cl(0.1\ mol \cdot L^{-1})$

(3) $Pt|Fe^{3+}(0.01mol \cdot L^{-1}),Fe^{2+}(0.001mol \cdot L^{-1})$

解 (1) $E = E^{\ominus}_{Ag^{+},Ag} + 0.059\ 2\lg c_{Ag^{+}}$

$= E^{\ominus}_{Ag^{+},Ag} + 0.059\ 2\lg 0.001$

$= 0.799\ 6 - 0.177\ 6$

$= 0.622(V)$

其相对于饱和甘汞电极的电位值 $E = E_{Ag^{+},Ag} - E_{SCE} = 0.622 - 0.242 = 0.380(V)$。

(2) $E_{Ag^{+}/Ag} = E^{\ominus}_{AgCl,Ag} - 0.059\ 2\lg c_{Cl^{-}}$

$= 0.222\ 7 + 0.059\ 2$

$= 0.282(V)$

其相对于饱和甘汞电极的电位值 $E = E_{Ag^{+},Ag} - E_{SCE} = 0.282 - 0.242 = 0.040(V)$。

(3) $E = E^{\ominus}_{Fe^{3+},Fe^{2+}} + 0.059\ 2\lg \dfrac{c_{Fe^{3+}}}{c_{Fe^{2+}}}$

$= 0.771 + 0.059\ 2\lg \dfrac{0.01}{0.001}$

$= 0.830(V)$

其相对于饱和甘汞电极的电位值 $E = E_{Fe^{3+},Fe^{2+}} - E_{SCE} = 0.830 - 0.242 = 0.588(V)$。

2. 计算下列电池 25 ℃时的电动势,并判断银极的极性。

$Cu|Cu^{2+}(0.01\ mol \cdot L^{-1}) \| Cl^{-}(0.01\ mol \cdot L^{-1})\ |AgCl$(固)$|Ag$

解 左边:

$E = E^{\ominus}_{Cu^{2+},Cu} + \dfrac{0.059\ 2}{2}\lg c_{Cu^{2+}}$

$= 0.341\ 9 + \dfrac{0.059\ 2}{2}\lg 0.01$

$= 0.283(V)$

右边:$E_{Ag^{+}/Ag} = E^{\ominus}_{AgCl,Ag} - 0.059\ 2\lg c_{Cl^{-}}$

$= 0.222\ 7 - 0.059\ 2\lg 0.01$

$= 0.341(V)$

电池的电动势:$\varepsilon = 0.341 - 0.283 = 0.058(V)$

银极为正极。

3. 用下面电池测量溶液 pH:

玻璃电极$|H^{+}(x mol \cdot L^{-1}) \|$ SCE

用 pH=4.00 缓冲溶液,25℃时测得电动势为 0.209 V。改用未知溶液代替缓冲溶液,测得电动势分别为 0.312 V、0.088 V,计算未知溶液的 pH。

解 $pH_{x_1} = pH_s + \dfrac{\varepsilon_{x_1} - \varepsilon_s}{0.059\ 2}$

$= 4.00 + \dfrac{0.312 - 0.209}{0.059\ 2}$

$= 5.74$

$$pH_{x_2}=pH_s+\frac{\varepsilon_{x_2}-\varepsilon_s}{0.0592}$$

$$=4.00+\frac{0.088-0.209}{0.0592}$$

$$=1.96$$

未知溶液的 pH 为 1.96。

4. 在 25℃时电池：

$$Hg|Hg_2Cl_2(固)|Cl^- \parallel M^{n+}|M$$

的电动势为 0.100 V，如果将 M^{n+} 浓度稀释 50 倍，电池电动势下降为 0.050 V。金属离子 M^{n+} 的电荷数 n 为何值？

解　电动势 $\varepsilon=E^{\ominus}_{M^{n+},M}-\frac{0.0592}{n}\lg\frac{c_{M^{n+}}}{c_M}-E_{SCE}$

$$\varepsilon_1=E^{\ominus}_{M^{n+},M}-\frac{0.0592}{n}\lg\frac{c_{M^{n+},1}}{c_M}-E_{SCE} \tag{1}$$

$$\varepsilon_2=E^{\ominus}_{M^{n+},M}-\frac{0.0592}{n}\lg\frac{c_{M^{n+},2}}{c_M}-E_{SCE} \tag{2}$$

其中 $c_{M^{n+},2}=\frac{c_{M^{n+},1}}{50}$。

用(2)－(1)：

$E_2-E_1=0.050\ V$

则 $n\approx2$。

金属离子 M^{n+} 的电荷数 n 为 2。

5. 将一支 ClO_4^- 离子选择电极插入 50.00 mL 某高氯酸盐待测溶液，与饱和甘汞电极(为负极)组成电池，25℃时测得电动势为 358.7 mV，加入 1.00 mL $NaClO_4$ 标准溶液(0.0500 mol·L^{-1})后，电动势变成 346.1 mV，求待测溶液中 ClO_4^- 的浓度。

解　$E=k+\frac{0.0592}{1}\lg c_{ClO_4^-}$

$E_1=358.7\ mV$

$E_2=346.1\ mV$

$E_2-E_1=\lg c_2-\lg c_1$

$$c_2=\frac{50c_1+0.0500\times1}{50+1}$$

$c_1=0.0015(mol\cdot L^{-1})$

待测溶液中 ClO_4^- 的浓度为 0.0015 mol·L^{-1}。

6. 用 Ca^{2+} 选择性电极测定 4.0×10^{-4} mol·L^{-1} 的 $CaCl_2$ 溶液的浓度，若溶液中存在 0.20 mol·L^{-1}的 NaCl，计算：

(1) 由于 NaCl 的存在，所引起的相对误差是多少？(已知 $K_{Ca^{2+},Na^+}=0.0016$)

(2) 若要使得误差减小至 2%，允许 NaCl 的最高浓度是多少？

解　根据误差公式：

(1) 误差$=\frac{K_{Ca^{2+},Na^+}\ c_{Na^+}^{2/1}}{c_{Ca^{2+}}}\times100\%$

$$=\frac{0.0016\times0.2^2}{4.0\times10^{-4}}\times100\%$$

$$=16\%$$

(2) $\frac{K_{Ca^{2+},Na^+}\ c_{Na^+}^{2/1}}{c_{Ca^{2+}}}\times100\%=2\%$

$$\frac{0.0016\times c_{Na^+}^2}{4.0\times10^{-4}}\times100\%=2\%$$

$c_{Na^+}=7.1\times10^{-2}(mol\cdot L^{-1})$

所引起的相对误差为16%；NaCl的最高浓度是7.1×10^{-2} mol·L^{-1}。

7. 设溶液中pBr=3，pCl=1。如果用溴离子选择性电极测定Br^-的离子活度，将产生多大的误差？已知电极的选择性系数$K_{Br^-,Cl^-}=6\times10^{-3}$。

解 pBr=3，pCl=1，$c_{Br^-}=1\times10^{-3}(mol\cdot L^{-1})$，$c_{Cl^-}=1\times10^{-1}(mol\cdot L^{-1})$

根据误差公式：

$$误差=\frac{K_{A,B}\ c_B^{n_A/n_B}}{c_A}\times100\%$$

$$=\frac{K_{Br^-,Cl^-}\ c_{Cl^-}^{1/1}}{c_{Br^-}}\times100\%$$

$$=60\%$$

产生60%的误差。

8. 用标准加入法测定离子浓度时，于100 mL铜盐中加入1 mL 0.1 mol·L^{-1} $Cu(NO_3)_2$后，电动势增加4 mV，求铜原来的总浓度。

解 由于采用标准加入法，则

$$c_x=\frac{c_\Delta}{10^{n\frac{\Delta E}{S}}-1}$$

$$=\frac{\frac{1\times0.1}{100+1}}{10^{2\times\frac{4\times10^{-3}}{0.059}}-1}$$

$$=2.7\times10^{-3}(mol\cdot L^{-1})$$

铜原来的总浓度为2.7×10^{-3} mol·L^{-1}。

9. 用一根3 m长的色谱柱分离一对难分离物质，得如下图所示流出曲线。为了得到1.5的分离度，柱长至少应为多少米？

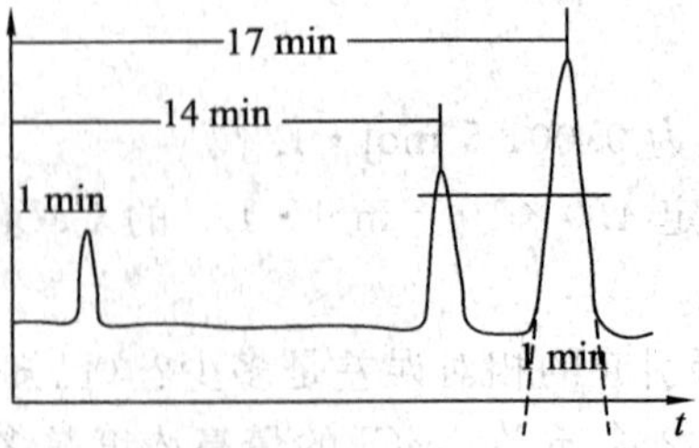

解 先求出相对保留值α及组分2的分配比k：

$$\alpha=\frac{t'_{R_2}}{t'_{R_1}}=\frac{17-1}{14-1}=1.23$$

$k_2=\frac{t'_{R(2)}}{t_M}=\frac{16}{1}=16$

求出组分 2 的理论塔板数 n_2：

$n_2=16\left(\frac{t_R}{Y_{(2)}}\right)^2=16\left(\frac{17}{1}\right)^2=4\ 624$

计算分离度 $R=1.5$ 时所需要的理论塔板数：

$$n_Y=16R^2\left(\frac{a}{a-1}\right)^2\left(\frac{1+k_2}{k_2}\right)^2$$
$$=16\times(1.5)^2\left(\frac{1.23}{1.23-1}\right)^2\left(\frac{1+16}{16}\right)^2$$
$$=1\ 162$$

因 $n\propto L(H=L/n, H$ 值不变)，则达到基线分离时的柱长：

$L=L_{原}\times\frac{n}{n_{原}}=3\times\frac{1\ 162}{4\ 624}=0.75(\text{m})$

柱长最短为 0.75 m。

10. 一根分配色谱柱，校正到柱温、柱压下的载气流速为 43.75 mL · min^{-1}，由固定液的涂量及固定液在柱温下的密度计算得到 $V_s=14.1$ mL。分离一个含有四个组分的样品，测得这些组分的保留时间：苯 1.41 min，甲苯 2.65 min，乙苯 4.18 min，异丙苯 5.34 min，空气 0.24 min。求：

(1) 死体积。(假定检测器及柱头等体积可以忽略)

(2) 这些组分的调整保留时间。

(3) 它们在此柱温下的分配系数。

(4) 相邻两组分的分配系数比。

解　(1) $V_M=t_M\times v=43.75\times0.24=10.5(\text{mL})$

(2) $t_{R_1}=1.41-0.24=1.17(\text{min})$

$t_{R_2}=2.65-0.24=2.41(\text{min})$

$t_{R_3}=4.18-0.24=3.94(\text{min})$

$t_{R_4}=5.34-0.24=5.10(\text{min})$

(3) $V'_{R_1}=t'_{R_1}\times F_c=1.17\times43.75=51.2(\text{mL})$

$K_1=V'_{R_1}/V_s=51.2/14.1=3.61$

$V'_{R_2}=t'_{R_2}\times F_c=2.41\times43.75=105(\text{mL})$

$K_2=V'_{R_2}/V_s=105/14.1=7.45$

$V'_{R_3}=t'_{R_3}\times F_c=3.94\times43.75=172(\text{mL})$

$K_3=V'_{R_3}/V_s=172/14.1=12.2$

$V'_{R_4}=t'_{R_4}\times F_c=5.1\times43.75=223(\text{mL})$

$K_4=V'_{R_4}/V_s=223/14.1=15.8$

(4) 相邻两组分 1、2 的分配系数比$=K_2/K_1=7.45/3.61=2.06$。

相邻两组分 2、3 的分配系数比$=K_3/K_2=12.2/7.45=1.64$。

相邻两组分 3、4 的分配系数比$=K_4/K_3=15.8/12.2=1.30$。

11. 冰醋酸的含水量测定中，内标物为 AR 甲醇，重 0.489 6 g，冰醋酸重 52.16 g，H_2O

峰高为 16.30 cm，半峰宽为 0.239 cm。计算该冰醋酸的含水量。（以峰面积表示的相对校正因子 $f_{水}=0.55$，$f_{甲醇}=0.58$；以峰高表示的相对校正因子 $f_{水}=0.224$，$f_{甲醇}=0.340$）

解 以峰面积计算含水量：

$A=1.065\times h\times Y_{1/2}$

$$P_{H_2O}=\frac{m_{H_2O}}{m}$$

$$=\frac{A_{H_2O}f_{H_2O}}{A_s f_s}\times\frac{m_s}{m}$$

$$=\frac{1.065\times16.30\times0.159\times0.55}{1.065\times14.40\times0.239\times0.59}\times\frac{0.489\,6}{52.16}$$

$$=0.006\,59$$

以峰高计算含水量：

$$P_{H_2O}=\frac{m_{H_2O}}{m}$$

$$=\frac{h_{H_2O}f_{H_2O}}{h_s f_s}\times\frac{m_s}{m}$$

$$=\frac{16.30\times0.224}{14.40\times0.340}\times\frac{0.489\,6}{52.16}$$

$$=0.007$$

该冰醋酸的含水量为 0.007。

12. 某色谱柱，固定相体积为 0.5 mL，流动相体积为 2 mL，流动相的流速为 0.6 mL·min^{-1}，组分 A 和 B 在该柱上的分配系数分别为 12 和 18，求 A 和 B 的保留时间和保留体积。

解 已知：

$K=k\dfrac{V_m}{V_s}=k\beta$；$\beta=\dfrac{V_m}{V_s}=\dfrac{2}{0.5}$

$k_1=3$；$k_2=4.5$

$k=\dfrac{t_R-t_M}{t_M}=\dfrac{t'_R}{t_M}$；$t_M=\dfrac{V_M}{v}=\dfrac{2}{0.6}=3.33(\text{min})$

$t'_{R_1}=10$；$t'_{R_2}=15$

$t_{R_1}=t'_{R_1}+t_M=10+3.33=13.33(\text{min})$

同理，$t_{R_2}=18.33(\text{min})$。

$V_R=t_R\times v$

$V_{R_1}=t_{R_1}\times v=13.33\times0.6=8(\text{mL})$

同理，$V_{R_2}=11(\text{mL})$。

13. 在 2 m 长的色谱柱上，测得某组分保留时间(t_R)为 6.6 min，峰底宽(W_b)为 0.5 min，死时间(t_0)为 1.2 min，载气流速为 40 mL·min^{-1}，固定相体积为 2.1 mL，求：

(1) 容量因子。

(2) 死体积。

(3) 调整保留时间。

(4) 分配系数。

(5) 有效塔板高度。

解　(1) $t'_R = t_R - t_0 = 6.6 - 1.2 = 5.4$(min)

$k = t'_R / t_0 = 5.4/1.2 = 4.5$

(2) $V_m = t_0 \times F_c = 1.2 \times 40 = 48$(mL)

(3) $V'_R = t'_R \times F_c = 5.4 \times 40 = 216$(mL)

(4) $K = V'_R / V_s = 216/2.1 = 103$

(5) $n_{eff} = 16(t'_R / W_b)^2$

$= 16 \times (5.4/0.5)^2$

$= 1\,866$

$H_{eff} = L/n_{eff} = 2\,000/1\,866 = 1.07$(mm)

14. 在柱长 2 m、5%阿皮松柱、柱温 100℃、记录纸速为 2.0 cm・min^{-1} 的实验条件下，测定苯的保留时间为 1.5 min，半峰宽为 0.20 cm。求理论塔板高度。

解　首先计算理论塔板数：

$$n = 5.54\left(\frac{t_R}{W_{1/2}}\right)^2 = 5.54\left(\frac{1.5}{\frac{0.2}{2}}\right)^2 = 1.2 \times 10^3$$

所以理论塔板高度 $H = 2\,000/1.2 \times 10^3 = 1.7$(mm)。

15. Try to explain the theory of gas chromatography(GC).

Solution　Because of the different K of different materials which could be seperated in the chromatography column.

16. Why can SCE be used as the reference electrode?

Solution　If the concentration of Cl^- is kept stable, the potential of the electrode would be constant. So SCE can be used as the reference electrode in electroanalysis.

17. which detector is the best one for the trace analysis of S^{2-} in beer with application of GC method?

Solution　Because FPD detector is the detector specially made for detection of trace ions of S and P. So it is the best one for the trace analysis of S^{2-} in beer.

五、自测试卷

一、选择题(每题 2 分，共 40 分)

1. 在原子吸收分光光度法中，从玻兹曼分布定律可以看出　(　　)

A. 温度越高，激发态原子数越多

B. 温度越高，激发态原子数越少

C. 激发态原子数与温度的变化无关

D. 相同温度下，能级差越小，激发态原子数越少

2. 色谱分析中，如果试样中所有组分都能流出色谱柱，且都有相应的色谱峰，则将所有的出峰组分的含量之和按 100%计算的色谱定量方法称为　(　　)

A. 对照法　　B. 内标法　　C. 归一化法　　D. 外标法

3. 振动转动能级跃迁的能量相当于 ( )

A. γ射线　B. X射线　C. 可见光或紫外光　D. 红外光

4. 下列粒子中能产生原子吸收光谱的是 ( )

A. 液体物质中原子的外层电子　B. 气态物质中激发态原子的外层电子

C. 气态物质中基态原子的内层电子　D. 气态物质中基态原子的外层电子

5. 苯在 254 nm 处有最大吸收，羟基与苯相连生成苯酚后，吸收峰位置将发生 ( )

A. 红移　B. 吸收峰位置不变，摩尔吸光系数增大

C. 蓝移　D. 吸收峰位置不变，摩尔吸光系数减小

6. 研究发光分析法时发现，三重激发态比单重激发态的寿命 ( )

A. 长　B. 短　C. 相同　D. 无法判断

7. 可作红外分光光度计光源的为 ( )

A. 氙灯　B. 硅碳棒　C. 空心阴极灯　D. 氘灯

8. 电位法测定溶液的 pH 时，最常用的指示电极是 ( )

A. 甘汞电极　B. 银-氯化银电极　C. 玻璃电极　D. 氢电极

9. CO_2 分子的振动自由度为 4，其红外光谱图中有红外基频谱带的数量为 ( )

A. 2 个　B. 3 个

C. 4 个　D. 与水分子相同数目的

10. 温度降低时荧光强度通常会 ( )

A. 下降　B. 升高　C. 不变　D. 无法判断

11. 电子能级间隔越小，跃迁时吸收光子的 ( )

A. 能量越大　B. 波长越长　C. 波数越大　D. 频率越高

12. 原子吸收线的劳伦茨变宽是基于 ( )

A. 原子的热运动

B. 原子与其他种类气体粒子的碰撞

C. 原子与同类气体粒子的碰撞

D. 外部电场对原子的影响

13. 在石墨炉原子化器中的保护气体应采用下列中的 ( )

A. 乙炔　B. 氧化亚氮　C. 氢　D. 氩

14. 在色谱分析中，柱长从 1 m 增加到 4 m，其他条件不变，则分离度增加 ( )

A. 4 倍　B. 1 倍　C. 2 倍　D. 10 倍

15. 用离子选择电极标准加入法进行定量分析时，对加入标准溶液的要求为 ( )

A. 体积要大，其浓度要高　B. 体积要小，其浓度要高

C. 体积要大，其浓度要低　D. 体积要小，其浓度要低

16. 下列条件中对气相色谱柱分离度影响最大的因素是 ( )

A. 载气种类　B. 载气的流速

C. 色谱柱的载体性质　D. 色谱柱柱温

17. 空心阴极灯内充的气体是 ( )

A. 大量的空气　B. 大量的氖或氩等惰性气体

C. 少量的空气　D. 少量的氖或氩等惰性气体

18. 在电位法中作为指示电极，其电位应与待测离子的浓度　　（　　）

A. 成正比　　B. 符合扩散电流公式的关系

C. 对数成正比　　D. 符合能斯特公式的关系

19. 氟电极的电位　　（　　）

A. 随试液中氟离子浓度的增高向正方向变化

B. 随试液中氟离子活度的增高向正方向变化

C. 与试液中氢氧根离子的浓度无关

D. 上述三种说法都不对

20. 当金属插入其盐溶液时，金属表面和溶液界面之间形成双电层，所以产生电位差，这个电位差称作　　（　　）

A. 电动势　　B. 电极电位　　C. 膜电位　　D. 液接电位

二、填空题（每个空格1分，共10分）

1. HCN是线型分子，共有________种简正振动方式，它的气相红外谱中可以观察到________个红外基峰。

2. 核磁共振波谱法，是由于试样在强磁场作用下，用适宜频率的电磁辐射照射，使________吸收能量，发生能级跃迁而产生的。

3. 单道单光束火焰原子吸收分光光度计主要由四大部件组成，它们依次为________、________、________和________。

4. 按速率理论，影响色谱峰变宽的主要因素有________、________和________。

三、简答题（每题5分，共10分）

1. 石英和玻璃都有硅氧键结构，为什么只有玻璃能制成pH玻璃电极？

2. 紫外-可见分光光度计和原子吸收分光光度计的单色器分别置于吸收池的前面还是后面？为什么两者的单色器的位置不同？

四、计算题（每题20分，共40分）

1. 当柱长增加一倍，色谱峰的方差增加几倍？（设除柱长外，其他条件不变）

2. 用pH玻璃电极测定pH＝5.0的溶液，其电极电位为＋0.043 5 V；测定另一未知试液时电极电位则为＋0.014 5 V，电极的响应斜率为每一pH单位改变58.0 mV，求此未知试液的pH。

六、自测试卷答案

一、选择题

1	2	3	4	5	6	7	8	9	10
A	C	D	D	A	A	B	C	A	B
11	12	13	14	15	16	17	18	19	20
B	B	D	C	B	D	D	D	D	B

二、填空题

1. 4　3

2. 具有磁性的原子核

3. 光源(空心阴极灯)　原子化器　单色器　检测器

4. 分子扩散　涡流扩散　传质阻力

三、简答题

1. 石英是纯的 SiO_2,它没有可供离子交换的电荷点(定域体),所以没有响应离子的功能。当加入碱金属的氧化物成为玻璃后,部分硅氧键断裂,生成固定的带负电荷的骨架,形成载体,抗衡离子 H^+ 可以在其中活动,所以,只有玻璃能制成 pH 玻璃电极。

2. 紫外-可见分光光度计的单色器置于吸收池的前面,而原子吸收分光光度计的单色器置于吸收池的后面。

紫外-可见分光光度计的单色器是将光源发出的连续辐射色散为单色光,然后经狭缝进入试样池。

原子吸收分光光度计的光源是半宽度很窄的锐线光源,其单色器的作用主要是将要测量的共振线与干扰谱线分开。

四、计算题

1. 当其他条件不变时,柱长虽增加,但理论塔板高度可视作不变。

$$\sigma=\frac{t_R}{\sqrt{n}}$$

因此柱长增加一倍后:

$$\sigma'=\frac{2t_R}{\sqrt{2n}}=\sqrt{2}t_R/\sqrt{n}$$

$$(\sigma')^2/\sigma^2=2$$

可见方差增加一倍。

2. $E=k-0.058\text{pH}$

$+0.043\,5=k-0.058\times5$　(1)

$+0.014\,5=k-0.058\text{pH}$　(2)

解(1)和(2)式,则 pH=5.5。

第十三章　重要元素及化合物

一、目 的 要 求

1. 了解常见单质的物理性质、化学性质的一般规律，并能利用物质结构基础知识进行简单分析。

2. 了解典型氧化物、氯化物和氢氧化物等常见无机化合物的基本性质的一般特性及其变化规律。

3. 了解重要单质、化合物的典型应用及其与性质的关系。

二、本 章 要 点

(1) 碱金属元素在形成化合物时有哪些主要特征？

ns^1结构，周期表中最左侧的一族元素。半径大，电负性小，是周期表中最活泼的金属元素。以失去电子，形成 M^+ 离子型化合物为主要特征。从 Li 到 Cs 活泼性增大。

(2) 碱土金属和碱金属元素比，在性质变化上有何规律？

ns^2结构，与碱金属比，金属键增强，硬度增大，熔点高，金属活泼性降低，但仍是活泼金属，活泼性仅次于碱金属。以形成 M^{2+} 的离子型化合物为主要特征。

(3) 碱金属和碱土金属有哪些主要物理和化学性质？

物理性质：碱金属密度小、硬度小、熔点低、导电性强，是典型的轻金属；碱土金属的密度、熔点和沸点则较碱金属为高。

化学性质：易与非金属作用（为活泼金属）；易与水作用（置换水中的氢）；与酸作用（金属通性）；高温下还原 SiO_2、$TiCl_4$ 等氧化物、氯化物；与液氮生成氮合离子（如 Na）。

(4) 碱金属和碱土金属可形成几种类型的氧化物？这些氧化物有哪些主要性质？

可形成普通氧化物、过氧化物、超氧化物、臭氧化物。

主要性质：溶于水形成 $M(OH)_n$；O_2^{2-}、O_2^-、O_3^- 有氧化性。

(5) 碱金属和碱土金属的氢化物有何特征？

离子型氢化物，都是强还原剂。两个基本特征：大多数氢化物不稳定，加热分解放出氢气，可作储氢材料；与水作用产生氢气，可作为野外产生氢气的原料。

(6) 碱金属和碱土金属的常见盐类有哪些主要性质？

溶解性，多易溶；易形成复盐；热稳定性相对好；形成结晶水。

(7) *p* 区金属在价层电子结构上与 *s* 区金属有何不同？*p* 区金属的价层电子结构使 *p* 区金属在金属性和形成化合物时的化学键上与 *s* 区金属有何不同？

p 区金属包括 Al、Ga、In、Tl、Ge、Sn、Pb、Sb、Bi 和 Po，共 10 种金属。

① p 区金属元素的价电子构型为 $ns^2np^{1\sim4}$，与 s 区金属比，有了 np 电子，即价电子数增多。

② 由于价电子增多，半径减小，有效核电荷增多，电负性增大，p 区元素的金属性较弱。由于金属性减弱，其中有 Al、Ga、In、Ge、Sn、Pb 的单质、氧化物及其水合物均表现出两性。

③ 在形成化合物时表现出明显的共价性。p 区金属元素的高价氧化态化合物多数为共价化合物，低氧化态的化合物中部分离子性较强。

(8) 锗分族元素在氧化态表现上有何特征？在形成化合物时与 C、Si 有何不同？锗分族＋Ⅱ和＋Ⅳ氧化态化合物的氧化还原性变化有何规律？

氧化态从 Ge 到 Pb 低氧化态趋于稳定。C、Si 以形成共价型化合物为主要特征。Ge、Sn、Pb 离子性增强，有低价的盐如 Sn^{2+}、Pb^{2+}。锗族元素自相成键能力差，除 Ge 外，Sn、Pb 无类似于 C、Si 的氢化物。

(9) 为什么不活泼的 Pb 可与非氧化性的弱酸 HAc 作用？这一性质有何用途？

有 O_2 存在时，铅可溶于醋酸生成易溶的醋酸铅：

$2Pb + O_2 = 2PbO$

$PbO + 2HAc = Pb(Ac)_2 + H_2O$

这一性质可用于醋酸从含铅矿石中浸取铅或铅的提纯。

(10) 如何配制 $SnCl_2$ 溶液？

配制 $SnCl_2$ 溶液时，先将 $SnCl_2$ 溶解在少量浓 HCl 中，再加水稀释。为防止 Sn^{2+} 的氧化，在新配制的 $SnCl_2$ 溶液中加入少量锡粒。

(11) 铜族元素的通性。

铜族包括铜(Cu)、银(Ag)、金(Au)三种元素。价电子结构为 $(n-1)d^{10}ns^1$，水溶液中常见氧化态：铜为＋2 价、银为＋1 价、金为＋3 价。铜＋1 价、银＋2 价、金＋1 价不稳定，Cu^+、Au^+ 易发生歧化反应。金属活泼性从上到下递减，与碱金属的变化规律相反。

(12) 锌族元素的通性。

锌族元素位于周期系的ⅡB 族，包括锌、镉、汞三种元素。锌族的价电子结构为 $(n-1)d^{10}ns^2$。最外层电子数为 2，次外层为 18 电子构型，结构决定性质，故锌族元素具有如下特征性质及变化规律：

① 锌族元素的特征氧化态都是＋Ⅱ(汞和镉还有＋Ⅰ氧化态的化合物)。

② 锌族元素的金属活泼性不如碱土金属。

③ 同族元素金属活泼性与ⅠB 族金属相同，从锌到汞活泼性降低，恰好与碱土金属相反。

④ 同周期ⅠB 族与ⅡB 族金属相比，ⅡB 族金属比ⅠB 族金属活泼。

(13) 比较铜族元素和锌族元素的性质，为什么说锌族元素较同周期的铜族元素活泼？

铜族元素的价电子与锌族元素只差一个，故性质上有很大的相似性，但又有差别，主要表现在：

① 两族元素的化学活泼性都随原子序数的增大而减小。

② 两族元素形成配合物的倾向都很大，共价性很强。

③ 两族元素的盐都有一定程度的水解。

④ 锌族单质的熔点、沸点、熔化热、汽化热、导电性都比铜族元素低，这是由于锌族最外层电子成对的缘故。

⑤ 锌族元素的标准电极电势比铜族元素更负，锌族元素比铜族元素活泼。

(14) 过渡元素包括周期表中的哪些元素？它们具有哪些共同性质？

过渡元素包括：第一过渡系元素（轻过渡系）、第二过渡系元素、第三过渡系元素（重过渡系）和等四过渡系元素，钇和镧系又称为稀土元素，铁、钴、镍称为铁系元素，除铁、钴、镍外的第Ⅷ副族的 Ru、Os、Rh、Ir、Pd、Pt 称为铂系元素。

共同性质：

① 它们都是金属，导热导电、高熔点、高硬度、延展性好。

② 大部分过渡金属的电极电势为负值，即还原能力较强，可置换酸中的氢。

③ 除少数例外（ⅢB），它们都存在多种氧化态。

④ 水合离子和酸根离子常呈现一定的颜色。

⑤ 它们的原子和离子形成配合物的倾向都较大。

⑥ 可形成顺磁性的化合物。

(15) 过渡元素的价层电子结构有何特征？

d 区元素原子的价电子层构型：$(n-1)d^{1-10}ns^{1-2}$，除 Pd($3d^{10}4s^0$) 和 ⅠB[$(n-1)d^{10}ns^1$] 外，均有未充满的 d 轨道，且最外层也只有 1～2 个电子，因而它们原子的最外两个电子层都是未充满的。

(16) 过渡元素的活泼性怎样？有何变化规律？

① d 区元素中以ⅢB 族元素的化学性质最活泼，能与空气、水、稀酸等反应。

② 第一过渡系元素比较活泼，除 V 外，均能与稀酸反应置换出氢。

③ 第二、第三过渡系元素不活泼（ⅢB 族例外），均不能与稀酸反应，W 和 Pt 不与浓硝酸反应，但溶于王水，Nd、Ta、Ru、Rh、Os、Ir 等不与王水反应。

变化规律：

同周期：从左至右活泼性降低。

同族：从上到下活泼性降低。

(17) 过渡元素为何有较强的形成配合物的能力？过渡元素的水合离子为何常显示出一定的颜色？

① 过渡元素的价电子轨道多（5 个 $(n-1)d$ 轨道，1 个 ns 轨道，3 个 np 轨道）。

② 空价电子轨道可以接受配体电子对形成 σ 配键。

③ d 电子较多的过渡元素可以与配体形成 d-π 反馈键。

另：因 d 轨道不满而参加成键时易形成内轨型配合物，且相对电负性较大，金属离子与配体间的相互作用加强，可以形成较稳定的配合物。

过渡元素的水合离子大部分都有一定的颜色，这是因为电子的跃迁（d-d 跃迁）能级一般在可见光的范围（d^0、d^{10} 结构的离子无色）。

(18) 钒有何特征氧化态？钒为活泼金属，为什么有较好的抗酸能力？

电子构型为：$3d^3 4s^2$，氧化态有：+Ⅴ、+Ⅳ、+Ⅲ、+Ⅱ，以+Ⅴ价最稳定，+Ⅳ价在酸中也较稳定。

$E^{\ominus}_{V^{2+}/V} = -1.18\ V$

因为易钝化，所以有较好的抗酸能力。

(19) 铬有哪些常见氧化态？

价层电子构型：$3d^5 4s^1$。

主要氧化态：+Ⅲ、Ⅵ。

(20) Cr(Ⅵ)的化合物有何主要性质？

① CrO_4^{2-}、$Cr_2O_7^{2-}$ 均有颜色。

② CrO_4^{2-} 和 $Cr_2O_7^{2-}$ 可相互转化。

③ CrO_4^{2-} 的盐多难溶。

④ Cr(Ⅵ)有较强的氧化性，尤其在酸性介质中。

(21) 锰有哪些常见氧化态？

Mn 的价电子构型为 $3d^5 4s^2$。

锰可呈现从+Ⅱ到+Ⅶ的氧化态，常见氧化态：+Ⅶ、+Ⅵ、+Ⅳ、+Ⅱ。

(22) 怎样保存 $KMnO_4$ 试剂及溶液？$KMnO_4$ 溶液久置会有何现象发生？

应保存于棕色瓶中，存放于避光阴凉处。久置有棕色沉淀析出。

(23) 以 $KMnO_4$ 为氧化剂，在酸性、中性、碱性介质中分别得到什么产物？举例写出反应方程式。

碱性：$2MnO_4^- + SO_3^{2-} + 2OH^- = 2MnO_4^{2-}$(绿)$+ SO_4^{2-} + H_2O$

中性：$2MnO_4^- + 3SO_3^{2-} + H_2O = 2MnO_2 \downarrow + 3SO_4^{2-} + 2OH^-$

酸性：$2MnO_4^- + 5SO_3^{2-} + 6H^+ = 2Mn^{2+} + 5SO_4^{2-} + 3H_2O$

(24) 铁系元素+2 价的盐有哪些主要性质？

水合离子有颜色；强酸盐均有水解；易形成配合物；M^{2+} 有一定还原性。

(25) 铁系元素+3 价的盐有哪些主要性质？

Co(Ⅲ)、Ni(Ⅲ)因具有强氧化性而不稳定。重要的是 Fe(Ⅲ)的盐，有一定氧化性：$E^{\ominus}_{Fe^{3+}/Fe^{2+}} = 0.771\ V$。

(26) 铁系元素有哪些重要的配合物？这些配合物有哪些重要的性质和用途？

Fe^{3+}：CN^-、SCN^-

Co^{2+}：NH_3、SCN^-

Ni^{2+}：NH_3、CN^-

性质和用途：有特征颜色，用于离子的鉴定。

(27) 卤素在周期表中处在什么位置？有何价层电子结构？该结构使卤素具有何种最基本的性质？

ⅦA 族元素，包括 F、Cl、Br、I、At，卤素原子的价电子层构型为 $ns^2 np^5$，为最活泼的非金属，自然界中均以化合态存在。

(28) 卤素有哪些氧化态及成键特征？

成键特征：一个共价单键、X_2(非极性)、HX(极性)、X^-(离子键)。

氧化态：+Ⅰ、+Ⅲ、+Ⅴ、+Ⅶ(F 除外)。形成共价化合物、含氧酸、盐以及卤素互化物。

(29) 氟有哪些特殊性？

氟的特殊性均由半径特别小引起，氟的电子亲合能特殊地小，F—F 键能(离解能)较低，孤对电子间斥力大，氟化物中氟的氧化数总为−1。

(30) 为什么卤素单质的物理性质随卤素单质分子量的增大而呈现规律性的变化？

X_2为非极性分子，主要是色散力，分子量增大，色散力增大，物理性质随分子量呈规律性变化。

(31) 卤素单质有哪些主要性质？

X_2与水的反应有两类：

F_2分解水：$2F_2 + 2H_2O = 4HF + O_2$（I_2发生逆反应）

Cl_2在水中的歧化：$Cl_2 + H_2O = H^+ + Cl^- + HClO$

(32) 卤化氢和氢卤酸有哪些主要性质？

热稳定性高；还原性：$HCl < HBr < HI$；氢卤酸的酸性：除 HF 外均为强酸，且 $HF < HCl < HBr < HI$。

(33) 卤化物可分为几类？它们在键的性质及熔、沸点变化上有何特点？

共价型卤化物：BCl_3、CCl_4（非金属或高氧化态金属形成的卤化物），熔、沸点低；

离子型卤化物：碱金属、碱土金属及若干镧系和锕系元素金属形成的卤化物，熔、沸点高；

共价过渡型卤化物：$BeCl_2$。

(34) 卤素互化物在组成和性质上有何特点？

组成：由轻卤素氧化重卤素而形成；性质：绝大多数卤素互化物不稳定，熔、沸点低。卤素互化物都是氧化剂，具有强氧化性。

(35) O_2有何结构特点？该结构可使其具有何种反应性？

结构特点：在 π 轨道中有不成对的单电子，O_2分子具有偶数电子同时又显示顺磁性。

反应性：形成离子型、共价型、O_2^{2-}、O_2^-。

(36) 周期表中元素氧化物的酸碱性有何变化规律？

① 同周期最高氧化态的氧化物，从左到右，酸性增强。

② 同族相同价态的氧化物，从上到下，碱性增强。

③ 同一元素的不同氧化态，氧化态越高，酸性越强。

(37) O_3分子有何结构特点？

中心氧原子以 sp^3 杂化态与其他两个配位氧原子相结合，中心氧原子的两个未成对电子分别与其他两个氧原子中的一个未成对电子相结合，占据两个杂化轨道，形成两个 σ 键，第三个杂化轨道由孤对电子占据，并与两个配位原子各提供的一个电子形成 3 个氧原子、4 个电子的离域 π 键。

(38) H_2O_2有哪些主要性质？

热稳定性差；弱酸性；氧化还原性；形成过氧化链（过氧链转移）。

(39) 硫化物有何主要性质和用途？

① 水解性。所有硫化物均发生水解。Al_2S_3、Cr_2S_3发生双水解。

② 还原性。

③ 难溶性。金属硫化物大多数难溶于水且有特征颜色（碱金属、碱土金属、NH_4^+ 的硫化物易溶）。

④ 用途：在分析化学上用来鉴别和分离不同金属离子。

(40) SO_2和SO_3在结构和性质上有何不同?

结构:SO_2是V形分子结构,SO_3分子构型为平面三角形。

性质:SO_2既有氧化性又有还原性,还原性是主要的,遇强还原剂才表现氧化性。

还原性:$SO_2 < H_2SO_3 <$亚硫酸盐。

SO_3是一种强氧化剂。

(41) 硫酸盐有哪些主要性质?

易溶性:除Ca^{2+}、Sr^{2+}、Ba^{2+}、Pb^{2+}、Ag^{+}、Hg^{2+}外,一般硫酸盐都易溶于水。

热稳定性大:8电子构型的阳离子的盐通常1 273K以上才分解。18电子、(18+2)电子、9~17电子构型热稳定性略差。

易形成复盐(成矾):多数硫酸盐有形成复盐的趋势。

(42) $S_2O_3^{2-}$有哪些主要性质?

$S_2O_3^{2-}$不稳定,在酸中易分解放出SO_2析出单质S;在$S_2O_3^{2-}$中有−2价S,所以$S_2O_3^{2-}$有还原性;$S_2O_3^{2-}$有较强的配位能力。

(43) 根据氮、磷、砷元素的价层电子结构,分析氮、磷、砷元素在形成化合物时有何基本特征和常见氧化态?

周期表中VA族,价层电子结构为:ns^2np^3,因为np^3为半充满的稳定结构,难以失去电子,又因为获得3个电子变为8电子的稳定结构也困难,所以,以形成共价化合物为其主要特征。

常见氧化态:+3、+5。

(44) 总结N原子在形成化合物时的成键特征和价键结构。

N除形成σ键外,易形成p-$p\pi$键(包括离域π键)。

N最多只能形成4个共价键,即配位数不超过4。

N可以以sp^3、sp^2、sp杂化成键。

(45) 从N_2结构说明为什么N_2特别稳定。N_2特别稳定是否说明N元素的化学性质特别不活泼?

N≡N,叁键,且有两个键能较大的π键,从电子云结构看,π电子云在外围,N_2发生反应需先打开键能大的π键,所以更难,因此特别稳定。N_2稳定性说明N原子的成键能力强,化学活泼性高,这恰恰是N原子的活泼性的表现。

(46) 从NH_3分子的结构总结NH_3有哪些主要性质?

加合性(碱性及形成配合物)(N上的孤电子对);还原性(−3价的N);取代反应(三个H)。

(47) 总结铵盐的性质。

易溶性;水解性;不稳定性(易分解)。

(48) NO、NO_2在结构上有哪些不同?

NO中的N以sp杂化轨道成键,一个σ键,一个π键。

NO_2中的N以sp^2杂化轨道成键,2个σ键,一个π33键。

(49) HNO_2和HNO_3在性质上有何不同?

① HNO_2为一元弱酸。HNO_3为强酸。

② HNO_2有氧化还原性,酸是较强的氧化剂,碱为中强还原剂(盐)。HNO_3具强氧

化性。

③ NO_2^- 可作配体形成配合物。

(50) 单质磷有几种同素异形体?

单质磷与单质氮不同,因为 P 为第三周期元素,形成 p-$p\pi$ 键的能力弱,所以单质磷是 P 原子以单键结合所形成的多原子分子。

磷有 10 种同素异形体,主要有白磷、红磷、黑磷。

(51) 为什么白磷有极高的化学活泼性?

白磷晶体是由 P_4 分子组成的分子晶体,P_4 分子呈四面体构型,P—P 以单键结合,且 P—P 键几乎为纯 p 轨道成键,而纯 p 轨道间的夹角应为 90°,而实际仅有 60°,化学活泼性高。P_4 分子中的 P—P 键弱,易于断裂,使白磷在常温下有很高的化学活性。

(52) H_3PO_4 有哪些主要性质?

① 常温下,为无氧化性、不挥发的三元中强酸。

② 高温下能使金属还原。

③ 具有很强的配位能力,与许多金属离子形成可溶性配合物。

(53) 根据砷单质与碱、氧化性酸的作用情况,据此对砷的金属性和非金属性有何结论?

As、Sb、Bi 均可与氧化性酸作用,但产物不同,产物为 H_2AsO_3 或 As_2O_3、Sb^{3+}、Bi^{3+}。As 还可与熔碱作用,而 Sb、Bi 不能。

结论:As、Sb、Bi 金属性依次增强。

(54) 根据价层电子结构特征总结:碳、硅、硼在形成化合物时有何特征?

C、Si 有四个价轨道,有四个价电子,为等电子原子;B 有四个价轨道,有三个价电子,为缺电子原子。C:以 sp、sp^2、sp^3 成键,如 CO、CO_2、CCl_4 等。因为半径小,除形成 σ 键外,还可形成 p-$p\pi$ 键,所以可以有双、叁键。Si:以 sp^3 形成四个 σ 键,如在单质 Si、SiO_2 及其硅酸盐中。又因为是第三周期元素,有 $3d$ 空轨道可以利用,所以可形成配位数大于 4 的化合物,如$[SiF_6]^{2-}$。B:以 sp^2、sp^3 成键,如 H_3BO_3、硼酸盐中,可形成缺电子的多中心键。

(55) 硼与碳、硅并非同族,为什么在性质上有相似性? 碳、硅、硼在性质上表现出哪些相似性?

C、Si 为同族,原子结构相似,性质相似,B 与 Si 为对角性质相似。

C、Si、B 的相似性:

① 电负性大,电离能高,失去电子难,以形成共价化合物为特征。

② C、Si、B 都有自相成键的特征,即 C—C、Si—Si、B—B,形成氢化物——成烷特征。

③ 亲氧性,尤其 Si—O、B—O 键能大。

④ 单质几乎都是原子晶体。

(56) 单质碳主要有几种同素异构体?

三种:金刚石、石墨、碳-60。

(57) 总结 CO、CO_2 的结构和性质。

简单可总结为:CO:还原性、加合性(配体)、极弱酸性。CO_2:$\pi34$ 键,不活泼,高温下与 C 生成 CO;H_2CO_3 的酸酐;酸性氧化物,与碱或碱性氧化物作用。

(58) 什么是水晶? 什么是硅藻土? 硅藻土有什么结构特点和用途? 什么是石英玻璃? 它有哪些特点及用途?

无定型体 SiO_2：石英玻璃、硅藻土、燧石。晶体 SiO_2：天然晶体为石英，属于原子晶体。纯石英是水晶，玛瑙、紫晶等是含有杂质的石英。

石英玻璃的热膨胀系数小，可以耐受温度的剧变，灼烧后立即投入冷水中也不致于破裂，可用于制造耐高温的仪器。石英玻璃能做水银灯芯和其他光学仪器，制光导纤维、石英玻璃纤维。硅藻土为多孔性结构，可作吸附剂。

(59) 单质硼中存在几种 B—B 键？

单质硼有多种同素异形体，基本结构单元为 B_{12} 二十面体。二十面体连接的方式不同导致至少有三种晶体。B 单质中有两种 B—B 键，既有普通的 2c-2e 的 σ 键，又有 3c-2e 的三中心键。

(60) 硼酸的分子结构和晶体结构是怎样的？为什么硼酸易溶于热水而在冷水中的溶解度较小？硼酸是几元酸？为什么？

B：sp^2 杂化，通过分子间氢键连成片状结构，层间则以微弱的范德华力相吸引。由于硼酸晶体的片层状结构，使之有滑腻感，可作润滑剂。

硼酸为白色片状晶体，由于硼酸的缔合结构，使它在冷水中的溶解度很小，加热时由于晶体中的部分氢键被破坏，其溶解度增大。

硼酸为一元弱酸，因为 H_3BO_3 的酸性不是由于它本身给出质子，而是由于 B 的缺电子性，使硼酸也成为缺电子分子，B 的空轨道接受了来自 H_2O 分子中 OH^- 上的孤对电子，而使水释放出质子。因为 B 只有一个空轨道，一个 H_3BO_3 只能接受一个水分子的一个 OH^-，释放出一个 H^+，所以为一元酸。

三、例题解析

1. 在酸性 KIO_3 溶液中加入 $Na_2S_2O_3$，有什么反应发生？

解 有碘析出。因酸性条件下 IO_3^- 氧化能力很强，而 $Na_2S_2O_3$ 是中等强度还原剂，两者相遇，IO_3^- 可被还原为 I^-。在酸性介质中，I^- 遇未反应的 IO_3^-，则产生 I_2。反应方程式如下：

$$6S_2O_3^{2-} + 6H^+ + IO_3^- \xlongequal{\quad} 3S_4O_6^{2-} + I^- + 3H_2O$$

$$5I^- + IO_3^- + 6H^+ \xlongequal{\quad} 3I_2 + 3H_2O$$

2. 为什么浓硝酸一般被还原为 NO_2，而稀硝酸一般被还原为 NO，这与它们的氧化能力的强弱是否矛盾？

解 浓、稀硝酸都是强氧化剂，它们的还原产物随还原剂的不同而不同，但一般来说浓硝酸的还原产物为 NO_2，稀硝酸的还原产物为 NO，这与它们的氧化能力的强弱不矛盾。原因是：浓硝酸的氧化性强于稀硝酸，若还原产物为 NO，浓硝酸的强氧化能力也会将 NO 氧化成 NO_2，因此，浓硝酸一般被还原为 NO_2。

3. 为什么 PF_3 可以和许多过渡金属形成配合物，而 NF_3 几乎不具有这种性质？PH_3 和过渡金属形成配合物的能力为什么比 NH_3 强？

解 P 元素的原子具有空的 3d 轨道，PF_3 分子为 sp^3 杂化，故 PF_3 可与过渡金属以 sp^3d^2 或 d^2sp^3 等杂化类型形成配位键，故 PF_3 可以作为配体；而 NF_3 中 N 原子上的一对孤对电子偏向 F 一侧，故 NF_3 几乎不能作为配体来使用。PH_3 由于有空的 3d 轨道，且电负性比 N 的小，使 PH_3 的 P 原子上的一对 3s 电子易与过渡金属形成配位键，而在 NH_3 中，由于 N 无 d 轨道，又有较强的电负性，故 NH_3 与过渡金属形成配合物的能力比 PH_3 弱。

4. 哪些金属为稀有金属？它们与普通金属是怎么划分的？

解　轻稀有金属：锂、铷、铯、铍；分散性稀有金属：镓、铟、铊；高熔点稀有金属：钛、锆、铪、钒、铌、钽、钼、钨；铂系金属：钌、铑、钯、锇、铱、铂；稀土金属：钪、钇、镧及镧系；放射性稀有金属：钫、镭、锝、钋、砹、锕及锕系。

划分：稀有金属是指那些在地壳中含量少或分布稀散、提取困难的有色金属。

5. 在标准状况下，750 mL 含有 O_3 的氧气，当其中所含 O_3 完全分解后体积变为780 mL，若将此含有 O_3 的氧气 1L 通入 KI 溶液中，能析出 I_2 多少克？

解　设 750mL 氧气中有 x mL O_3，则：

$2O_3 \longrightarrow 3O_2$　增加的体积

2　　3　　1

x　　　　30

所以　$\frac{2}{x}=\frac{1}{30}$　$x=60$ mL

所以，此氧气中 O_3 的百分比为 $\frac{60}{750}=8\%$，即 1 L 氧气中含 80 mL O_3。

设能析出 I_2 y g，则 $2I^- + 2H^+ + O_3 = I_2 + O_2 + H_2O$

1mol　　254g

$\frac{0.08}{22.4}$mol　　y

$y=0.91$g

6. 把 H_2S 和 SO_2 气体同时通入 NaOH 溶液至溶液呈中性，有何结果？

解　结果产生 $Na_2S_2O_3$，主要反应方程式如下：

$$NaOH + SO_2 = NaHSO_3$$

$$NaOH + H_2S = NaHS + H_2O$$

$$2NaHS + 4NaHSO_3 = 3Na_2S_2O_3 + 3H_2O$$

7. 写出以 S 为原料制备以下各种化合物的反应方程式：H_2S、SF_6、SO_3、H_2SO_4、SO_2Cl_2。

解　(1) $H_2 + S = H_2S$

(2) $S + 3F_2$(过量)$= SF_6$

(3) $S + O_2 \xlongequal{\text{燃烧}} SO_2$

$2SO_2 + O_2 \xlongequal{\text{催化剂}} 2SO_3$

(4) $2S + 3O_2 + 2H_2O = 2H_2SO_4$

或　$S + 6HNO_3$(浓)$\xlongequal{\triangle} H_2SO_4 + 6NO_2 + 2H_2O$

(5) $S + O_2 \xlongequal{\text{燃烧}} SO_2$

$SO_2 + Cl_2 = SO_2Cl_2$

8. 金属镁在空气中燃烧的产物为白色粉末，将其溶于水中有氨的气味产生。试对这一现象作出解释。

解 镁与空气中的氮反应生成氮化镁，其溶于水中与水反应生成氨：

$$3Mg+N_2 = Mg_3N_2$$

$$Mg_3N_2+6H_2O = 3Mg(OH)_2+2NH_3$$

四、习题解答

1. 氯化亚铜、氯化亚汞都是反磁性物质。问该用 CuCl、HgCl 还是 Cu_2Cl_2、Hg_2Cl_2 表示其组成？为什么？

解 Cu($3d^{10}4s^1$)与 Cl($3s^23p^5$)组成 CuCl 没有不成对电子，Cu(Ⅰ)为 18 电子结构，与反磁性相符。

Hg($5d^{10}6s^2$)与 Cl($3s^23p^5$)组成 HgCl 有一个单电子，与反磁性不符，应用 Hg_2Cl_2 表示其组成。

2. 试用实验事实说明 $KMnO_4$ 的氧化能力比 $K_2Cr_2O_7$ 强，写出有关反应方程式。

解 用浓盐酸和固体 $KMnO_4$ 反应可以制备氯气，而用 $K_2Cr_2O_7$ 不能氧化 Cl^- 为 Cl_2。

$2MnO_4^- +10Cl^- + 16H^+ = 2Mn^{2+} + 5Cl_2+8H_2O$

$Cr_2O_7^{2-} +4Cl^- +6H^+ = 2CrO_2Cl_2+3H_2O$

$CrO_2Cl_2+4OH^- = CrO_4^{2-} +2Cl^- +2H_2O$

3. 说明 I_2 易溶于 CCl_4、KI 溶液的原因。

解 I_2 是非极性分子，易溶于非极性溶剂 CCl_4。

I_2 和 KI 作用生成多卤离子 I_3^-。

4. 已知 Pb(Ⅳ)是强氧化剂，则 Pb(Ⅱ)的还原能力如何？

解 Pb(Ⅱ)是一弱还原剂。

5. 当把 $BiCl_3$ 溶于盐酸中形成的溶液用纯水稀释时，有白色沉淀生成，写出反应的化学方程式并解释这一现象。

解 $BiCl_3+H_2O = BiOCl+2HCl$

解释略。

6. Suggest three tests which can be used to distinguish between a metal and a nonmetal.

Solution Among many possible answers are (a) physical properties such as metallic luster, heat conductivity, ductility, high density; (b) electrical conductivity; and (c) reducibility (nonmetallic elements can in general be reduced to negative oxidation states, whereas metallic elements cannot).

7. Select the strongest and the weakest acid in each of the following sets:

(a) HBr, HF, H_2Te, H_2Se, H_3P, H_2O (b) HClO, HIO, H_3PO_3, H_2SO_3, H_3AsO_3

Solution (a) HBr, a strong acid, is the strongest acid in the group; PH_3, which has weakly basic properties, is the least acidic.

(b) H_2SO_3, which is farthest to the right in the periodic table and has the most oxygen atoms, is the most acidic; HClO, with the fewest oxygen atoms and the farthest up in the periodic table, is the weakest.

8. What factors are responsible for the difference in the properties of CO_2 and SiO_2?

Solution　Because of the tendency of carbon to form double bonds, CO_2 exists as discrete molecules. In SiO_2 there is an extended network of Si—O single bonds. The existence of *d* orbitals on silicon allows reactions that are impossible with the corresponding carbon compounds.

五、自测试卷

一、选择题(每题2分,共40分)

1. 下列氢化物中,在室温下与水反应不产生氢气的是　(　　)

A. $LiAlH_4$　B. CaH_2　C. SiH_4　D. NH_3

2. 重晶石的化学式是　(　　)

A. $BaCO_3$　B. $BaSO_4$　C. Na_2SO_4　D. Na_2CO_3

3. BCl_3分子中,除了B—Cl σ键外,还具有的大π键是　(　　)

A. π_4^4　B. π_3^6　C. π_4^6　D. π_3^5

4. 在下列硫化物中,溶于Na_2S溶液的是　(　　)

A. CuS　B. Au_2S　C. ZnS　D. HgS

5. 在下列氢氧化物中,不能存在的是　(　　)

A. $Al(OH)_3$　B. $Cu(OH)_3$　C. $Ir(OH)_3$　D. $Ti(OH)_3$

6. 下列物质中,有较强还原性的含氢酸是　(　　)

A. HPO_3　B. H_3PO_3　C. H_3PO_2　D. H_3BO_3

7. 下列金属元素中,熔点最高的是　(　　)

A. Re　B. Au　C. Mo　D. W

8. 无水$CoCl_2$呈现　(　　)

A. 蓝色　B. 红色　C. 紫色　D. 无色

9. 对于锰的多种氧化态的化合物,下列说法错误的是　(　　)

A. Mn^{2+}在酸性溶液中是稳定的　B. Mn^{3+}在酸性和碱性溶液中很不稳定

C. MnO_2在碱性介质中是强氧化剂　D. K_2MnO_4在中性溶液中发生歧化反应

10. 下列化合物,给电子能力最小的是　(　　)

A. PH_3　B. AsH_3　C. SbH_3　D. BiH_3

11. 关于单质硅,下列说法正确的是　(　　)

A. 能溶于盐酸中　B. 能溶于硝酸中

C. 能溶于氢氟酸中　D. 能溶于氢氟酸和硝酸组成的混酸中

12. 下列硼烷室温下呈气态的是　(　　)

A. B_4H_{10}　B. B_5H_9　C. B_5H_{11}　D. B_6H_{10}

13. 不属于强氧化剂的是　(　　)

A. PbO_2　B. $NaBiO_3$　C. HCl　D. $(NH_4)_2S_2O_8$

14. $InCl_2$为逆磁性化合物,其中In的化合价为 (　　)

A. +1　　B. +2　　C. +3　　D. +1和+3

15. 和水反应得不到H_2O_2的是 (　　)

A. K_2O_2　　B. Na_2O_2　　C. KO_2　　D. KO_3

16. 有关H_3PO_4、H_3PO_3、H_3PO_2不正确的论述是 (　　)

A. 氧化态分别是+5,+3,+1　　B. P原子是四面体几何构型的中心

C. 三种酸在水中的解离度相近　　D. 都是三元酸

17. 对于H_2O_2和N_2H_4,下列叙述正确的是 (　　)

A. 都是二元弱酸　　B. 都是二元弱碱

C. 都具有氧化性和还原性　　D. 都可与氧气作用

18. O_2^{2-} 可作为 (　　)

A. 配体　　B. 氧化剂　　C. 还原剂　　D. 三者皆可

19. 下列含氧酸中酸性最弱的是 (　　)

A. $HClO_3$　　B. $HBrO_3$　　C. H_2SeO_4　　D. H_6TeO_6

20. 锌粉与酸式亚硫酸钠反应生成 (　　)

A. $Na_2S_2O_4$　　B. $Na_2S_2O_3$　　C Na_2SO_3　　D. Na_2SO_4

二、填空题(每个空格1分,共10分)

1. 比较下列各物质的性质:

(1) $BeCl_2$和$CaCl_2$的沸点,前者________后者;

(2) NH_3和PH_3的碱性,前者________后者;

(3) NaOCl和$NaClO_3$的氧化性,前者________后者;

(4) $BaCrO_4$和$CaCrO_4$在水中的溶解度,前者________后者;

(5) TlCl和$TlCl_3$的水解度,前者________后者。

2. 在砷分族的氢氧化物(包括含氧酸盐)中酸性以________最强,碱性以________最强,以________的还原性最强,以________的氧化性最强,这说明从砷、锑到铋氧化数为________的化合物渐趋稳定。

三、综合题(每题10分,共50分)

1. 氮、磷、铋都是ⅤA族元素,它们都可以形成氯化物,如NCl_3、PCl_3、PCl_5和$BiCl_3$。试问:

(1) 为什么不存在NCl_5及$BiCl_5$而有PCl_5?

(2) 请对比NCl_3、PCl_3、$BiCl_3$水解反应的差异(指水解机理及水解物性质上的差异),写出有关反应方程式。

2. 写出下列物质的名称或化学式:

(1) BaO_4　(2) HN_3　(3) H_2NOH　(4) $H_2SO_4 \cdot SO_3$　(5) KH_2PO_2

(6) 芒硝　(7) 海波　(8) 保险粉　(9) 联膦　(10) 正高碘酸

3. 石硫合剂是以硫黄粉、石灰及水混合,煮沸、摇匀而制得的橙色至樱桃红色透明水溶液,写出相应的反应方程式。该溶液在空气的作用下又会发生什么反应?

4. 在酸性的KIO_3溶液中加入$Na_2S_2O_3$,有什么反应发生?

5. 用价键理论和分子轨道理论解释HeH、HeH^+、He_2^+粒子存在的可能性。为什么氦没有双原子分子存在?

六、自测试卷答案

一、选择题

1	2	3	4	5	6	7	8	9	10
D	B	C	D	D	C	D	B	C	D
11	12	13	14	15	16	17	18	19	20
D	A	C	D	D	D	C	D	D	A

二、填空题

1. (1) 低于　(2) 强于　(3) 强于　(4) 小于　(5) 小于

2. H_3AsO_4　　$Bi(OH)_3$　　Na_3AsO_3　　$NaBiO_3$　　$+3$

三、综合题

1. (1) 氮为第二周期元素，只有 $2s$、$2p$ 轨道，最大配位数为 4，故只能形成 NCl_3 而不可能有 NCl_5。

磷为第三周期元素，有 $3s$、$3p$、$3d$ 轨道，既可以 sp^3 杂化轨道成键，也可以 sp^3d 杂化轨道成键，最大配位数为 6，故除可以形成 PCl_3 外，还可以形成 PCl_5。

铋为第六周期元素，由于存在 $6s^2$ 惰性电子对效应，Bi(Ⅴ)有强氧化性，Cl^- 又有还原性，所以 $BiCl_5$ 不会形成。

(2) $NCl_3 + 3H_2O \xlongequal{} NH_3 + 3HClO$

NCl_3 中 N 上孤对电子作 Lewis 碱配出，发生亲电水解，产物为 NH_3(碱)及 HClO(酸)。

$PCl_3 + H_2O \xlongequal{}$ 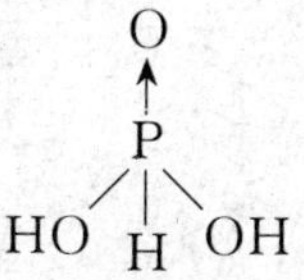 $+ 3HCl$

PCl_3 中 P 有孤对电子，又有空轨道，所以可以发生亲电亲核水解。

$BiCl_3 + H_2O \xlongequal{} BiOCl\downarrow + 2HCl$，水解产物是生成更难溶的盐及酸，其机理可以认为是酸碱解离平衡。

2. (1) 超氧化钡　　(2) 叠氮化氢或叠氮酸
(3) 羟氨　　(4) 焦硫酸或一缩二硫酸
(5) 次磷酸钾　　(6) $Na_2SO_4 \cdot 10H_2O$
(7) $Na_2S_2O_3 \cdot 5H_2O$　　(8) $Na_2S_2O_4 \cdot 2H_2O$
(9) P_2H_4　　(10) H_5IO_6

3. $3S + 3Ca(OH)_2 \xlongequal{} 2CaS + CaSO_3 + 3H_2O$

$(x-1)S + CaS \xlongequal{} CaS_x$(橙色)，随 x 值升高显樱桃红色。

$S + CaSO_3 \xlongequal{} CaS_2O_3$

所以石硫合剂是 $CaS_x \cdot CaS_2O_3$ 和 $Ca(OH)_2$ 的混合物。

由于石硫合剂在空气中与 H_2O 及 CO_2 作用，发生以下反应：

$CaS_x + H_2O + CO_2 \xlongequal{} CaCO_3 + H_2S_x$

$H_2S_x \xlongequal{} H_2S\uparrow + (x-1)S\downarrow$

4. 有碘析出。因酸性条件下 IO_3^- 氧化能力很强，而 $Na_2S_2O_3$ 是中等强度还原剂，两者相遇，IO_3^- 可被还原为 I^-。在酸性介质中，I^- 遇未反应的 IO_3^-，则产生 I_2。反应方程式如下：

$$6S_2O_3^{2-} + 6H^+ + IO_3^- \xlongequal{} 3S_4O_6^{2-} + I^- + 3H_2O$$

$$5I^- + IO_3^- + 6H^+ \xlongequal{} 3I_2 + 3H_2O$$

5. HeH 的键级：$\frac{(2-1)}{2}=0.5$；

HeH^+ 的键级 $\frac{2}{2}=1$；

He_2^+ 的键级 $\frac{(2-1)}{2}=0.5$。

键级越大，成键轨道越多，分子轨道能量越低，则分子越稳定。而 He_2 的键级为 0，很不稳定，所以不存在。

附　录

附录一　一些重要的物理常数

真空中的光速	$c=2.99792458\times10^{8}\ m\cdot s^{-1}$
电子的电荷	$e=1.60217733\times10^{-19}\ C$
原子质量单位	$\mu=1.6605402\times10^{-27}\ kg$
质子静质量	$m_p=1.6726231\times10^{-27}\ kg$
中子静质量	$m_b=1.6749543\times10^{-27}\ kg$
电子静质量	$m_e=9.1093897\times10^{-31}\ kg$
理想气体摩尔体积	$V_m=2.241410\times10^{-2}\ m^3\cdot mol^{-1}$
摩尔气体常数	$R=8.314510\ J\cdot mol^{-1}\cdot K^{-1}$
阿伏加德罗常数	$N_A=6.0221367\times10^{23}\ mol^{-1}$
里德堡常数	$R_{LD}=1.0973731534\times10^{7}\ m^{-1}$
法拉第常数	$F=9.6485309\times10^{4}\ C\cdot mol^{-1}$
普朗克常数	$h=6.6260755\times10^{-34}\ J\cdot s$
玻尔兹曼常数	$\kappa=1.380658\times10^{-23}\ J\cdot K^{-1}$

附录二　一些物质的 $\Delta_f H_m^\ominus$, $\Delta_f G_m^\ominus$ 和 $S_m^\ominus$ (298.15K)

物　质	$\Delta_f H_m^\ominus/(kJ\cdot mol^{-1})$	$\Delta_f G_m^\ominus/(kJ\cdot mol^{-1})$	$S_m^\ominus/(J\cdot K^{-1}\cdot mol^{-1})$
Ag(s)	0	0	42.6
Ag^+(aq)	105.4	76.98	72.8
AgCl(s)	−127.1	−110	96.2
AgBr(s)	−100	−97.1	107
AgI(s)	−61.9	−66.1	116
$AgNO_2$(s)	−45.1	19.1	128
$AgNO_3$(s)	−124.4	−33.5	141
Ag_2O(s)	−31.0	−11.2	121
Al(s)	0	0	28.3
Al_2O_3(s,刚玉)	−1 676	−1 582	50.9
Al^{3+}(aq)	−531	−485	−322
AsH_3(g)	66.4	68.9	222.67
AsF_3(I)	−821.3	−774.0	181.2
As_4O_6(s,单斜)	−1 313.9	−1 152.4	214.2

续表

物　质	$\Delta_f H_m^\ominus/(kJ\cdot mol^{-1})$	$\Delta_f G_m^\ominus/(kJ\cdot mol^{-1})$	$S_m^\ominus/(J\cdot K^{-1}\cdot mol^{-1})$
Au(s)	0	0	47.3
$Au_2O_3(s)$	80.8	163	126
B(s)	0	0	5.85
$B_2H_6(g)$	35.6	86.6	232
$B_2O_3(s)$	−1 272.8	−1 193.7	54.0
$B(OH)_4^-(aq)$	−1 343.9	−1 153.1	102.5
$H_3BO_3(g)$	−1 094.5	−969.0	88.8
Ba(s)	0	0	62.8
$Ba^{2+}(aq)$	−537.6	−560.7	9.6
BaO(s)	−553.5	−525.1	70.4
$BaCO_3(s)$	−1 216	−1 138	112.1
$BaSO_4(s)$	−1 473	−1 362	132
$Br_2(g)$	30.91	3.14	245.35
$Br_2(l)$	0	0	152.2
$Br^-(aq)$	−121	−104	82.4
HBr(g)	−36.4	−53.6	198.7
$HBrO_3(aq)$	−67.1	−18	161.5
C(s,金刚石)	1.9	2.9	2.4
C(s,石墨)	0	0	5.73
$CH_4(g)$	−74.8	−50.8	186.2
$C_2H_4(g)$	52.3	68.2	219.4
$C_2H_6(g)$	−84.68	−32.86	229.5
$C_2H_2(g)$	226.75	209.20	200.82
$CH_2O(g)$	−108.6	−102.5	218.7
$CH_3OH(g)$	−201.2	−161.9	238
$CH_3OH(l)$	−238.7	−166.4	127
$CH_3CHO(g)$	−166.4	−133.7	266
$C_2H_5OH(g)$	−235.3	−168.6	282
$C_2H_5OH(l)$	−277.6	−174.9	161
$CH_3COOH(l)$	−484.5	−390	160
$C_6H_{12}O_6(s)$	−1 274.4	−910.5	212
CO(g)	−110.5	−137.2	197.6
$CO_2(g)$	−393.5	−394.4	213.6
Ca(s)	0	0	41.4
$Ca^{2+}(aq)$	−542.7	−535.5	−53.1
CaO(s)	−635.1	−604.2	39.7

续表

物　质	$\Delta_f H_m^\ominus$/(kJ・mol^{-1})	$\Delta_f G_m^\ominus$/(kJ・mol^{-1})	$S_m^\ominus$/(J・K^{-1}・mol^{-1})
$CaCO_3$(s,方解石)	−1 206.9	−1 128.8	92.9
CaC_2O_4(s)	−1 360.6	—	—
$Ca(OH)_2$(s)	−986.1	−896.8	83.39
$CaSO_4$(s)	−1 434.1	−1 321.9	107
$CaSO_4\cdot 1/2H_2O$(s)	−1 577	−1 437	130.5
$CaSO_4\cdot 2H_2O$(s)	−2 023	−1 797	194.1
Ce^{3+}(aq)	−700.4	−676	−205
CeO_2(s)	−1 083	−1 025	62.3
Cl_2(g)	0	0	223
Cl^-(aq)	−167.2	−131.3	56.5
ClO^-(aq)	−107.1	−36.8	41.8
HCl(g)	−92.5	−95.4	186.6
HClO(aq,非解离)	−121	−79.9	142
$HClO_3$(aq)	104.0	−8.03	162
$HClO_4$(aq)	−9.70	—	—
Co(s)	0	0	30.0
Co^{2+}(aq)	−58.2	−54.3	−113
$CoCl_2$(s)	−312.5	−270	109.2
$CoCl_2\cdot 6H_2O$(s)	−2 115	−1 725	343
Cr(s)	0	0	23.77
CrO_4^{2-}(aq)	−881.1	−728	50.2
$Cr_2O_7^{2-}$(aq)	−1 490	−1 301	262
Cr_2O_3(s)	−1 140	−1 058	81.2
CrO_3(s)	−589.5	−506.3	—
$(NH_4)_2Cr_2O_7$(s)	−1 807	—	—
Cu(s)	0	0	33
$(NH_4)_2Cr_2O_7$(s)	−1 807	—	—
Cu(s)	0	0	33
Cu^+(aq)	71.5	50.2	41
Cu^{2+}(aq)	64.77	65.52	−99.6
Cu_2O(s)	−169	−146	93.3
CuO(s)	−157	−130	42.7
$CuSO_4$(s)	−771.5	−661.9	109
$CuSO_4\cdot 5H_2O$(s)	−2 279.7	−1 880	300
F_2(g)	0	0	202.7
F^-(aq)	−333	−279	−14

续表

物　质	$\Delta_f H_m^{\ominus}$/(kJ·mol^{-1})	$\Delta_f G_m^{\ominus}$/(kJ·mol^{-1})	$S_m^{\ominus}$/(J·K^{-1}·mol^{-1})
HF(g)	−271	−273	174
Fe(s)	0	0	27.3
Fe^{2+}(aq)	−89.1	−78.6	−138
Fe^{3+}(aq)	−48.5	−4.6	−316
FeO(s)	−272	—	—
Fe_2O_3(s)	−824	−742.2	87.4
Fe_3O_4(s)	−1 184	−1 015	146
$Fe(OH)_2$(s)	−569	−486.6	88
$Fe(OH)_3$(s)	−823.0	−696.6	107
H_2(g)	0	0	130
H^+(aq)	0	0	0
H_2O(g)	−241.8	−228.6	188.7
H_2O(l)	−285.8	−237.2	69.91
H_2O_2(l)	−187.8	−120.4	109.6
OH^-(aq)	−230.0	−157.3	−10.8
Hg(l)	0	0	76.1
Hg^{2+}(aq)	171	164	−32
Hg_2^{2+}(aq)	172	153	84.5
HgO(s,红色)	−90.83	−58.56	70.3
HgO(s,黄色)	−90.4	−58.43	71.1
HgI_2(s,红色)	−105	−102	180
HgS(s,红色)	−58.1	−50.6	82.4
I_2(s)	0	0	116
I_2(g)	62.4	19.4	261
I^-(aq)	−55.19	−51.59	111
HI(g)	26.5	1.72	207
HIO_3(s)	−230	—	—
K(s)	0	0	64.7
K^+(aq)	−252.4	−283	102
KCl(s)	−436.8	−409.2	82.59
K_2O(s)	−361	—	—
K_2O_2(s)	−494.1	−425.1	102
Li^+(aq)	−278.5	−293.3	13
Li_2O(s)	−597.9	−561.1	37.6
Mg(s)	0	0	32.7
Mg^{2+}(aq)	−466.9	−454.8	−138

续表

物　质	$\Delta_f H_m^\ominus$/(kJ·mol^{-1})	$\Delta_f G_m^\ominus$/(kJ·mol^{-1})	$S_m^\ominus$/(J·K^{-1}·mol^{-1})
$MgCl_2$(s)	−641.3	−591.8	89.62
MgO(s)	−601.7	−569.4	26.9
$MgCO_3$(s)	−1 096	−1 012	65.7
Mn(s,α)	0	0	32.0
Mn^{2+}(aq)	−220.7	−228	−73.6
MnO_2(s)	−520.1	−465.3	53.1
N_2(g)	0	0	192
NH_3(g)	−46.11	−16.5	192.3
$NH_3 \cdot H_2O$(aq,非解离)	−366.1	−263.8	181
N_2H_4(l)	50.6	149.2	121
NH_4Cl(s)	−315	203	94.6
NH_4NO_3(s)	−366	−184	151
$(NH_4)_2SO_4$(s)	−1 180.9	−901.7	220.1
NO(g)	90.4	86.6	210
NO_2(g)	33.2	51.5	240
N_2O(g)	81.55	103.6	220
N_2O_4(g)	9.16	97.82	304
HNO_3(l)	−174	−80.8	156
Na(s)	0	0	51.2
Na^+(aq)	−240	−262	59.0
NaCl(s)	−411.2	−348.15	72.1
$Na_2B_4O_7$(s)	−3 291	−3 096	189.5
$NaBO_2$(s)	−977.0	−920.7	73.5
Na_2CO_3(s)	−1 130.7	−1 044.5	135
$NaHCO_3$(s)	−950.8	−851.0	102
$NaNO_2$(s)	−358.7	−284.6	104
$NaNO_3$(s)	−467.9	−367.1	116.5
Na_2O(s)	−414	−375.5	75.06
Na_2O_2(s)	−510.9	−447.7	93.3
NaOH(s)	−425.6	−379.5	64.45
O_2(g)	0	0	205.03
O_3(g)	143	163	238.8
P(s,白)	0	0	41.1
PCl_3(g)	−287	−268	311.7
PCl_5(g)	−374.9	−305.4	364.6
P_4O_{10}(s,六方)	−2 984	−2 698	228.9

续表

物　质	$\Delta_f H_m^\ominus$/(kJ・mol^{-1})	$\Delta_f G_m^\ominus$/(kJ・mol^{-1})	$S_m^\ominus$/(J・K^{-1}・mol^{-1})
Pb(s)	0	0	64.9
Pb^{2+}(aq)	−1.7	−24.4	10
PbO(s,黄色)	−215	−188	68.6
PbO(s,红色)	−219	−189	66.5
Pb_3O_4(s)	−718.4	−601.2	211
PbO_2(s)	−277	−217	68.6
PbS(s)	−100	−98.7	91.2
S(s,斜方)	0	0	31.8
S^{2-}(aq)	33.1	85.8	−14.6
H_2S(g)	−20.6	−33.6	206
SO_2(g)	−296.8	−300.2	248
SO_3(g)	−395.7	−371.1	256.6
SO_3^{2-}(aq)	−635.5	−486.6	−29
SO_4^{2-}(aq)	−909.27	−744.63	20
SiO_2(s,石英)	−910.9	−856.7	41.8
SiF_4(g)	−1 614.9	−1 572.7	282.4
$SiCl_4$(l)	−687.0	−619.9	239.7
Sn(s,白色)	0	0	51.55
Sn(s,灰色)	−2.1	0.13	44.14
Sn^{2+}(aq)	−8.8	−27.2	−16.7
SnO(s)	−280.7	−251.9	56.5
SnO_2(s)	−580.7	−519.6	52.3
Sr^{2+}(aq)	−545.8	−559.4	−32.6
SrO(s)	−592.0	−561.9	54.4
$SrCO_3$(s)	−1 220	−1 140	97.1
Ti(s)	0	0	30.6
TiO_2(s,金红石)	−944.7	−889.5	50.3
$TiCl_4$(l)	−804.2	−737.2	252.3
V_2O_5(s)	−1 551	−1 420	131
WO_3(s)	−842.9	−764.08	75.9
Zn(s)	0	0	41.6
Zn^{2+}(aq)	−153.9	−147.0	−112
ZnO(s)	−348.3	−318.3	43.6
ZnS(s,闪锌矿)	−206.0	−210.3	57.7

注：数据主要摘自 R. C. Weast. CRC Handbook of Chemistry and Physics. 66th ed. 1985～1986。

附录三　一些弱电解质的标准解离常数

名　称	解离常数	pK_a
HCOOH(20℃)	$K_a=1.77\times10^{-4}$	3.75
HClO(18℃)	$K_a=2.95\times10^{-8}$	7.53
$H_2C_2O_4$	$K^{\ominus}_{a(1)}=5.9\times10^{-2}$	1.23
	$K^{\ominus}_{a(2)}=6.4\times10^{-5}$	4.19
HAc	$K_a=1.76\times10^{-5}$	4.75
H_2CO_3	$K^{\ominus}_{a(1)}=4.3\times10^{-7}$	6.37
	$K^{\ominus}_{a(2)}=5.6\times10^{-11}$	10.25
HNO_2(12.5℃)	$K_a=4.6\times10^{-4}$	3.37
H_3PO_4(18℃)	$K^{\ominus}_{a(1)}=7.52\times10^{-3}$	2.12
	$K^{\ominus}_{a(2)}=6.23\times10^{-8}$	7.21
	$K^{\ominus}_{a(3)}=2.2\times10^{-13}$	12.67
H_2SO_3(18℃)	$K^{\ominus}_{a(1)}=1.54\times10^{-2}$	1.81
	$K^{\ominus}_{a(2)}=1.02\times10^{-7}$	6.91
H_2SO_4	$K^{\ominus}_{a(2)}=1.20\times10^{-2}$	1.92
H_2S	$K^{\ominus}_{a(1)}=1.1\times10^{-7}$	6.96
	$K^{\ominus}_{a(2)}=1.0\times10^{-14}$	14.0
HCN	$K_a=4.93\times10^{-10}$	9.31
HF	$K_a=3.53\times10^{-4}$	3.45
H_2O_2	$K_a=2.4\times10^{-12}$	11.62
$NH_3\cdot H_2O$	$K_b=1.77\times10^{-5}$	4.75

注：数据主要参照 R. C. Weast. CRC Handbook of Chemistry and Physics. 69th ed. 1988～1989。以上数据除注明温度外，其余均在 25℃测定。

附录四　常用缓冲溶液的 pH 范围

缓冲溶液	pK_a	pH 有效范围
盐酸-甘氨酸($HCl-NH_2COOH$)	2.4	1.4～3.4
盐酸-邻苯二甲酸氢钾($HCl-C_6H_4(COO)_2HK$)	3.1	2.2～4.0
柠檬酸-氢氧化钠($C_3H_5(COOH)_3-NaOH$)	2.9,4.1,5.8	2.2～6.5
蚁酸-氢氧化钠(HCOOH-NaOH)	3.8	2.8～4.6
醋酸-醋酸钠($CH_3COOH-CH_3COONa$)	4.74	3.6～5.6
邻苯二甲酸氢钾-氢氧化钾($C_6H_4(COO)_2HK-KOH$)	5.4	4.0～6.2
琥珀酸氢钠-琥珀酸钠		

续表

缓冲溶液	pK_a	pH 有效范围
$\left(\begin{matrix} CH_2\text{—}COOH \\ \vert \\ CH_2\text{—}COONa \end{matrix} - \begin{matrix} CH_2\text{—}COONa \\ \vert \\ CH_2\text{—}COONa \end{matrix}\right)$	5.5	4.8～5.3
柠檬酸氢二钠-氢氧化钠 ($C_3H_5(COOH)_3HNa_2-NaOH$)	5.8	5.0～6.3
磷酸二氢钾-氢氧化钠(KH_2PO_4-NaOH)	7.2	5.8～8.0
磷酸二氢钾-硼砂($KH_2PO_4-Na_2B_4O_7$)	7.2	5.8～9.2
磷酸二氢钾-磷酸氢二钾($KH_2PO_4-K_2HPO_4$)	7.2	5.9～8.0
硼酸-硼砂($H_3BO_3-Na_2B_4O_7$)	9.2	7.2～9.2
硼酸-氢氧化钠(H_3BO_3-NaOH)	9.2	8.0～10.0
甘氨酸-氢氧化钠($NH_2CH_2COOH-NaOH$)	9.7	8.2～10.1
氯化铵-氨水($NH_4Cl-NH_3\cdot H_2O$)	9.3	8.3～10.3
碳酸氢钠-碳酸钠($NaHCO_3-Na_2CO_3$)	10.3	9.2～11.0
磷酸二氢钠-氢氧化钠(NaH_2PO_4-NaOH)	12.4	11.0～12.0

附录五 难溶电解质的溶度积（18℃～25℃）

化合物		溶度积	化合物		溶度积
氯化物	$PbCl_2$	1.60×10^{-5}		Ag_2CrO_4	9.00×10^{-12}
	$AgCl$	1.56×10^{-10}		$PbCrO_4$	2.8×10^{-13}
	Hg_2Cl_2	2.00×10^{-18}	碳酸盐	$MgCO_3$	6.82×10^{-6}
溴化物	$AgBr$	7.70×10^{-13}		$BaCO_3$	8.10×10^{-9}
碘化物	PbI_2	9.8×10^{-9}		$CaCO_3$	8.70×10^{-9}
	AgI	8.25×10^{-17}		Ag_2CO_3	8.10×10^{-12}
	Hg_2I_2	5.2×10^{-29}		$PbCO_3$	3.30×10^{-14}
氰化物	$AgCN$	5.97×10^{-17}	磷酸盐	$MgNH_4PO_4$	2.50×10^{-13}
硫氰化物	$AgSCN$	1.06×10^{-13}	草酸盐	MgC_2O_4	4.83×10^{-6}
硫酸盐	Ag_2SO_4	1.60×10^{-5}		$BaC_2O_4\cdot 2H_2O$	2.3×10^{-8}
	$CaSO_4$	2.45×10^{-5}		$CaC_2O_4\cdot H_2O$	2.57×10^{-9}
	$SrSO_4$	2.80×10^{-7}	氢氧化物	$AgOH$	1.52×10^{-8}
	$PbSO_4$	1.06×10^{-8}		$Ca(OH)_2$	5.50×10^{-6}
	$BaSO_4$	1.08×10^{-10}		$Mg(OH)_2$	1.20×10^{-11}
硫化物	MnS	2.5×10^{-3}（晶形） 2.5×10^{-10}（无定形）		$Mn(OH)_2$	1.9×10^{-13}
	FeS	3.70×10^{-19}		$Fe(OH)_2$	4.87×10^{-17}
	ZnS	1.20×10^{-23}		$Pb(OH)_2$	1.43×10^{-16}
	PbS	3.40×10^{-28}		$Zn(OH)_2$	1.20×10^{-17}
	CuS	6.3×10^{-36}		$Cu(OH)_2$	5.60×10^{-20}
	HgS	4.00×10^{-53}（红） 1.6×10^{-52}（黑）		$Cr(OH)_3$	6.00×10^{-31}
	Ag_2S	1.60×10^{-49}		$Al(OH)_3$	1.30×10^{-33}
铬酸盐	$BaCrO_4$	1.60×10^{-10}		$Fe(OH)_3$	2.79×10^{-39}

注：数据主要参照 R. C. Weast. CRC Handbook of Chemistry and Physics. 63th ed. 1982～1983。

附录六　元素的原子半径(pm)

ⅠA																	0
H 37	ⅡA											ⅢA	ⅣA	ⅤA	ⅥA	ⅦA	He 122
Li 152	Be 111											B 91	C 77	N 71	O 60	F 67	Ne 160
Na 186	Mg 160	ⅢB	ⅣB	ⅤB	ⅥB	ⅦB	Ⅷ			ⅠB	ⅡB	Al 143	Si 117	P 110	S 104	Cl 99	Ar 191
K 231	Ca 197	Sc 161	Ti 145	V 131	Cr 125	Mn 118	Fe 124	Co 125	Ni 126	Cu 128	Zn 133	Ga 123	Ge 122	As 121	Se 117	Br 114	Kr 198
Rb 243	Sr 215	Y 180	Zr 160	Nb 147	Mo 136	Tc 135	Ru 133	Rh 135	Pd 138	Ag 144	Cd 149	In 151	Sn 140	Sb 145	Te 137	I 133	Xe 217
Cs 265	Ba 217	La 187	Hf 156	Ta 143	W 137	Re 138	Os 134	Ir 136	Pt 139	Au 144	Hg 151	Tl 170	Pb 175	Bi 155	Po 167	At 145	Rn
Fr 270	Ra 220	Ac 188															

Ce 183	Pr 182	Nd 181	Pm 181	Sm 180	Eu 199	Gd 179	Tb 176	Dy 175	Ho 174	Er 173	Tm 173	Yb 194	Lu 172
Th 179	Pa 161	U 158	Np 155	Pu 153	Am 151	Cm 99	Bk 154	Cf 183	Es	Fm	Md	No	Lr

说明：金属原子为金属半径；非金属原子为共价半径(单键)；稀有气体为范德华半径。

附录七　元素的第一电离能(kJ · mol^{-1})

ⅠA																	0
H 1374.8	ⅡA											ⅢA	ⅣA	ⅤA	ⅥA	ⅦA	He 2485.7
Li 545.1	Be 942.6											B 838.9	C 1138.4	N 1469.4	O 1376.8	F 1751.5	Ne 2180.2
Na 519.6	Mg 773.0	ⅢB	ⅣB	ⅤB	ⅥB	ⅦB	Ⅷ			ⅠB	ⅡB	Al 605.2	Si 824.2	P 1060.2	S 1047.4	Cl 1311.1	Ar 1593.3
K 438.9	Ca 618.0	Sc 663.3	Ti 690.3	V 682.0	Cr 684.1	Mn 751.6	Fe 800.7	Co 796.8	Ni 772.4	Cu 781.1	Zn 949.7	Ga 606.5	Ge 798.6	As 989.7	Se 985.9	Br 1194.4	Kr 1415.4
Rb 422.3	Sr 575.8	Y 628.5	Zr 670.7	Nb 683.3	Mo 717.0	Tc 736.0	Ru 744.2	Rh 754.1	Pd 842.9	Ag 765.9	Cd 909.3	In 585.0	Sn 742.5	Sb 870.3	Te 910.9	I 1056.6	Xe 1226.3
Cs 393.7	Ba 526.9	La 563.8	Hf 690.0	Ta 763.3	W 795.0	Re 792.0	Os 853.1	Ir 906.6	Pt 905.8	Au 932.7	Hg 1055.3	Tl 617.5	Pb 749.8	Bi 736.6	Po 850.6	At —	Rn 1086.7
Fr 411.8	Ra 533.6	Ac 522.7															

Ce 560.0	Pr 533.3	Nd 558.6	Pm 564.3	Sm 570.6	Eu 573.2	Gd 621.8	Tb 592.8	Dy 600.4	Ho 608.7	Er 617.5	Tm 625.2	Yb 632.3	Lu 548.6
Th 637.6	Pa 595.5	U 626.2	Np 633.5	Pu 609.2	Am 604.0	Cm 605.7	Bk 626.6	Cf 635.1	Es 649.1	Fm 657.2	Md 665.2	No 672.3	Lr 495.4

本表数据摘自 David R Lide. CRC Handbook of Chemistry and Physics. 90th ed，2009—2010。

附录八 元素的电子亲和能(kJ · mol^{-1})

IA																	0
H 76.2	IIA											IIIA	IVA	VA	VIA	VIIA	He NS
Li 62.5	Be NS											B 28.3	C 127.6	N NS	O 147.7	F 343.8	Ne NS
Na 55.4	Mg NS	IIIB	IVB	VB	VIB	VIIB	VIII			IB	IIB	Al 43.8	Si 138.5	P 75.5	S 210.0	Cl 365.3	Ar NS
K 50.7	Ca 2.5	Sc 19.0	Ti 8.0	V 53.1	Cr 67.3	Mn NS	Fe 15.3	Co 66.9	Ni 116.9	Cu 124.9	Zn NS	Ga 43.5	Ge 124.7	As 82.3	Se 204.3	Br 340.1	Kr NS
Rb 49.1	Sr 4.9	Y 31.0	Zr 43.1	Nb 90.3	Mo 75.6	Tc 55.6	Ru 106.2	Rh 115.0	Pd 56.8	Ag 133.5	Cd NS	In 30.3	Sn 112.4	Sb 105.8	Te 199.3	I 309.3	Xe NS
Cs 47.7	Ba 14.7	La 47.5	Hf ≫0	Ta 32.6	W 82.4	Re 15.2	Os 111.2	Ir 158.1	Pt 215.1	Au 233.4	Hg NS	Tl 20.2	Pb 36.8	Bi 95.2	Po 192.1	At 283.1	Rn NS
Fr 46.5	Ra 10.1	Ac 35.4															

Ce 96.5	Pr 97.3	Nd —	Pm —	Sm —	Eu 87.4	Gd —	Tb —	Dy —	Ho —	Er —	Tm 104.0	Yb −2.0	Lu 34.4
Th —	Pa —	U —	Np —	Pu —	Am —	Cm —	Bk —	Cf —	Es —	Fm —	Md —	No —	Lr —

说明：“NS”表示“不稳定”；“—”表示“未测得”。

本表数据摘自 David R Lide. CRC Handbook of Chemistry and Physics，90th ed，2009—2010。

附录九　元素的电负性

ⅠA	ⅡA	ⅢB	ⅣB	ⅤB	ⅥB	ⅦB	Ⅷ			ⅠB	ⅡB	ⅢA	ⅣA	ⅤA	ⅥA	ⅦA	0
H 2.2																	He —
Li 0.98	Be 1.57											B 2.04	C 2.55	N 3.04	O 3.44	F 3.98	Ne —
Na 0.93	Mg 1.31											Al 1.61	Si 1.90	P 2.19	S 2.58	Cl 3.16	Ar
K 0.82	Ca 1.00	Sc 1.36	Ti 1.54	V 1.63	Cr 1.66	Mn 1.55	Fe 1.83	Co 1.88	Ni 1.91	Cu 1.90	Zn 1.65	Ga 1.81	Ge 2.01	As 2.18	Se 2.55	Br 2.96	Kr —
Rb 0.79	Sr 0.95	Y 1.22	Zr 1.33	Nb 1.6	Mo 2.16	Tc 2.10	Ru 2.2	Rh 2.28	Pd 2.20	Ag 1.93	Cd 1.69	In 1.78	Sn 1.96	Sb 2.05	Te 2.1	I 2.66	Xe 2.60
Cs 0.79	Ba 0.89	La 1.10	Hf 1.3	Ta 1.5	W 1.7	Re 1.9	Os 2.2	Ir 2.2	Pt 2.4	Au 2.4	Hg 1.9	Tl 1.8	Pb 1.8	Bi 1.9	Po 2.0	At 2.2	Rn —
Fr 0.7	Ra 0.9	Ac 1.1															

Ce 1.12	Pr 1.13	Nd 1.14	Pm —	Sm 1.17	Eu —	Gd 1.20	Tb —	Dy 1.22	Ho 1.23	Er 1.24	Tm 1.25	Yb —	Lu 1.0
Th 1.3	Pa 1.5	U 1.7	Np 1.3	Pu 1.3	Am 1.3	Cm 1.3	Bk 1.3	Cf 1.3	Es 1.3	Fm 1.3	Md 1.3	No 1.3	Lr

本表数据摘自 James G Speight Lange's Handbook of Chemistry. 16th ed,2005。

附录十　一些化学键的键能(kJ · mol^{-1},298.15K)

单键	H	C	N	O	F	Si	P	S	Cl	Ge	As	Se	Br	I
H	436													
C	415	331												
N	389	293	159											
O	465	343	201	138										
F	565	486	272	184	155									
Si	320	281		368	540	197								
P	318	264	300	352	490	214	214							
S	364	289	247		340	226	230	264						
Cl	431	327	201	205	252	360	318	272	243					
Ge	289	243			465				239	163				
As	274				465				289		178			
Se	314	247			306				251			193		
Br	368	276	243		239	289	272	214	218	276	239	226	193	
I	297	239	201	201		214	214		209	214	180		180	151

双键 C=C 620 C=N 615 C=O 708 N=N 419 O=O 498 S=O 420 S=S 423 S=C 578

叁键 C≡C 812 C≡N 879 C≡O 1072 N≡N 945

说明：数据摘自 Steudel R. Chemistry of Non-metals. 1977。

附录十一　鲍林离子半径（pm）

H^-	208	Be^{2+}	31	Ga^{3+}	62
F^-	136	Mg^{2+}	65	In^{3+}	81
Cl^-	181	Ca^{2+}	99	Ti^{3+}	95
Br^-	195	Sr^{2+}	113	Fe^{3+}	64
I^-	216	Ba^{2+}	135	Cr^{3+}	63
		Ra^{2+}	140		
O^{2-}	140	Zn^{2+}	74	C^{4+}	15
S^{2-}	184	Cd^{2+}	97	Si^{4+}	41
Se^{2-}	198	Hg^{2+}	110	Ti^{4+}	68
Te^{2-}	221	Pb^{2+}	121	Zr^{4+}	80
		Mn^{2+}	80	Ce^{4+}	101
Li^+	60	Fe^{2+}	76	Ge^{4+}	53
Na^+	95	Co^{2+}	74	Sn^{4+}	71
K^+	133	Ni^{2+}	69	Pb^{2+}	84
Rb^+	148	Cu^{2+}	72		
Cs^+	169				
Cu^+	96	B^{3+}	20		
Ag^+	126	Al^{3+}	50		
Au^+	137	Sc^{3+}	81		
Ti^+	140	Y^{3+}	93		
NH_4^+	148	La^{3+}	115		

附录十二　配离子的累积稳定常数

配离子	$\beta_n^{\ominus}$	$\lg\beta_n^{\ominus}$	配离子	$\beta_n^{\ominus}$	$\lg\beta_n^{\ominus}$
$[AgCl_2]^-$	1.74×10^{5}	5.24	$[Co(NH_3)_6]^{3+}$	2.29×10^{34}	34.36
$[CdCl_4]^{2-}$	3.47×10^{2}	2.54	$[Cu(NH_3)_4]^{2+}$	2.10×10^{13}	13.32
$[CuCl_4]^{2-}$	4.17×10^{5}	5.60	$[Ni(NH_3)_6]^{2+}$	1.02×10^{8}	8.01
$[HgCl_4]^{2-}$	1.59×10^{16}	16.20	$[Zn(NH_3)_4]^{2+}$	5.00×10^{8}	8.70
$[PtCl_3]^-$	25	1.4	$[AlF_6]^{3-}$	6.9×10^{19}	19.84
$[SnCl_4]^{2-}$	30.2	1.48	$[FeF_5]^{2-}$	2.19×101^{5}	15.34
$[SnCl_6]^{2-}$	6.6	0.82	$[Zn(OH)_4]^{2-}$	1.4×10^{15}	15.15
$[Ag(CN)_2]^-$	1.3×10^{21}	21.1	$[CdI_4]^{2-}$	1.26×10^{6}	6.10
$[Cd(CN)_4]^{2-}$	1.1×10^{16}	16.04	$[HgI_4]^{2-}$	3.47×10^{30}	30.54
$[Cu(CN)_4]^{3-}$	5×10^{30}	30.7	$[Fe(SCN)_5]^{2-}$	1.20×10^{6}	6.08
$[Fe(CN)_6]^{4-}$	1.0×10^{24}	24.00	$[Hg(SCN)_4]^{2-}$	7.75×10^{21}	21.89
$[Fe(CN)_6]^{3-}$	1.0×10^{31}	31	$[Zn(SCN)_4]^{2-}$	20	1.3
$[Hg(CN)_4]^{2-}$	3.24×10^{41}	41.51	$[Ag(Ac)_2]^-$	4.37	0.64
$[Ni(CN)_4]^{2-}$	1.0×10^{22}	22.00	$[Pd(Ac)_4]^{2-}$	2.46×10^{3}	3.39
$[Zn(CN)_4]^{2-}$	5.75×10^{16}	16.76	$[Al(C_2O_4)_3]^{3-}$	2×10^{16}	16.3
$[Ag(NH_3)_2]^+$	1.62×10^{7}	7.21	$[Fe(C_2O_4)_3]^{4-}$	1.66×10^{5}	5.22
$[Cd(NH_3)_4]^{2+}$	3.63×10^{6}	6.56	$[Fe(C_2O_4)_3]^{3-}$	1.59×10^{20}	20.20
$[Co(NH_3)_6]^{2+}$	2.46×10^{4}	4.39	$[Zn(C_2O_4)_2]^{2-}$	1.4×10^{8}	8.15

注：主要选自 Sillen L G. Stability Constants of Metal-ion Complexes. 1964，Ac^- 代表醋酸根。

附录十三　软硬酸碱分类

硬酸	H^+，Li^+，Na^+，K^+，Be^{2+}，Mg^{2+}，Ca^{2+}，Sr^{2+}，Mn^{2+}，Al^{3+}，Sc^{3+}，Ga^{3+}，In^{3+}，La^{3+}，Cl^{3+}，Gd^{3+}，Lu^{3+}，Cr^{3+}，Co^{3+}，Fe^{3+}，As^{3+}，CH_3Sn^{3+}，Si^{4+}，Ti^{4+}，Zr^{4+}，Th^{4+}，U^{4+}，Pu^{4+}，Ce^{4+}，Hf^{4+}，WO^{4+}，Sn^{4+}，UO_2^{2+}，$(CH_3)_2Sn^{2+}$，$VO_2{}^{2+}$，MoO^{2+}，$Be(CH_3)_2$，BF_3，$B(OR)_3$，$Al(CH_3)_3$，$AlCl_3$，AlH_3，RPO_2^+，$ROPO_2{}^+$，RSO_2，$ROSO_2^+$，SO_3，RCO^+，CO_2，NC^+，I^{7+}，I^{5+}，Cl^{7+}，Cr^{6+}，HX(成氢键分子)
交界酸	Fe^{2+}，Co^{2+}，Ni^{2+}，Cu^{2+}，Zn^{2+}，Pb^{2+}，Sn^{2+}，Sb^{3+}，Bi^{3+}，Rh^{3+}，Ir^{3+}，$B(CH_3)_3$，SO_2，NO^+，Ru^{2+}，Os^{2+}，R_3C^+，C_6H^+，GaH_3，Cr^{2+}
软酸	Cu^+，Ag^+，Au^+，Tl^+，Hg^+，Pd^{2+}，Cd^{2+}，Pt^{2+}，Hg^{2+}，Tl^{3+}，$Tl(CH_3)_3$，CH_3Hg^+，$Co(CN)_5{}^{2-}$，Pt^{4+}，Te^{4+}，BH_3，$Ga(CH_3)_3$，$GaCl_3$，RS^+，RSe^+，RTe^+，I^+，Br^+，HO^+，RO^+，$InCl_3$，GaI_3，I_2，ICN，三硝基苯，氰乙烯等，醌类，O，Cl，Br，I，N，RO，RO_2，CH_2，M^0(金属原子)，金属
硬碱	H_2O，OH^-，O^{2-}，F^-，$CH_3CO_2^-$，PO_4^{3-}，SO_4^{2-}，Cl^-，CO_3^{2-}，ClC_4^-，$NO_3{}^-$，ROH，RO^-，R_2O，NH_3，RNH_2，N_2H_4
交界碱	$C_6H_5NH_2$，C_5H_5N，N_3^-，Br^-，NO_2^-，SO_3^{2-}，N_2
软碱	R_2S，RSH，RS^-，I^-，SCN^-，$S_2O_3^{2-}$，S^{2-}，R_3P，R_3As，$(RO)_3P$，CN^-，RNC，CO，C_2H_4，C_6H_6，H^-，R^-

附录十四　标准电极电势(298.15K)

（一）在酸性溶液中

电　　对	电极反应	$E^\ominus$/V
Li(Ⅰ)-(0)	$Li^+ + e^- = Li$	−3.045
K(Ⅰ)-(0)	$K^+ + e^- = K$	−2.925
Rb(Ⅰ)-(0)	$Rb^+ + e^- = Rb$	−2.925
Cs(Ⅰ)-(0)	$Cs^+ + e^- = Cs$	−2.923
Ba(Ⅱ)-(0)	$Ba^{2+} + 2e^- = Ba$	−2.90
Sr(Ⅱ)-(0)	$Sr^{2+} + 2e^- = Sr$	−2.89
Ca(Ⅱ)-(0)	$Ca^{2+} + 2e^- = Ca$	−2.87
Na(Ⅰ)-(0)	$Na^+ + e^- = Na$	−2.714
La(Ⅲ)-(0)	$La^{3+} + 3e^- = La$	−2.52
Ce(Ⅲ)-(0)	$Ce^{3+} + 3e^- = Ce$	−2.48
Mg(Ⅱ)-(0)	$Mg^{2+} + 2e^- = Mg$	−2.37
Sc(Ⅲ)-(0)	$Sc^{3+} + 3e^- = Sc$	−2.08
Al(Ⅲ)-(0)	$[AlF_6]^{3-} + 3e^- = Al + 6F^-$	−2.07
Be(Ⅱ)-(0)	$Be^{2+} + 2e^- = Be$	−1.85
Al(Ⅲ)-(0)	$Al^{3+} + 3e^- = Al$	−1.66

续表

电　　对	电 极 反 应	$E^{\ominus}$/V
Ti(Ⅱ)-(0)	$Ti^{2+}+2e^-=Ti$	-1.63
Si(Ⅳ)-(0)	$[SiF_6]^{2-}+4e^-=Si+6F^-$	-1.2
Mn(Ⅱ)-(0)	$Mn^{2+}+2e^-=Mn$	-1.18
V(Ⅱ)-(0)	$V^{2+}+2e^-=V$	-1.18
Ti(Ⅳ)-(0)	$TiO^{2+}+2H^++4e^-=Ti+H_2O$	-0.89
B(Ⅲ)-(0)	$H_3BO_3+3H^++3e^-=B+3H_2O$	-0.87
Si(Ⅳ)-(0)	$SiO_2+4H^++4e^-=Si+2H_2O$	-0.86
Zn(Ⅱ)-(0)	$Zn^{2+}+2e^-=Zn$	-0.763
Cr(Ⅲ)-(0)	$Cr^{3+}+3e^-=Cr$	-0.74
C(Ⅳ)-(Ⅲ)	$2CO_2+2H^++2e^-=H_2CO_3$	-0.49
Fe(Ⅱ)-(0)	$Fe^{2+}+2e^-=Fe$	-0.440
Cr(Ⅲ)-(Ⅱ)	$Cr^{3+}+e^-=Cr^{2+}$	-0.41
Cd(Ⅱ)-(0)	$Cd^{2+}+2e^-=Cd$	-0.403
Ti(Ⅲ)-(Ⅱ)	$Ti^{3+}+e^-=Ti^{2+}$	-0.37
Pb(Ⅱ)-(0)	$PbI_2+2e^-=Pb+2I^-$	-0.365
Pb(Ⅱ)-(0)	$PbSO_4+2e^-=Pb+SO_4^{2-}$	-0.355 3
Pb(Ⅱ)-(0)	$PbBr_2+2e^-=Pb+2Br^-$	-0.280
Co(Ⅱ)-(0)	$Co^{2+}+2e^-=Co$	-0.277
Pb(Ⅱ)-(0)	$PbCl_2+2e^-=Pb+2Cl^-$	-0.268
V(Ⅲ)-(Ⅱ)	$V^{3+}+e^-=V^{2+}$	-0.255
V(Ⅴ)-(0)	$VO_2^++4H^++5e^-=V+2H_2O$	-0.253
Sn(Ⅳ)-(0)	$[SnF_6]^{2-}+4e^-=Sn+6F^-$	-0.25
Ni(Ⅱ)-(0)	$Ni^{2+}+2e^-=Ni$	-0.246
Ag(Ⅰ)-(0)	$AgI+e^-=Ag+I^-$	-0.152
Sn(Ⅱ)-(0)	$Sn^{2+}+2e^-=Sn$	-0.136
Pb(Ⅱ)-(0)	$Pb^{2+}+2e^-=Pb$	-0.126
Hg(Ⅱ)-(0)	$[HgF_4]^{2-}+2e^-=Hg+4F^-$	-0.04
H(Ⅰ)-(0)	$2H^++2e^-=H_2$	0.00
Ag(Ⅰ)-(0)	$[Ag(S_2O_3)_2]^{3-}+e^-=Ag+2S_2O_3^{2-}$	0.01
Ag(Ⅰ)-(0)	$AgBr+e^-=Ag+Br^-$	0.071
Ti(Ⅳ)-(Ⅲ)	$TiO^{2+}+2H^++e^-=Ti^{3+}+H_2O$	0.10
S(2.5)-(Ⅱ)	$S_4O_6^{2-}+2e^-=2S_2O_3^{2-}$	0.08

续表

电　对	电极反应	$E^{\ominus}$/V
S(0)－(－II)	$S+2H^{+}+2e^{-}=H_2S$	0.141
Sn(Ⅳ)－(Ⅱ)	$Sn^{4+}+2e^{-}=Sn^{2+}$	0.154
Cu(Ⅱ)－(Ⅰ)	$Cu^{2+}+e^{-}=Cu^{+}$	0.159
S(VI)－(Ⅳ)	$SO_4^{2-}+4H^{+}+2e^{-}=H_2SO_3+H_2O$	0.17
Hg(Ⅱ)－(0)	$[HgBr_4]^{2-}+2e^{-}=Hg+4Br^{-}$	0.21
Ag(Ⅰ)－(0)	$AgCl+e^{-}=Ag+Cl^{-}$	0.222 3
Hg(Ⅰ)－(0)	$Hg_2Cl_2+2e^{-}=2Hg+2Cl^{-}$	0.268
Cu(Ⅱ)－(0)	$Cu^{2+}+2e^{-}=Cu$	0.337
V(Ⅳ)－(Ⅲ)	$VO^{2+}+2H^{+}+e^{-}=V^{3+}+H_2O$	0.337
Fe(Ⅲ)－(Ⅱ)	$[Fe(CN)_6]^{3-}+e^{-}=[Fe(CN)_6]^{4-}$	0.36
S(Ⅳ)－(Ⅱ)	$2H_2SO_3+2H^{+}+4e^{-}=S_2O_3^{2-}+3H_2O$	0.40
Ag(Ⅰ)－(0)	$Ag_2CrO_4+2e^{-}=2Ag+CrO_4^{2-}$	0.447
S(Ⅳ)－(0)	$H_2SO_3+4H^{+}+4e^{-}=S+3H_2O$	0.45
Cu(Ⅰ)－(0)	$Cu^{+}+e^{-}=Cu$	0.52
I(0)－(－Ⅰ)	$I_2+2e^{-}=2I^{-}$	0.534 5
Mn(Ⅶ)－(Ⅵ)	$MnO_4^{-}+e^{-}=MnO_4^{2-}$	0.564
As(Ⅴ)－(Ⅲ)	$H_3AsO_4+2H^{+}+2e^{-}=H_3AsO_3+H_2O$	0.58
Hg(Ⅱ)－(Ⅰ)	$2HgCl_2+2e^{-}=Hg_2Cl_2+2Cl^{-}$	0.63
O(0)－(－Ⅰ)	$O_2+2H^{+}+2e^{-}=H_2O_2$	0.682
Pt(Ⅱ)－(0)	$[PtCl_4]^{2-}+2e^{-}=Pt+4Cl^{-}$	0.73
Fe(Ⅲ)－(Ⅱ)	$Fe^{3+}+e^{-}=Fe^{2+}$	0.771
Hg(Ⅰ)－(0)	$Hg_2^{2+}+2e^{-}=2Hg$	0.793
Ag(Ⅰ)－(0)	$Ag+e^{-}=Ag^{-}$	0.799
N(Ⅴ)－(Ⅳ)	$NO_3^{-}+2H^{+}+e^{-}=NO_2+H_2O$	0.80
Hg(Ⅱ)－(Ⅰ)	$2Hg^{2+}+2e^{-}=Hg_2^{2+}$	0.920
N(V)－(Ⅲ)	$NO_3^{-}+3H^{+}+2e^{-}=HNO_2+H_2O$	0.94
N(Ⅴ)－(Ⅱ)	$NO_3^{-}+4H^{+}+3e^{-}=NO+2H_2O$	0.96
N(Ⅲ)－(Ⅱ)	$HNO_2+H^{+}+e^{-}=NO+2H_2O$	1.00
Au(Ⅲ)－(0)	$[AuCl_4]^{-}+3e^{-}=Au+4Cl^{-}$	1.00
V(Ⅴ)－(Ⅳ)	$VO_2^{+}+2H^{+}+e^{-}=VO^{2+}+H_2O$	1.00
Br(0)－(－Ⅰ)	$Br_2(l)+2e^{-}=2Br^{-}$	1.065
Cu(Ⅱ)－(0)	$Cu^{2+}+2CN^{-}+e^{-}=[Cu(CN)_2^{-}]$	1.12

续表

电　对	电极反应	$E^\ominus$/V
Se(Ⅵ)-(Ⅳ)	$SeO_4^{2-}+4H^++2e^-$ ══ $H_2SeO_3+H_2O$	1.15
Cl(Ⅶ)-(Ⅴ)	$ClO_4^-+2H^++2e^-$ ══ $ClO_3^-+H_2O$	1.19
I(Ⅴ)-(0)	$2IO_3^-+12H^++10e^-$ ══ I_2+6H_2O	1.20
Cl(Ⅴ)-(Ⅲ)	$ClO_3^-+3H^++2e^-$ ══ $HClO_2+H_2O$	1.21
O(0)-(-Ⅱ)	$O_2+4H^++4e^-$ ══ $2H_2O$	1.229
Mn(Ⅳ)-(Ⅱ)	$MnO_2+4H^++2e^-$ ══ $Mn^{2+}+2H_2O$	1.23
Cr(Ⅵ)-(Ⅲ)	$Cr_2O_7^{2-}+14H^++6e^-$ ══ $2Cr^{3+}+7H_2O$	1.33
Cl(0)-(-Ⅰ)	Cl_2+2e^- ══ $2Cl^-$	1.36
I(Ⅰ)-(0)	$2HIO+2H^++2e^-$ ══ I_2+2H_2O	1.45
Pb(Ⅳ)-(Ⅱ)	$PbO_2+4H^++2e^-$ ══ $Pb^{2+}+2H_2O$	1.455
Au(Ⅲ)-(0)	$Au^{3+}+3e^-$ ══ Au	1.50
Mn(Ⅲ)-(Ⅱ)	$Mn^{3+}+e^-$ ══ Mn^{2+}	1.51
Mn(Ⅶ)-(Ⅱ)	$MnO_4^-+8H^++5e^-$ ══ $Mn^{2+}+4H_2O$	1.51
Br(Ⅴ)-(0)	$2BrO_3^-+12H^++10e^-$ ══ Br_2+6H_2O	1.52
Br(Ⅰ)-(0)	$2HBrO+2H^++2e^-$ ══ Br_2+2H_2O	1.59
Ce(Ⅳ)-(Ⅲ)	$Ce^{4+}+e^-$ ══ Ce^{3+} (1mol·L^{-1} HNO_3)	1.61
Cl(Ⅰ)-(0)	$2HClO+2H^++2e^-$ ══ Cl_2+2H_2O	1.63
Cl(Ⅲ)-(Ⅰ)	$HClO_2+2H^++2e^-$ ══ $HClO+H_2O$	1.64
Pb(Ⅳ)-(Ⅱ)	$PbO_2+SO_4^{2-}+4H^++2e^-$ ══ $PbSO_4+2H_2O$	1.685
Mn(Ⅶ)-(Ⅳ)	$MnO_4^-+4H^++3e^-$ ══ MnO_2+2H_2O	1.695
O(-Ⅰ)-(-Ⅱ)	$H_2O_2+2H^++2e^-$ ══ $2H_2O$	1.77
Co(Ⅲ)-(Ⅱ)	$Co^{3+}+e^-$ ══ Co^{2+}	1.84
S(Ⅶ)-(Ⅵ)	$S_2O_8^{2-}+2e^-$ ══ $2SO_4^{2-}$	2.01
F(0)-(-Ⅰ)	F_2+2e^- ══ $2F^-$	2.87

（二）在碱性溶液中

电　对	电极反应	$E^\ominus$/V
Mg(Ⅱ)-(0)	$Mg(OH)_2+2e^-$ ══ $Mg+2OH^-$	-2.69
Al(Ⅲ)-(0)	$H_2AlO_3^-+H_2O+3e^-$ ══ $Al+4OH^-$	-2.35
P(Ⅰ)-(0)	$H_2PO_2^-+e^-$ ══ $P+2OH^-$	-2.05
B(Ⅲ)-(0)	$H_2BO_3^-+H_2O+3e^-$ ══ $B+4OH^-$	-1.97
Si(Ⅳ)-(0)	$SiO_3^{2-}+3H_2O+4e^-$ ══ $Si+6OH^-$	-1.70

续表

电 对	电极反应	$E^{\ominus}$/V
Mn(Ⅱ)-(0)	$Mn(OH)_2+2e^- \longlongequal{} Mn+2OH^-$	-1.55
Zn(Ⅱ)-(0)	$[Zn(CN)_4]^{2-}+2e^- = Zn+4CN^-$	-1.26
Zn(Ⅱ)-(0)	$ZnO_2^{2-}+2H_2O+2e^- = Zn+4OH^-$	-1.216
Cr(Ⅲ)-(0)	$CrO_2^-+2H_2O+3e^- = Cr+4OH^-$	-1.2
Zn(Ⅱ)-(0)	$[Zn(NH_3)_4]^{2+}+2e^- = Zn+4NH_3$	-1.04
S(Ⅵ)-(Ⅳ)	$SO_4^{2-}+H_2O+2e^- = SO_3^{2-}+2OH^-$	-0.93
Sn(Ⅱ)-(0)	$HSnO_2^-+H_2O+2e^- = SO_3^{2-}+2OH^-$	-0.91
Fe(Ⅱ)-(0)	$Fe(OH)_2+2e^- = Fe+2OH^-$	-8.77
H(Ⅰ)-(0)	$2H_2O+2e^- = H_2+2OH^-$	-0.828
Cd(Ⅱ)-(0)	$[Cd(NH_3)_4]^{2+}+2e^- = Cd+4NH_3$	-0.61
S(Ⅳ)-(Ⅱ)	$2SO_3^{2-}+3H_2O+4e^- = S_2O_3^{2-}+6OH^-$	-0.58
Fe(Ⅲ)-(Ⅱ)	$Fe(OH)_3+e^- = Fe(OH)_2+OH^-$	-0.56
S(0)-(-Ⅱ)	$S+2e^- = S^{2-}$	-0.48
Ni(Ⅱ)-(0)	$[Ni(NH_3)_6]^{2+}+2e^- = Ni+6NH_3(aq)$	-0.48
Gu(Ⅰ)-(0)	$[Cu(CN)_2]^-+e^- = Cu+2CN^-$	约-0.43
Hg(Ⅱ)-(0)	$[Hg(CN)_4]^{2-}+2e^- = Hg+4CN^-$	-0.37
Ag(Ⅰ)-(0)	$[Ag(CN)_2]^-+e^- = Ag+2CN^-$	-0.31
Cr(Ⅵ)-(Ⅲ)	$CrO_4^{2-}+2H_2O+3e^- = CrO_2^-+4OH^-$	-0.12
Cu(Ⅱ)-(0)	$[Cu(NH_3)_2]^++e^- = Cu+2NH_3$	-0.12
Mn(Ⅳ)-(Ⅱ)	$MnO_2+2H_2O+2e^- = Mn(OH)_2+2OH^-$	-0.05
Ag(Ⅰ)-(0)	$AgCN+e^- = Ag+CN^-$	-0.017
Mn(Ⅳ)-(Ⅱ)	$MnO_2+2H_2O+2e^- = Mn(OH)_2+2OH^-$	-0.05
N(Ⅴ)-(Ⅲ)	$NO_3^-+H_2O+2e^- = NO_2^-+2OH^-$	0.01
Hg(Ⅱ)-(0)	$HgO+H_2O+2e^- = Hg+2OH^-$	0.098
Co(Ⅲ)-(Ⅱ)	$[Co(NH_3)_6]^{3+}+e^- = [Co(NH_3)_6]^{2+}$	0.1
Co(Ⅲ)-(Ⅱ)	$Co(OH)_3+e^- = Co(OH)_2+OH^-$	0.17
I(Ⅴ)-(-Ⅰ)	$IO_3^-+3H_2O+6e^- = I^-+6OH^-$	0.26
Ag(Ⅰ)-(0)	$Ag(S_2O_3)_2^{3-}+e^- = Ag+2S_2O_3^{2-}$	0.30
Cl(Ⅴ)-(Ⅲ)	$ClO_3^-+H_2O+2e^- = ClO_2^-+2OH^-$	0.33
Cl(Ⅶ)-(Ⅴ)	$ClO_4^-+H_2O+2e^- = ClO_3^-+2OH^-$	0.36
Ag(Ⅰ)-(0)	$[Ag(NH_3)_2]^++e^- = Ag+2NH_3$	0.373
O(0)-(-Ⅱ)	$O_2+2H_2O+4e^- = 4OH^-$	0.401

续表

电　对	电 极 反 应	$E^{\ominus}$/V
I(Ⅰ)−(−Ⅰ)	$IO^- + H_2O + 2e^- = I^- + 2OH^-$	0.49
Mn(Ⅵ)−(Ⅳ)	$MnO_4^{2-} + 2H_2O + 2e^- = MnO_2 + 4OH^-$	0.60
Br(Ⅴ)−(−Ⅰ)	$BrO_3^- + 3H_2O + 6e^- = Br^- + 6OH^-$	0.61
Cl(Ⅲ)−(Ⅰ)	$ClO_2^- + H_2O + 2e^- = ClO^- + 2OH^-$	0.66
Br(Ⅰ)−(−Ⅰ)	$BrO^- + H_2O + 2e^- = Br^- + 2OH^-$	0.76
Cl(Ⅰ)−(−Ⅰ)	$ClO^- + H_2O + 2e^- = Cl^- + 2OH^-$	0.89

注：数据主要摘自 John Dean A. Lange's Handbook of Chemisry. 11th ed. 1973。

附录十五　金属离子与氨羧配位剂形成的配合物稳定常数的对数值

金属离子	EDTA			EGTA		HEDTA	
	$\lg K_{MHL}^{H}$	$\lg K_{ML}$	$\lg K_{MOHL}^{OH}$	$\lg K_{MHL}$	$\lg K_{ML}$	$\lg K_{ML}$	$\lg K_{MOHL}^{OH}$
Ag^+	6.0	7.3					
Al^{3+}	2.5	16.1	8.1				
Ba^{2+}	4.6	7.8		5.4	8.4	6.2	
Bi^{3+}		27.9					
Ca^{2+}	3.1	10.7		3.8	11.0	8.0	
Ce^{3+}		16.0					
Cd^{2+}	2.9	16.5		3.5	15.6	13.0	
Co^{2+}	3.1	16.3			12.3	14.4	
Co^{3+}	1.3	36					
Cu^{3+}	2.3	23	6.6				
Cu^{2+}	3.0	18.8	2.5	4.4	17	17.4	
Fe^{2+}	2.8	14.3				12.2	5.0
Fe^{3+}	1.4	25.1	6.5			19.8	10.1
Hg^{2+}	3.1	21.8	4.9	3.0	23.2	20.1	
La^{3+}		15.4			15.6	13.2	
Mg^{2+}	3.9	8.7			5.2	5.2	
Mn^{2+}	3.1	14.0		5.0	11.5	10.7	
Ni^{2+}	3.2	18.6		6.0	12.0	17.0	
Pb^{2+}	2.8	18.0		5.3	13.0	15.5	
Sn^{2+}		22.1					
Sr^{2+}	3.9	8.6		5.4	8.5	6.8	
Th^{4+}		23.2					8.6
Ti^{3+}		21.3					
TiO^{2+}		17.3					
Zn^{2+}	3.0	16.5		5.2	12.8	14.5	

附录十六　一些配位滴定剂、掩蔽剂、缓冲剂阴离子的 $\lg\alpha_{L(H)}$ 值

pH	EDTA	HEDTA	NH_3	CN^-	F^-
0	24.0	17.9	9.4	9.2	3.05
1	18.3	15.0	8.4	8.2	2.05
2	13.8	12.0	7.4	7.2	1.1
3	10.8	9.4	6.4	6.2	0.3
4	8.6	7.2	5.4	5.2	0.05
5	6.6	5.3	4.4	4.2	
6	4.8	3.9	3.4	3.2	
7	3.4	2.8	2.4	2.2	
8	2.3	1.8	1.4	1.2	
9	1.4	0.9	0.5	0.4	
10	0.5	0.2	0.1	0.1	
11	0.1				
酸的形成常数					
$\lg K_1$	10.34	9.81	9.4	9.2	3.1
$\lg K_2$	6.24	5.41			
$\lg K_3$	2.75	2.72			
$\lg K_4$	2.07				
$\lg K_5$	1.6				
$\lg K_6$	0.9				

附录十七　金属羟基配合物的稳定常数($\lg\beta$)

金属离子	离子强度	羟基配合物	$\lg\beta$
Al^{3+}	2	$[Al(OH)_4]^-$	33.3
		$[Al_6(OH)_{15}]^{3+}$	163
Ba^{2+}	0	$[Ba(OH)]^+$	0.7
Bi^{3+}	3	$[Bi(OH)]^{2+}$	12.4
		$[Bi_6(OH)_{12}]^{6+}$	168.3
Ca^{2+}	0	$[Ca(OH)]^+$	1.3
Cd^{2+}	3	$[Cd(OH)]^+$	4.3
		$[Cd(OH)_2]$	7.7
		$[Cd(OH)_3]^-$	10.3
		$[Cd(OH)_4]^{2-}$	12.0
Cu^{2+}	0	$[Cu(OH)]^+$	6.0
Fe^{2+}	1	$[Fe(OH)]^+$	4.5
Fe^{3+}	3	$[Fe(OH)]^{2+}$	11.0
		$[Fe(OH)_2]^+$	21.7
		$[Fe_2(OH)_2]^{4+}$	25.1
Mg^{2+}	0	$[Mg(OH)]^+$	2.6
Mn^{2+}	0.1	$[Mn(OH)]^+$	3.4
Ni^{2+}	0.1	$[Ni(OH)]^+$	4.6
Pb^{2+}	0.3	$[Pb(OH)]^+$	6.2

续表

金属离子	离子强度	羟基配合物	lgβ
Zn^{2+}	0	$[Pb(OH)_2]$	10.3
		$[Pb(OH)_3]^-$	13.3
		$[Pb_2(OH)]^{3+}$	7.6
		$[Zn(OH)]^+$	4.4
		$[Zn(OH)_3]^-$	14.4
		$[Zn(OH)_4]^{3-}$	15.5

附录十八　一些金属离子的 lg$\alpha_{M(OH)}$

金属离子	离子强度	pH													
		1	2	3	4	5	6	7	8	9	10	11	12	13	14
Al^{3+}	2					0.4	1.3	5.3	9.3	13.3	17.3	21.3	25.3	29.3	33.3
Bi^{3+}	3	0.1	0.5	1.4	2.4	3.4	4.4	5.4							
Ca^{2+}	0.1													0.3	1.0
Cd^{2+}	3									0.1	0.5	2.0	4.5	8.1	12.0
Co^{2+}	0.1								0.1	0.4	1.1	2.2	4.2	7.2	10.2
Cu^{2+}	0.1								0.2	0.8	1.7	2.7	3.7	4.7	5.7
Fe^{2+}	1									0.9	0.6	1.5	2.5	3.5	4.5
Fe^{3+}	3			0.4	1.8	3.7	5.7	7.7	9.7	11.7	13.7	15.7	17.7	19.7	21.7
Hg^{2+}	0.1			0.5	1.9	3.9	5.9	7.9	9.9	11.9	13.9	15.9	17.9	19.9	21.9
La^{3+}	3										0.3	1.0	1.9	2.9	3.9
Mg^{2+}	0.1											0.1	0.5	1.3	2.3
Mn^{2+}	0.1										0.1	0.5	1.4	2.4	3.4
Ni^{2+}	0.1									0.1	0.7	1.6			
Pb^{2+}	0.1							0.1	0.5	1.4	2.7	4.7	7.4	10.4	13.4
Th^{4+}	1				0.2	0.8	1.7	2.7	3.7	4.7	5.7	6.7	7.7	8.7	9.7
Zn^{2+}	0.1									0.2	2.4	5.4	8.5	11.8	15.5

附录十九　条件电极电势 $E^{\ominus\prime}$ 值

半　反　应	$E^{\ominus\prime}$/V	介　质
$Ag(II)+e^- \rightleftharpoons Ag^+$	1.972	$4mol \cdot L^{-1}$ HNO_3
$Ce(IV)+e^- \rightleftharpoons Ce(III)$	1.70	$1mol \cdot L^{-1}$ $HClO_4$
	1.61	$1mol \cdot L^{-1}$ HNO_3
	1.44	$0.5mol \cdot L^{-1}$ H_2SO_4
	1.28	$1mol \cdot L^{-1}$ HCl
$Co^{3+}+e^- \rightleftharpoons Co^{2+}$	1.85	$4mol \cdot L^{-1}$ HNO_3
[Co(乙二胺)$_3$]$^{3+}$$+e^- \rightleftharpoons$[Co(乙二胺)$_3$]$^{2+}$	−0.2	$0.1mol \cdot L^{-1}$ KNO_3 + $0.1mol \cdot L^{-1}$ 乙二胺
$Cr(III)+e^- \rightleftharpoons Cr(II)$	−0.40	$5mol \cdot L^{-1}$ HCl
$Cr_2O_7^{2-}+14H^++6e^- \rightleftharpoons 2Cr^{3+}+7H_2O$	1.00	$1mol \cdot L^{-1}$ HCl
	1.025	$1mol \cdot L^{-1}$ $HClO_4$
	1.08	$3mol \cdot L^{-1}$ HCl
	1.05	$2mol \cdot L^{-1}$ HCl
	1.15	$4mol \cdot L^{-1}$ H_2SO_4
$CrO_4^{2-}+2H_2O+3e^- \rightleftharpoons CrO_2^-+4OH^-$	−0.12	$1mol \cdot L^{-1}$ NaOH
$Fe(III)+e^- \rightleftharpoons Fe(II)$	0.73	$1mol \cdot L^{-1}$ $HClO_4$
	0.71	$0.5mol \cdot L^{-1}$ H_2Cl
	0.68	1 $mol \cdot L^{-1}$ H_2SO_4
	0.68	1 $mol \cdot L^{-1}$ HCl
	0.46	2 $mol \cdot L^{-1}$ H_3PO_4
	0.51	1 $mol \cdot L^{-1}$ HCl 0.25 $mol \cdot L^{-1}$ H_3PO_4
$H_3AsO_4+2H^++2e^- \rightleftharpoons H_3AsO_3+H_2O$	0.557	1 mol・L−1HCl
	0.557	1 mol・L−1HClO4
$Fe(EDTA)^-+e^- \rightleftharpoons Fe(EDTA)^{2-}$	0.12	0.1 $mol \cdot L^{-1}$ EDTA (pH4～6)
$[Fe(CN)_6]^{3-} \rightleftharpoons [Fe(CN)_6]^{4-}$	0.48	0.01 $mol \cdot L^{-1}$ HCl
	0.56	0.1 $mol \cdot L^{-1}$ HCl
	0.71	1 $mol \cdot L^{-1}$ HCl
	0.72	$1mol \cdot L^{-1}$ $HClO_4$
I_2(水)$+2e^- \rightleftharpoons 2I^-$	0.628	$1mol \cdot L^{-1}$ H^+
$I_3^-+2e^- \rightleftharpoons 3I^-$	0.545	$1mol \cdot L^{-1}$ H^+
$MnO_4^-+8H^++5e^- \rightleftharpoons Mn^{2+}+4H_2O$	1.45	$1mol \cdot L^{-1}$ $HClO_4$
	1.27	$8mol \cdot L^{-1}$ H_3PO_4
$Os(VIII)+4e^- \rightleftharpoons Os(IV)$	0.79	$5mol \cdot L^{-1}$ HCl
$SnCl_6^{2-}+2e^- \rightleftharpoons SnCl_4^{2-}+2Cl^-$	0.14	$1mol \cdot L^{-1}$ HCl
$Sn^{2+}+2e^- \rightleftharpoons Sn$	−0.16	$1mol \cdot L^{-1}$ $HClO_4$
$Sb(V)+2e^- \rightleftharpoons Sb(III)$	0.75	$3.5mol \cdot L^{-1}$ HCl
$Sb(OH)_6+2e^- \rightleftharpoons SbO_2+2OH^-+2H_2O$	−0.428	$3mol \cdot L^{-1}$ HaOH
$SbO_2^-+2H_2O+3e^- \rightleftharpoons Sb+4OH^-$	−0.675	$10mol \cdot L^{-1}$ KOH
$Ti(IV)+e^- \rightleftharpoons Ti(III)$	−0.01	$0.2mol \cdot L^{-1}$ H_2SO_4
	0.12	$2mol \cdot L^{-1}$ H_2SO_4
	−0.04	$1mol \cdot L^{-1}$ HCl
	−0.05	$1mol \cdot L^{-1}$ H_3PO_4
$Pb(II)+2e^- \rightleftharpoons Pb$	−0.32	$1mol \cdot L^{-1}$ NaAc
	−0.14	$1mol \cdot L^{-1}$ $HClO_4$
$UO_2^{2+}+4H^++2e^- \rightleftharpoons U(IV)+2H_2O$	0.41	$0.5mol \cdot L^{-1}$ H_2SO_4

附录二十　一些化合物的摩尔质量

化合物	$M/(g\cdot mol^{-1})$	化合物	$M/(g\cdot mol^{-1})$
$AgBr$	187.78	CaO	56.08
$AgCl$	143.32	C_6H_5OH	94.11
$AgCN$	133.84	$(C_9H_7N)_3H_3(PO_4\cdot 12MoO_3)$（磷钼酸喹啉）	2 212.74
Ag_2CrO_4	331.73		
AgI	234.77	$COOHCH_2COOH$	104.06
$AgNO_3$	169.87	$COOHCH_2COONa$	126.04
$AgSCN$	165.95	CCl_4	153.81
Al_2O_3	101.96	CO_2	44.01
$Al_2(SO_4)_3$	342.15	Cr_2O_3	151.99
As_2O_3	197.84	$Cu(C_2H_3O_2)_2\cdot 3Cu(AsO_3)_2$	1 013.80
As_2O_5	229.84	CuO	79.54
		$CuSCN$	121.63
$BaCO_3$	197.34	$CuSO_4$	159.61
BaC_2O_4	225.35	$CuSO_4\cdot 5H_2O$	249.69
$BaCl_2$	208.24		
$BaCl_2\cdot 2H_2O$	244.27	$FeCl_3$	162.21
$BaCrO_4$	253.32	$FeCl_3\cdot 6H_2O$	270.30
BaO	153.33	FeO	71.58
$Ba(OH)_2$	171.35	Fe_2O_3	159.69
$BaSO_4$	233.39	Fe_3O_4	231.54
		$FeSO_4\cdot H_2O$	169.93
$CaCO_3$	100.09	$FeSO_4\cdot 7H_2O$	278.02
CaC_2O_4	128.10	$Fe_2(SO_4)_3$	399.89
$CaCl_2$	110.99	$FeSO_4\cdot(NH_4)_2SO_4\cdot 6H_2O$	392.14
$CaCl_2\cdot H_2O$	129.00		
CaF_2	78.08	H_3BO_3	61.83
$Ca(NO_3)_2$	164.09	HBr	80.91
CaO	56.08	$H_2C_4H_4O_6$（酒石酸）	150.09
$Ca(OH)_2$	74.09	HCN	27.03
$CaSO_4$	136.14	H_2CO_3	62.03
$Ca_3(PO_4)_2$	310.18	$H_2C_2O_4$	90.04
$Ce(SO_4)_2$	332.24	$H_2C_2O_4\cdot 2H_2O$	126.07
$Ce(SO_4)_2\cdot(NH_4)_2SO_4\cdot 2H_2O$	632.54	$HCOOH$	46.03
CH_3COOH	60.05	HCl	36.46
CH_3OH	32.04	$HClO_4$	100.46
CH_3COCH_3	58.08	HF	20.01
C_6H_5COOH	122.12	HI	127.91
C_6H_5COONa	144.10	HNO_2	47.01
$C_6H_4COOHCOOK$（苯二酸氢钾）	204.23	HNO_3	63.01
		H_2O	18.02

续表

化合物	$M/(g \cdot mol^{-1})$	化合物	$M/(g \cdot mol^{-1})$
H_2O_2	34.02	$NaBiO_3$	279.97
H_3PO_4	98.00	NaBr	102.90
H_2S	34.08	NaCN	49.01
H_2SO_3	82.08	Na_2CO_3	105.99
H_2SO_4	98.08	$Na_2C_2O_4$	134.00
$HgCl_2$	271.50	NaCl	58.44
Hg_2Cl_2	472.09	NaF	41.99
		$NaHCO_3$	84.01
$KAl(SO_4)_2 \cdot 12H_2O$	474.39	NaH_2PO_4	119.98
$KB(C_6H_5)_4$	358.33	Na_2HPO_4	141.96
KBr	119.01	$Na_2H_2Y \cdot 2H_2O$ (EDTA 二钠盐)	372.26
$KBrO_3$	167.01		
KCN	65.12	NaI	149.89
K_2CO_3	138.21	$NaNO_2$	69.00
KCl	74.56	Na_2O	61.98
$KClO_3$	122.55	NaOH	40.01
$KClO_4$	138.55	Na_3PO_4	163.94
K_2CrO_4	194.20	Na_2S	78.05
$K_2Cr_2O_7$	294.19	$Na_2S \cdot 9H_2O$	240.18
$KHC_2O_4\ H_2C_2O_4 \cdot 2H_2O$	254.19	Na_2SO_3	126.04
$KHC_2O_4 \cdot H_2O$	146.14	Na_2SO_4	142.04
KI	166.01	$Na_2SO_4 \cdot 10H_2O$	322.20
KIO_3	214.00	$Na_2S_2O_3$	158.11
$KIO_3 \cdot HIO_3$	389.92	$Na_2S_2O_3 \cdot 5H_2O$	248.19
$KMnO_4$	158.04	Na_2SiF_6	188.06
KNO_2	85.10	NH_3	17.03
K_2O	92.20	NH_4Cl	53.49
KOH	56.11	$(NH_4)_2C_2O_4 \cdot H_2O$	142.11
KSCN	97.18	$NH_3 \cdot H_2O$	35.05
K_2SO_4	174.26	$NH_4Fe(SO_4)_2 \cdot 12H_2O$	482.20
		$(NH_4)_2HPO_4$	132.05
$MgCO_3$	84.32	$(NH_4)_3PO_4 \cdot 12MoO_3$	1 876.53
$MgCl_2$	95.21	NH_4SCN	76.12
$MgNH_4PO_4$	137.33	$(NH_4)_2SO_4$	132.14
MgO	40.31	$NiC_8H_{14}O_4N_4$ (丁二酮肟镍)	288.19
$Mg_2P_2O_7$	222.60		

续表

化合物	$M/(g \cdot mol^{-1})$	化合物	$M/(g \cdot mol^{-1})$
MnO	70.94		
MnO_2	86.94	P_2O_5	141.95
		$PbCrO_4$	323.18
$Na_2B_4O_7$	201.22	PbO	223.19
$Na_2B_4O_7 \cdot 10H_2O$	381.37	PbO_2	239.19
Pb_3O_4	685.57	$SnCl_2$	189.60
$PbSO_4$	303.26	SnO_2	150.71
		TiO_2	79.88
SO_2	64.06		
SO_3	80.06	WO_3	231.85
Sb_2O_3	291.50		
Sb_2S_3	339.70	$ZnCl_2$	136.30
SiF_4	104.08	ZnO	81.39
SiO_2	60.08	$Zn_2P_2O_7$	304.37
$SnCO_3$	178.82	$ZnSO_4$	161.45

附录二十一　指数加减法表

表一　指数加法表

A B A	0.00	0.01	0.02	0.03	0.04	0.05	0.06	0.07	0.08	0.09
0.0	0.301	0.296	0.291	0.286	0.281	0.277	0.272	0.267	0.262	0.258
0.1	0.254	0.249	0.245	0.241	0.237	0.232	0.228	0.224	0.220	0.216
0.2	0.212	0.209	0.205	0.201	0.197	0.194	0.190	0.187	0.183	0.180
0.3	0.176	0.173	0.170	0.167	0.163	0.160	0.157	0.154	0.151	0.148
0.4	0.146	0.143	0.140	0.137	0.135	0.132	0.129	0.127	0.124	0.122
0.5	0.119	0.117	0.115	0.112	0.110	0.108	0.106	0.104	0.101	0.099
0.6	0.097	0.095	0.093	0.091	0.090	0.088	0.086	0.084	0.082	0.081
0.7	0.079	0.077	0.076	0.074	0.073	0.071	0.070	0.068	0.067	0.065
0.8	0.064	0.063	0.061	0.060	0.059	0.057	0.056	0.055	0.054	0.053
0.9	0.051	0.050	0.049	0.048	0.047	0.046	0.045	0.044	0.043	0.042
1.0	0.041	0.040	0.040	0.039	0.038	0.037	0.036	0.035	0.035	0.034
1.1	0.033	0.032	0.032	0.031	0.030	0.030	0.029	0.028	0.028	0.027
1.2	0.027	0.026	0.025	0.025	0.024	0.024	0.023	0.023	0.022	0.022
1.3	0.021	0.021	0.020	0.020	0.019	0.019	0.019	0.018	0.018	0.017
1.4	0.017	0.017	0.016	0.016	0.015	0.015	0.015	0.014	0.014	0.014
1.5	0.014	0.013	0.013	0.013	0.012	0.012	0.012	0.012	0.011	0.011
1.6	0.011	0.011	0.010	0.010	0.010	0.010	0.009	0.009	0.009	0.009
1.7	0.009	0.008	0.008	0.008	0.008	0.008	0.007	0.007	0.007	0.007
1.8	0.007	0.007	0.007	0.006	0.006	0.006	0.006	0.006	0.006	0.006
1.9	0.005	0.005	0.005	0.005	0.005	0.005	0.005	0.005	0.005	0.005
2.0	0.004	0.004	0.004	0.004	0.004	0.004	0.004	0.004	0.004	0.004

注：$10^a + 10^b = 10^c (a > b)$，先算出 $a - b = A$，再查表得 B，则 $c = a + B$。

表二　指数减法表

A / B / A	0.00	0.01	0.02	0.03	0.04	0.05	0.06	0.07	0.08	0.09
0.0	—	1.643	1.347	1.176	1.056	0.964	0.889	0.827	0.774	0.728
0.1	0.687	0.650	0.617	0.587	0.560	0.535	0.511	0.490	0.469	0.451
0.2	0.433	0.416	0.401	0.386	0.372	0.359	0.346	0.334	0.323	0.312
0.3	0.302	0.292	0.283	0.274	0.265	0.257	0.249	0.242	0.234	0.227
0.4	0.220	0.214	0.208	0.202	0.196	0.190	0.185	0.180	0.175	0.170
0.5	0.165	0.160	0.152	0.156	0.148	0.144	0.140	0.136	0.133	0.129
0.6	0.126	0.122	0.119	0.119	0.113	0.110	0.107	0.104	0.102	0.099
0.7	0.097	0.094	0.092	0.089	0.087	0.085	0.083	0.081	0.079	0.077
0.8	0.075	0.073	0.071	0.070	0.063	0.066	0.065	0.063	0.061	0.060
0.9	0.058	0.057	0.056	0.054	0.053	0.052	0.050	0.049	0.048	0.047
1.0	0.046	0.045	0.044	0.043	0.042	0.041	0.040	0.039	0.038	0.037
1.1	0.036	0.035	0.034	0.033	0.033	0.032	0.031	0.030	0.030	0.029
1.2	0.028	0.028	0.027	0.026	0.026	0.025	0.025	0.024	0.023	0.023
1.3	0.022	0.022	0.021	0.021	0.020	0.020	0.019	0.019	0.018	0.018
1.4	0.018	0.017	0.017	0.016	0.016	0.016	0.015	0.015	0.015	0.014
1.5	0.014	0.014	0.013	0.013	0.013	0.012	0.012	0.012	0.012	0.011
1.6	0.011	0.011	0.011	0.010	0.010	0.010	0.010	0.009	0.009	0.009
1.7	0.009	0.009	0.008	0.008	0.008	0.008	0.008	0.007	0.007	0.007
1.8	0.007	0.007	0.007	0.007	0.006	0.006	0.006	0.006	0.006	0.006
1.9	0.006	0.005	0.005	0.005	0.005	0.005	0.005	0.005	0.005	0.004

2.00～2.08　0.004；　2.25～2.46　0.002

2.09～2.24　0.003；　2.47～2.94　0.001

注：$10^a-10^b=10^c(a>b)$，先算出 $a-b=A$，再查表得 B，则 $c=a-B$。